DIE WAFFEN DER ROTEN ARMEE

FLUGZEUGE 1939–1945

Victor Schunkow

Motor buch Verlag

IMPRESSUM

Einbandgestaltung: Joachim Schreiber
Titelbild: Vitaly. V. Kuzmin/CC-BY-SA 4.0

Bildnachweis: Die zur Illustration dieses Buches verwendeten Aufnahmen stammen – wenn nicht anderes vermerkt ist – vom Verfasser.

Durchgesehen und bearbeitet von Martin Benz

ISBN: 978-3-613-04465-4

1. Auflage 2022

Sie finden uns im Internet unter www.motorbuch-verlag.de

Lektorat: Redaktion Motorbuch
Innengestaltung: ERWE-WERBUNG Ralf Weinreich, Halle/S.
Druck und Bindung: Appel & Klinger, 96277 Schneckenlohe
Printed in Germany

INHALT

VORWORT

Dieser dritte Band der Reihe »Die Waffen der Roten Armee« vermittelt einen Überblick über die sowjetischen Militärflugzeuge des 2. Weltkriegs. Eingeschlossen sind die Entwicklung der sowjetischen Luftstreitkräfte und der Luftfahrtindustrie in den Vorkriegsjahren und während des Krieges. Die offizielle Bezeichnung der sowjetischen Luftwaffe lautete »Luftstreitkräfte der Roten Arbeiter und Bauernarmee«; der Einfachheit halber verwendet der Text den Begriff »sowjetische Luftstreitkräfte« oder, wenn es zu eintönig wird, »sowjetische Luftwaffe«.

Jedes Muster wird mit einer kurzen Entstehungsgeschichte und Beschreibung des Entwurfs nebst technischen Angaben vorgestellt. Ein eigenes Kapitel beschäftigt sich mit der Flugzeugbewaffnung.

Wie schon bei Band 1 und 2, ergänzen zahlreiche Farbgrafiken die zeitgenössischen Fotos aus vorwiegend russischen Archiven.

Der Autor hofft, dass dieser dritte Band von allen, die sich für die Geschichte des 2. Weltkriegs und die Entwicklung militärischer Ausrüstung interessieren, mit dem gleichen Interesse aufgenommen wird wie die beiden Vorgängerwerke über Infanteriewaffen, Geschütze, gepanzerte und ungepanzerte Fahrzeuge.

ABKÜRZUNGEN

Hier eine Liste aufgeschlüsselter russischer Abkürzungen und Begriffe ohne Anspruch auf Vollständigkeit.

ADD	Fernfliegerkräfte; Fernbomberkorps des Oberkommandos (Awiazia Dalnego Deistwija)
AGOS	Abteilung für Luft-, Wasserluft(fahrt)- und Versuchsbau Awiazi Gidroawiazi i Opytnowo Stroitelstwa)
ANT	Antonow
AO	Splitter(flieger)bombe (Oskolotschnaja Awiabomba)
AON	Fliegerarmeen zur besonderen Verwendung (Awiazia Ossobowo Nasnatschenija)
AP	Fliegerregiment (Awiazionny Polk)
Ar	Archangelski
BAD	Bombenfliegerdivision (Bombardirowotschnaja Awiazionnaja Diwisija)
BAK	Bombenfliegerkorps (Bombardirowschtschny Awiazionny Korpus)
BAP	Bomberregiment (Bombadirowoschtschny Awiazionny Polk)
BB	Kurzstreckenbomber (Blischni Bombardirowschtschik)
BBAP	Kurzstrecken-Bomberregiment (Blischni Bombardirowschny Polk)
BETAB	Betondurchschlagsbombe (Betonoboinaja Awiazionnaja Bomba)
BI	Beresnjak-Issajew
BRAB, **BrAB**	 Panzerdurchschlagsbombe (Broneboinaja Awiazionnaja Bomba)
BS	Beresin-Synchron(-Flugzeugmaschinengewehr 12,7 mm) (Beresin Synchronni)
BSch	gepanzertes Schlachtflugzeug (Bronirowanny Schturmowik)
BST	Panzergeschoss mit Leuchtspur (Broneboiny Saschigatelny Trassirujuschtschi)
DA	a) Degtjarjow-Flugzeug(-Maschinengewehr 7,62 mm) (Degtjarjowa Awiazionny) b) Fernfliegerkräfte (Dalnjaja Awiazija)
DB	Fernbomber (Dalni Bombardirowschtschik)
DBA	Fernbomber-Luftfahrt; Vorgänger von ADD (Dalnjaja Bombadirowoschtschnaja Awiazija)
DBAP	Fernbombenfliegerregiment (Dalni Bombadirowoschtschny Awiazionny Polk)
FAB	(Flieger-)Sprengbombe (Fugasnaja Awiazionnaja Bomba)
FB	Frontbomber (Frontowy Bombardirowschtschik)
FSAB	(Flieger-)Sprengbrandbombe (Fugasno-Saschigatelnaja Awiazonnaja Bomba)
Giproawia	Staatliches Institut für den Aufbau von Luftfahrtunternehmen (Gosudarstwenny Institut po Projektirowaniju Awiatsionnich Predprijaty)
GKO	Staatliches Verteidigungskomitee (Gosudarstwenny Komitet Oborony)
GULAG	Generaldirektion Lagerwesen; offiziell »Hauptverwaltung der Besserungsarbeitslager und -kolonien« (Glawnoje Uprawlenije isprawitelno-trudowych Lagerej i koloni)
GWF	Zivilluftfahrt; sowjet. Zivilflotte (Graschdanskowo Wosduschnowo Flota)
I	Typenbezeichnung für Jagdflugzeuge (Istrebitel = Jagdflugzeug)
IAP	Jagdfliegerregiment (Istrebitelny Awiazionny Polk)
IE	Jagdstaffel (Istrebitelnaja Eskadrilja)
Il	Iljuschin
Jak	Jakowlew
Jer	Jermolajew
KB	Konstruktionsbüro (Konstruktorskoje Byro)
KOSOS	Konstruktionsabteilung im Bereich Versuchsbau (bei ZAGI) (Konstruktorski Otdjel Sektora Opytnowo Stroitelstwa)
La	Lawotschkin
Li	Lissunow
LaGG	Lawotschkin-Gorbunow-Gudkow
LNB	Leichter Nachtbomber (Lechki Notschnoi Bombardirowschtschik)

MiG	Mikojan-Gurewitsch
MTAP	Minen- und Torpedofliegerregiment (Minno-Torpedny Awiazionny Polk)
NB	Nachtbomber (Notschnoi Bombardirowschtschik)
NII	Forschungsinstitut (Nautschno Issledowatjelski Institut)
NII WWS	Forschungsinstitut der Luftstreitkräfte (Nautschno Issledowatjelski Institut Wojenno-Wosduschnyje Sily)
NKAP	Volkskommissariat für Luftfahrtindustrie (Narodny Komissariat Awiazionnoi Promischlennosti)
NKB	Volkskommissariat für Munition (Narodny Komissariat Bojepripasow)
NKO	Volkskommissariat für Verteidigung (Narodny Komissariat Oborony)
NKOP	Volkskommissariat für Verteidigungsindustrie (Narodny Komisssariat Oborony Promyschlenosti)
NKSP	Volkskommissariat für Schiffbau (Narodny Komissariat Sudostroitelnoi Promyschlennosty)
NKW	Volkskommissariat für Bewaffnung (Narodni Komissariat Wooruscheny)
NKWD	Volkskommissariat für Innere Angelegenheiten, Geheimdienst (Narodni Komissariat Wnutrennich Djel)
NS	Nudelman-Suranow (37-mm-Maschinenkanone)
OFAB	(Flieger-)Splittersprengbombe (Oskolotschno-Fugasnaja Awiazionnaja Bomba)
OGPU	Vereinigte staatliche politische Verwaltung, Geheimpolizei (Objedinjonnoje Gossudarstwennoje Polititscheskoje Uprawlenije)
OKB	Sonderentwicklungsbüro, Experimental-Konstruktionsbüro (Opytnoe Konstruktorskoje Byro)
OKO	Abteilung für Sonderkonstruktionen; Experimental-Konstruktionsabteilung (Opytni-Konstruktorskoje Otdjel)
OMOS	Abteilung für Seeflugzeug-Versuchsbau (Otdjel Morskowo Opytnowo Samoljotostrojenija)
OPO	Versuchsabteilung (Opytni Otdjel)
Ostechbyro	Technisches Sonderbüro für militärische Entwicklungen
OSS	Abteilung für Landflugzeugbau (Otdjel Suchoputnich Samoljotow)
OST	Sprenggeschoss mit Leuchtspur (Oskolotschno Saschigatelny Trassirujuschtschi)
OTB	Technisches Sonderbüro (Ossoboje Technitscheskoje Byro)
PB	Sturz(kampf)bomber (Pikirjuschtschi Bombardirowschtschik)
Pe	Petljakow
PLAB	Wasserbombe (Protiwolodony Awiazionny Bomb)
Po	Polikarpow
PTAB	(Flieger-)Panzersprengbombe (Hohlladung) (Protiwtankowaja Awiazionnaja Bomba)
PW	Flugzeugmaschinengewehr (Pulemjot Wosduschny)
RAG	Flieger-Reservegruppe (des Oberkommandos) (Reserv Awiazionnaja Gruppa)
RKK WF	Luftflotte der Roten Arbeiter- und Bauernarmee (Rabotsche-Krestjanski Krasny Wosduschnny Flot)
RNII	Raketenforschungsinstitut (Reaktiwny Nautschno Issledowatjelski Institut)
RS	Reaktivgeschoss/Geschoss mit Strahlantrieb, Rakete (Reaktiwny Snarjad)
RWGK	Reserve des Oberkommandos (Rezerv Werchownowo Glawnokomandowanja)
SAB	(Flieger-)Leuchtbombe (Sigialnaja Awiazionnaja Bomba)
SB	Schnellbomber (Skorostnoi Bombardirowschtschik)
SchAD	Schlachtfliegerdivision (Schturmowaja Awiazionnaja Diwisija)
SchAP	Schlachtfliegerregiment (Schturmowoi Awiazionny Polk)
SchKAS	Schpitalny-Komaritsky Flugzeugmaschinengewehr (Schpitalnowo Komarizkowo Awiazionny Skorostrelny)
SchWAK	Schpitalny-Wladimirow Flugzeugwaffe großen Kalibers (12,7-mm-MG/20-mm-MK) (Schpitalny-Wladimirow Awiazionny Krupnokaliberny)
SKB	Sonderkonstruktionsbüro (Spezjalnoje Konstruktorskoje Byro)

SNII	Flugzeugforschungsinstitut (Samoljoto Nautschno Issledowatjelski Institut)
SNK	Rat der Volkskommissare (Sowjet Narodnych Komissarow)
Stawka	Hauptquartier, Bezeichung für das sowjetische Oberkommando
SPB	Kombinierter Sturzbomber (zu Sturzbombern umgebaute Jagdflugzeuge I-16 SPB des Sweno-Projekts) (Sostawnoi Pikirjuschtschi Bombardirowschtschik)
STO	a) Technische Sonderabteilung (Spezialny Technitschesky Otdjel) b) Rat für Arbeit und Verteidigung (Sowjet Truda i Oborony)
Su	Suchoi
Sweno	Kette, Schwarm (gemeint sind Huckepack-Flugzeuge, transportiert von Bombern TB-3)
TB	schweres Bombenflugzeug (Tjascholy Bombardirowschtschik)
TBAP	schweres Bombenfliegerregiment (Tjascholy Bombardirowoschny Awiazionny Polk)
UAG	Flieger-Stoßgruppe (Udarnaja Aviazionnaja Gruppa)
UB	Universal-Flugzeugmaschinengewehr System Beresin (12,7-mm) (Universalny Beresina)
UT, UTI	Schulflugzeug (Utschebno-Trenirowotschny Istrebitel)
WGK	sowjetisches Oberkommando (Stawka) (Werchownowo Glawnokomandowanja)
WIAM	Allrussisches Institut für Flugzeugmaterialien (Wserossiski naitschno-issledowatelski Institut Awiazionnych Materialow)
WISch	Verstell-Luftschraube (Wint Ismenjajemowo Schaga)
WJa	Wolkow-Jarzew(-Maschinenkanone 23-mm)
WS	Militärserie; Ausführung eines Zivilmodells für die Luftstreitkräfte (Wosduschnyje Sily)
WWS	Luftstreitkräfte (Wojenno-Wosduschnyje Sily)
WWS RKKA	Luftstreitkräfte der Roten Arbeiter- und Bauernarmee (Wojenno-Wosduschnyje Sily Rabotsche-Krestjanskaja Krasnaja Armija)
WWS WMF	Luftstreitkräfte der Seekriegsflotte/Marineflieger (Wojenno-Wosduschnyje Sily Wojenno-Morskowo Flota)
ZAB	(Flieger-)Brandbombe (Zaschigatelnaja Awiazionnaja Bomba)
ZABTOOTSch	Brandbombe mit Füllung aus Thermitkugeln
ZAGI	Zentrales Aerohydrodynamisches Institut (Zentralny Aerogidrodinamitscheski Institut)
ZIAM	Zentralinstitut für Flugmotoren (Zentralny Institut Awiazionnych Motorow)
ZKB	Zentrales Konstruktionsbüro (Zentralnoje Konstruktorskoje Byro)

ENTWICKLUNG DER LUFTSTREITKRÄFTE DER ROTEN ARMEE

Die Luftstreitkräfte in den 1930er-Jahren

Bei ihrer Rüstungspolitik ließen sich die Führer der UdSSR von einem Grundsatz des Gründers ihres Sowjetstaates leiten. Wladimir Iljitsch Lenin hatte seinerzeit postuliert: »Die beste Armee, das eifrigste Volk für die Sache der Revolution werden vom Feind sofort zerschlagen, wenn sie nicht ausreichend bewaffnet sind …«

In Übereinstimmung mit dem in den späten 1930er-Jahren verabschiedeten Plan für den Aufbau der Streitkräfte sollte die Rote Armee möglichen Gegnern nicht nur zahlenmäßig, sondern auch qualitativ-technisch überlegen sein, vor allem was Artillerie, Panzer und Flugzeuge anging.

Das Dekret des Politbüros des Zentralkomitees der Partei der Bolschewiki »Über den Verteidigungszustand der UdSSR« vom 15. Juli 1929 sah vor, die Zahl der Flugzeuge bis 1932 um 1032 Stück auf insgesamt 2000 zu erhöhen. Zusätzlich sollte eine Reserve geschaffen werden, die nach Ausbruch von Feindseligkeiten in Dienst gestellt werden sollte. Die bislang 499 Reserveflugzeuge sollten auf eine Stückzahl von 1000 gebracht werden.

Der »Rat für Arbeit und Verteidigung« (STO), die für den wirtschaftlichen Aufbau und die Verteidigung zuständige Stelle, erhielt die Maßgabe, alle anfallenden Fragen der Luftfahrtindustrie besonders zu berücksichtigen. Mit anderen Worten: die vorhandenen, technisch rückständigen Luftstreitkräfte sollten auf das Niveau der Luftwaffen technisch fortschrittlicherer Länder gebracht werden. Man hielt es für ratsam, technische Hilfe aus dem Ausland in Anspruch zu nehmen, bekannten Flugzeugentwicklern Verträge anzubieten und im Ausland moderne Flugzeuge bzw. Prototypen entwickeln zu lassen bzw. zu erwerben. Gleichzeitig bestand die Notwendigkeit, eigene Konstrukteure und Wissenschaftler heranzubilden, insbesondere im Motorenbau.

Dank der ergriffenen Maßnahmen, vor allem was den Aufbau neuer und den Wiederaufbaus bestehender Unternehmen der Luftfahrtindustrie anging, steigerte sich die sowjetische Flugzeugproduktion in den 1930er-Jahren rasant (siehe Tabelle).

Mit dem Ausbau der Produktion verbesserte sich die Organisationsstruktur der sowjetischen Luft-

Propagandaplakat der Sowjet-Luftfahrt mit der sinngemäßen Aufschrift »Wer die Luft beherrscht, beherrscht die Welt!«

Flugzeugproduktion in der UdSSR 1931–1937			
Zeitraum	Flugzeuge insgesamt	Davon Kampf- flugzeuge	Jagd- flugzeuge
1931	860	100	120
1933	2952	291	336
1935	2529	59	776
1937	4435	1303	2129

streitkräfte. Die während des Bürgerkriegs 1924 gewählte Bezeichnung »Luftflotte der Roten Arbeiter- und Bauernarmee« (RKK WF, (Rabotsche-Krestjanski Krasny Wosduschny Flot) wandelte sich in »Luftstreitkräfte der Roten Arbeiter- und Bauernarmee« (WWS RKKA, Wojenno-Wosduschnje Sily Rabotsche-Krestjanskaja Krasnaja Armija) und die Verwaltung der Luftstreitkräfte wurde im Volkskommissariat für Verteidigung angesiedelt.

Die wichtigste organisatorische und taktische Einheit bildete seit Mitte der 1920er-Jahre die Staffel – je nach Gattung eine Jagd-, Schlacht-, Aufklärungs- oder Bomberstaffel. Die sowjetische Staffel entsprach in etwa einer Gruppe bei der deutschen Luftwaffe und unterteilte sich in mehrere – in der Regel drei – Unterabteilungen (deutsch: Staffeln) und diese wiederum in Ketten. Die Kette aus drei Flugzeugen bildete die kleinste taktische Einheit. Eine Jagd- oder Schlachtflieger-Unterabteilung bestand aus je drei Ketten und eine Aufklärungs- oder leichte Bomberstaffel aus je zwei Ketten.

1927 begann die Aufstellung von Luftbrigaden. Alle in einem bestimmten Gebiet oder auf einem größeren Stützpunkt stationierten Einheiten und Verbände wurden in Brigaden zusammengefasst. Diese Gliederung beruhte nicht auf taktischen, sondern auf administrativen Überlegungen und sollte vor allem Versorgung und Nachschub vereinfachen. Verwaltungs- und Versorgungsfragen standen auch weiterhin im Vordergrund. Das Kommando der Luftstreitkräfte der Roten Armee begann die Luftstreitkräfte neu zu gruppieren und Staffeln derselben Gattung auf Stützpunkten zusammenzulegen. Dies ermöglichte eine Reduzierung der Vielzahl an Ersatzteilen und eine zweckmäßigere Versorgung mit Verbrauchsstoffen wie Flugbenzin. Erst aus diesen Überlegungen entsprang der Gedanke, einheitliche Luftverbände zu schaffen. Aus verschiedenen Gründen zog sich deren Errichtung aber in die Länge. Zum Beispiel gab es 1935 insgesamt 77 Luftbrigaden, von denen aber nur 14 homogene Jagdbrigaden darstellten. Die übrigen waren gemischt und bestanden aus Staffeln verschiedener Gattungen (Jäger, Bomber, Aufklärer und Schlachtflieger).

Zur Entwicklung neuer Luftfahrtausrüstung wurden Forschungsinstitute und Konstruktionsbüros geschaffen. Die erste sowjetische luftfahrtwissenschaftliche Einrichtung stellte das Zentrale Aerohydrodynamische Institut (ZAGI, Zentralny Aerogidrodinamitscheski Institut) dar, das 1918 auf Grundlage des aerodynamischen Labors der MWTU und einer Prüf- und Erpobungsstelle gegründet wurde. 1919 wurde die Lufttechnische Schule errichtet, die 1922 in die Akademie für Luftfahrt überging. 1930 wurde das Zentralinstitut für Flugzeugmotorenbau (ZIAM) auf Grundlage von Abteilungen und Labors des ZAGI ins Leben gerufen. Im selben Jahr folgte die Einrichtung des Entwicklungsbüros für Flugzeugbewaffnung, das Anfang 1932 in die ZAGI übernommen wurde. 1932 wurden das Vereinigte Institut für Flugzeugmaterialien (WIAM) sowie das Staatliche Institut für den Aufbau von Luftfahrtunternehmen (Giproawia) gegründet. Für Konstruktion und Bau neuer Flugzeuge wurden folgende Stellen ins Leben gerufen:

- Abteilung für Landflugzeugtechnik (OSS) unter der Leitung von Nikolai Nikolajewitsch Polikarpow. Seit 1923 befand sich die Abteilung auf dem Gelände des Flugzeugwerks Nr. 1 und ab 1927 auf dem Gelände des Flugzeugwerks Nr. 25;
- Abteilung für Seeflugzeug-Versuchsbau (OMOS) unter Dmitri Pawlowitsch Grigorowitsch. Seit 1925 befand sich die Abteilung in Leningrad, 1927 wurde sie nach Moskau verlegt;
- Abteilung für Aerohydrodynamischen Versuchsbau (AGOS). Erstellt als Teil des ZAGI unter Andrei Nikolajewitsch Tupolew;
- Ein Konstruktionsbüro unter Leitung des französischen Konstrukteurs und Wasserflugzeug-Spezialisten Paul Aimé Richard. Offizieller Name: Versuchsabteilung 4 (ORO-4) im Werk Nr. 28 in Moskau. Das Büro arbeitete von 1928 bis 1931 in der UdSSR.

Zu den ersten von der OSS entwickelten Flugzeugen zählte der Jäger Polikarpow I-3 – wie der Name verrät, ein Entwurf, der unter Leitung Nikolai Nikolajewitsch Polikarpows entstand (wobei der Konstrukteursname damals eher selten in der Typenbezeichnung auftauchte). Der Prototyp war am 1.

Polikarpow R-5 auf einem Militärflugplatz. Von 1930 bis 1937 bauten drei Flugzeugwerke an die 6680 Stück des Vielzweck-Doppeldeckers in unterschiedlichen Ausführungen.

Februar 1928 fertig und absolvierte am 21. Februar den Erstflug. Die Werkserprobung wurde bis zum 10. März 1928 abgeschlossen und die Erprobung durch Militärpiloten bis zum 14. März.

Der Doppeldecker I-3 ging 1929 in Serie und bildete 1930 das wichtigste Jagdflugzeug der roten Luftstreitkräfte. Bis zur Einstellung der Produktion 1931 wurden 399 Maschinen dieses Typs gebaut.

Während viele Jagdstaffeln die I-3 flogen, wurden die Aufklärungs- und leichten Bomberstaffeln mit der Polikarpow R-5 ausgerüstet, die ebenfalls bei der OSS unter Federführung Polikarpows entwickelt worden war. Den Entwicklungsauftrag hatte die OSS Ende 1926 erteilt.

Der Plan sah ein Mehrzweckflugzeug vor, das sich gleichermaßen als Aufklärer, Schlachtflugzeug, leichter Bomber sowie als Transportflugzeug verwenden ließ.

Der Typ wurde von der roten Luftwaffe übernommen und im Moskauer Flugzeugwerk Nr. 1 in Serie gebaut. Damit sollten zwölf leichte Bomberstaffeln (eine Staffel bestand aus drei Unterabteilungen mit zusammen 30 Flugzeugen), neun Aufklärungsstaffeln und vier Korpsstaffeln ausgerüstet werden. Tatsächlich war die Verteilung der Polikarpow R-5 viel breiter. Sie ging auch Schlachtstaffeln zu, deren modifizierte R-5Sch mit vier Maschinengewehren in den Flügeln und Bombenschlössern ausgerüstet waren.

Der Prototyp des Musters flog mit einem deutschen BMW-VI-Motor mit einer Leistung von 500/680 PS, während die Serienmaschinen Motoren des Typs M-17b und M-17f zu 500/680 PS bzw. 500/730 PS in die Luft brachten.

Die Aufklärerversion trug ein synchronisiertes Maschinengewehr in der Schnauze und ein weiteres im Turm des Beobachterstandes. Als Aufklärer konnte die R-5 bis zu 256 kg Bomben tragen, als leichter Bomber bis zu 400 kg.

Von 1930 bis 1937 wurden insgesamt 6676 Polikarpow R-5 in verschiedenen Modifikationen gebaut.

Fast zeitgleich zur I-3 und R-5 entwickelte die Abteilung AGOS unter A. N. Tupolew zusammen mit dem ZAGI und einer Gruppe von Konstrukteuren unter Pawel Osipowitsch Suchoi den Jäger Tupolew I-4. Bei der I-4 standen die Konstrukteure vor der Aufgabe, im Unterschied zu bisherigen Flugzeugen in Holz- und Gemischtbau einen Jäger in Ganzmetallbauweise zu entwickeln. Der Entwicklungsauftrag erging im Herbst 1925; im August 1927 begann die Werkserprobung des ersten Prototyps; danach ging die Tupolew I-4 in Serie. Insgesamt entstanden aber nur 177 Serien- und zwei Versuchsmaschinen. In den frühen 1930er-Jahren stellte die I-4 etwa ein Viertel der Jagdwaffe der Roten Armee.

Bei der Schaffung des Nachfolgemusters Polikarpow I-5 trat eine sehr einflussreiche und gefürchtete Organisation auf den Plan – die sowjetische Geheimpolizei OGPU (Objedinjonnoje Gossudarstwennoje Polititscheskoje Uprawlenije; Vereinigte staatliche politische Verwaltung). Nachdem sie 1928–1930 erfolgreich mehrere Projekte ins Laufen gebracht hatten, wurden zahlreiche Flugzeugkonstrukteure und Ingenieure plötzlich verhaftet, ins berüchtigte Moskauer Butyrka-Gefängnis gesteckt und der Sabotage und Mitgliedschaft in einer konterrevolutionären Organisation beschuldigt. Die Liste der Festgenommenen wurde Dmitri Pawlowitsch Grigorowitsch vorgelegt, der seit dem 1. September 1928 federführend mit dem Projekt I-4 beschäftigt gewesen war. Bald stellte sich heraus, dass auch Mitglieder seiner Abteilung sowie Luftfahrtspezialisten anderer Abteilungen im Gefängnis saßen. Unter ihnen N. N. Polikarpow, der am 25. Oktober 1929 verhaftet worden war. Das so genannte Kollegium der OGPU konnte Menschen ohne Rechtsgrundlage oder Beweise als »Schädlinge« zu Haftstrafen verschiedener Länge oder zum Tod verurteilen. Auch N. N. Polikarpow erhielt die Todesstrafe. Es spielte offensichtlich überhaupt keine Rolle, dass er fünf bei der Roten Armee eingeführte Flugzeugtypen entworfen hatte.

Die OGPU hatte es aber nicht eilig, die verhängten Todesurteile zu vollstrecken. Führende Geheimdienstler waren der Meinung, es sei kontraproduktiv, Spezialisten zu erschießen oder in Arbeitslager zu stecken. Es sei viel nützlicher, sie zwangsweise weiter im Gefängnis an ihren Projekten arbeiten und Flugzeuge für den »Arbeiter- und Bauernstaat« entwerfen zu lassen. Diese Idee formulierte der stellvertretenden OGPU-Chef Genrich Grigorjewitsch Jagoda elegant in einem Brief an den Vorsitzenden des Rates der Volkskommissare der UdSSR, Wjatscheslaw Michailowitsch Molotow: »Nur Arbeitsbedingungen in einem militarisierten Umfeld können den effektiven Betrieb von Spezialisten sicherstellen, im Gegensatz zum dekadenten Umfeld ziviler Institutionen.«

Im Dezember 1929 gründete die OGPU im Butyrska-Gefängnis eine »militärische Gefangenenabteilung«. Alle inhaftierten Flugzeugkonstrukteure und Techniker wurden dort zusammengefasst. Der Name der Abteilung lautete ebenso viel- wie nichtssagend »Sonderentwicklungsbüro« (OKB).

Die Aufgabe für die Gefangenen stellte der Chef der Luftstreitkräfte der Roten Armee, General Jakow Iwanowitsch Alksnis, persönlich: »Schaffen Sie bis März 1930 einen Jäger mit luftgekühltem Motor, der in seiner Leistung die besten Flugzeuge seiner Art weltweit übertrifft«. D. P. Grigorowitsch wurde zum Chefkonstrukteur des »Enwurfsbüros« ernannt und zu seinem Stellvertreter der zum Tod verurteilte N. N. Polikarpow.

Obwohl die Gefangenen jetzt einen Sonderstatus besaßen, trugen die in Butyrka herrschenden üblen Bedingungen nicht unbedingt zu einer schöpferischen Arbeitsatmosphäre bei. Daher wurde das Entwicklungsbüro Anfang 1930 unter Umbenennung in »Zentrales Konstruktionsbüro 39« (ZKB-39) ins Flugzeugwerk Nr. 39 in der Nähe des Moskauer Zentralflughafens verlegt.

Laut Bescheinigung der OGPU »Über die Arbeit von inhaftierten Spezialisten, die in der technischen Abteilung der Leitung der OGPU beschäftigt sind« waren am 7. September 1931 26 Ingenieure im ZKB-39 beschäftigt, darunter neun ehemalige Leiter von Konstruktionsbüros. Neun wurden als »Spione«, acht als »Mitglieder terroristischer Organisationen« geführt.

Da ein so kleines Kontingent die gestellte Aufgabe nicht bewältigen konnte, wurde das Personal des ZKB-39 mit Zivilangestellten auf 300 Personen aufgestockt.

In der Hoffnung, dass bei positiven Resultaten ihre Haftstrafen verkürzt würden, legten sich die Gefangenen ins Zeug. Sie erarbeiteten mehr als ein Dutzend Varianten des Flugzeugs. Die Arbeiten waren Ende März 1930 abgeschlossen, und am 27. April rollte der erste Prototyp mit Jupiter-VII-Motor aus der Montagewerkstatt. Auf dem Rumpf prangten die Buchstaben »BT« und die Zahl »11«. Sie standen für »Gefängnis des Innenministeriums Nr. 11«. Der Erstflug erfolgte am 29. April 1930. Für Flugtests wurden weitere Varianten des Doppeldeckers herangezogen; darunter das so genannte Klim-Woroschilow-Flugzeug mit Jupiter-VI-Triebwerk und das »Geschenk an den XVI. Parteitag« mit M-15-Motor.

Das Jagdflugzeug Polikarpow I-5 wurde von »Feinden des Volkes« hinter Gefängnismauern unter NKWD-Aufsicht entworfen. Die kyrillischen Buchstaben »BT« am Leitwerk stehen für »Gefängnis des Innenministeriums«.

In der Serie erhielt der Typ einen M-22-Motor mit einer Leistung von 480 PS, der ihn auf eine Höchstgeschwindigkeit von 252 km/h brachte. Die Grundbewaffnung bestand aus zwei 7,62-mm-Maschinengewehren, aber es ließen sich zwei weitere MG installieren. Das Flugzeug konnte außerdem zwei 10-kg-Bomben tragen.

Tests des Musters, das die Bezeichnung I-5 erhielt, erwiesen, dass es in Bezug auf die Geschwindigkeit in Bodennähe potenziellen Gegnern zumindest nicht unterlegen war. Ansonsten zeigte es eine hervorragende Wendigkeit.

Die Luftstreitkräfte übernahmen den Typ und er ging in Serie. Zum 1. Dezember 1933 befanden sich 343 Polikarpow I-5 bei der Truppe und bis zum Ende der Produktion 1934 schließlich über 800.

Die Nachricht über die erfolgreiche Arbeit des Gefängnis-ZKB-39 drang bis ganz nach oben. Stalin sagte am 5. Juli 1931 in seiner Rede »Die jetzige Lage – neue Aufgaben des Wirtschaftsaufbaus« sinngemäß: »Wenn während früheren Zeiten die alte Intelligenz hauptsächlich an unserer Niederlage arbeitete, wandte sie sich später dem Sowjetregime zu. Dieses Engagement kommt nun zum Ausdruck und sollte weiter gepflegt werden.« In Folge dieser Stellungnahme Stalins verabschiedete das Zentrale Exekutivkomitee der UdSSR am 10. Juli 1931 ein Dekret, das u. a. folgende Passagen enthielt: »... Amnestie folgender Konstrukteure, die als ehemalige Schädlinge vom OGPU-Kollegium zu verschiedenen Strafen verurteilt wurden, unter gleichzeitiger Entlohnung:

A) D. P. Grigorowitsch, Chefkonstrukteur für experimentellen Flugzeugbau, der seine früheren Taten bereute und dies durch seine Arbeit während einjähriger Haft bewies. Mit diesem Schreiben des Zentralen Exekutivkomitees der UdSSR wird er entlassen und erhält einen Geldpreis von 10.000 Rubel;
B) Chefkonstrukteur Nadaschkewitsch Alexander Wassiljewitsch erhielt einen Brief des Zentralen Exekutivkomitees der UdSSR und einen Bargeldbonus von 10.000 Rubel;
C) der ehemalige technische Direktor des Werks Nr. 1 Kostkin Iwan Michailowitsch erhält eine Geldprämie von 1000 Rubel;
D) Corvin-Kerber Victor Lwowitsch erhält einen Geldpreis von 1000 Rubel;
E) Amnestie aller Ingenieure und Techniker, die von der OGPU zu verschiedenen Haftstrafen wegen Sabotage verurteilt wurden und jetzt gewissenhaft im Zentralen Entwicklungsbüro arbeiten.«

Nach Veröffentlichung des Dekrets lief die Zeit des ZKB-39 ab. Per Erlass Nr. 265 vom 27. August 1931 wurde es mit dem ZAGI zusammengelegt. Die neue Abteilung unter Leitung des OGPU-Offiziers N. E. Pfauler wurde schlicht als Zentrales Konstruktionsbüro (ZKB) bezeichnet. Die Einrichtung entwarf mehrere Schlachtflugzeuge, aber keines davon führte die Rote Armee ein.

Kurz nach seiner Entlassung aus dem Gefängnis schlug N. N. Polikarpow vor, einen verbesserten

Ein Jagdflugzeug Polikarpow I-15 bei Startvorbereitungen.

Die Polikarpow I-153 bestach durch ihre Wendigkeit. Ab 1941 erhielt sie auch Raketenbewaffnung, wie hier unter den Flächen zu sehen.

Jäger mit höherer Geschwindigkeit und besserer Manövrierfähigkeit als die I-5 zu entwerfen. Er konstruierte ab Februar 1933 beim ZKB das Nachfolgemodell I-15, ebenfalls ein Doppeldecker, das ab 1934 bei den Moskauer Flugzeugwerken Nr. 1 und Nr. 39 gefertigt wurde.

Die Polikarpow I-15 erhielt den 730 PS leistenden Motor M-25, ein lizenzierter Nachbau des amerikanischen Wright Cyclone SGR-1820 F-3. Zum Bau des M-25 wurde in Perm eine Fabrik errichtet, die mit sämtlichen in den USA erworbenen Anlagen ausgestattet wurde. Nach dem Bau von lediglich 384 Flugzeugen wurde die Fertigung der I-15 bereits 1935 wieder eingestellt. Grund dafür war die Seiteninstabilität des Flugzeugs, die durch das Auftreten einer Turbulenzzone zwischen dem zweiteiligen Oberflügel, der sich durchbog, und der Kanzel verursacht wurde. Dieser Mangel wurde 1937 durch die I-15bis mit durchgehendem und mit N-Stielen am Rumpf abgestütztem Oberflügel behoben. 1938/1939 wurden 2408 Jagdflugzeuge I-15bis gebaut. Die I-15 trug wegen des zum Rumpf hin abknickenden Oberflügels den Beinamen »Tschaika« (Möwe).

Die Entscheidung des Oberkommandos der Luftstreitkräfte, die Produktion eines im Grunde veralteten Doppeldecker-Jägers fortzuführen, beruhte auf den Erfahrungen mit der I-15 im Spanischen Bürgerkrieg. Dort schnitt der Jäger aufgrund seiner Wendigkeit in Luftkämpfen auch gegen moderne Eindecker-Maschinen erstaunlich gut ab.

Um die Wünsche des Militärs zu erfüllen, unterbreitete N. N. Polikarpow am 13. Oktober 1937 dem Volkskommissariat für Luftfahrtindustrie den Entwurf eines weiteren Doppeldeckerjägers mit M-25W-Motor und Einziehfahrwerk. Er schlug vor, das Flugzeug mit einem geraden oberen Mittelflügel und alternativ mit einem Mittelflügel mit Auslenkung vom Typ »Möwe« (wie bei der I-15, jedoch noch ausgeprägter) zu bauen.

Am 11. Oktober 1937 wurde ein vorläufiger Entwurf überprüft und genehmigt. Die Konstruktionszeichnungen waren bis Mai 1938 erstellt. Der Zusammenbau des ersten Prototyps des neuen Jägers I-153 erfolgte im August 1938 im Moskauer Werk Nr. 1. Wegen der charakteristischen Biegung des Oberflügels übernahm das Muster den inoffiziellen Beinamen »Möwe«.

Versuche mit einem M-25W-Triebwerk erbrachten eine Höchstgeschwindigkeit von 424 km/ h. Dem Militär genügte dies nicht, daher erhielten die nächsten beiden Prototypen anstelle der M-25W einen M-62-Motor mit 800 PS. Die Geschwindigkeit stieg, ließ aber immer noch zu wünschen übrig. Ende 1938/Anfang 1939 ging die Polikarpow I-153 schließlich in Serie.

In der Standardversion war die I-153 mit vier synchronen 7,62-mm-SchKAS-Maschinengewehren ausgestattet. Von der I-153 BS mit vier 12,7-mm-BS-Maschinengewehren entstand ebenfalls eine erkleckliche Stückzahl. Und die »Kanonen«-Version

I-153P trug zwei 20-mm-Kanonen SchWAK. Als Abwurflast konnte die I-153 200 kg Kleinbomben aufnehmen. Einige Flugzeuge wurden später auch mit Abschussgestellen für ungelenkte 82-mm-Raketen RS-82 ausgerüstet.

Ihre Feuertaufe erlebte die I-153 im Sommer 1939 in den Gefechten gegen japanische Truppen am mongolischen Grenzfluss Chalchin-Gol. Bis zum Ende der Feindseligkeiten im September 1939 nahmen 70 I-153 an den Kämpfen teil. Vom 28. Juli bis 15. September gingen 23 Flugzeuge bei Luftkämpfen gegen japanische Jäger und durch Unfälle verloren. Der Grund für diese erheblichen Verluste lag darin, dass die bemerkenswerte Manövrierfähigkeit der »Möwe« die offensichtliche mangelnde Beschleunigung/Geschwindigkeit im Kurvenkampf nicht wettmachen konnte. Denn auch die Japaner verfügten über leistungsfähige Jäger! Als vorübergehenden Ausweg aus dieser Situation ersann man die neue Taktik des engen Zusammenwirkens der wendigen I-153 mit dem Hochgeschwindigkeitsjäger I-16 (wobei die Bezeichnung »Hochgeschwindigkeitsjäger« relativ ist und hauptsächlich die überlegene Geschwindigkeit des Eindeckers gegenüber Doppeldeckern zum Ausdruck bringen sollte). Nach dieser Taktik griffen die I-16-Eindecker zuerst an, um die feindlichen Staffeln aufzubrechen und zu zersplittern. Den eigentlichen Kurvenkampf übernahmen dann die wendigeren I-153-Doppeldecker.

Der Entwurf des Tiefdeckers I-16 stammte ebenfalls von Polikarpow. Die Arbeiten nahmen Anfang 1933 gemäß Plan der Hauptdirektion der Luftfahrtindustrie ihren Anfang. Das Flugzeug wurde als »Hochgeschwindigkeits«-Jäger entwickelt, der auch eine hervorragende Wendigkeit im Luftkampf aufwies. In den Unterlagen des Zentralen Konstruktionsbüros (ZKB) wurde es als ZKB-12 geführt (beim Militär bzw. nach Beginn der Serienfertigung als I-16). Der erste Prototyp absolvierte am 30. Dezember 1933 den Jungfernflug mit dem bekannten Versuchspiloten Waleri Tschkalow am Steuer.

Die Bewaffnung der ersten Muster fiel mit zwei 7,62-mm-SchKAS-Maschinengewehren in den Flächen eher schwach aus. 200 kg Bomben sollte die ZKB-12 als Außenlasten mitführen. Im Laufe der Serienfertigung entstand die »Kanonen«-Version I-16P mit zwei 20-mm-Maschinenkanonen SchWAK plus zwei SchKAS-Maschinengewehre. Die Schlachtfliegervariante führte neben zwei SchWAK-Kanonen und zwei SchKAS-Maschinengewehren bis zu 200 kg Bomben unter den Flächen.

Bei den Kämpfen am Chalchin-Gol kamen im August 1939 erstmals auch mit RS-82-Raketen bewaffnete I-16 zum Einsatz.

Die Fertigung der I-16 als erstem in Serie gebauten Flugzeugs mit Einziehfahrwerk erfolgte in den Flugzeugfabriken Nr. 39 in Moskau und Nr. 21 in Nischni Nowgorod. Während der Serienproduktion wurden sowohl die Bewaffnung des Flugzeugs als auch sein Design verbessert. Bei der I-16 Typ 24 wurden ein 900 PS starker M-63-Motor und zur Erhöhung der Reichweite zwei 200-Liter-Zusatztanks eingeführt. Die Bewaffnung bestand aus zwei SchWAK-Kanonen, zwei SchKAS-Maschinengewehren und 500 kg Bomben. Zu Beginn des Krieges mit Deutschland 1941 wurde die Bewaffnung um 6 Raketen RS-82 ergänzt. Trotz der Gewichtszunahme auf 1882 kg konnte das Flugzeug in Bodennähe bis zu 410 km/h und in einer Höhe von 5000 m bis zu 462 km/h erreichen. In nur sieben Jahren entstanden insgesamt 10.292 Polikarpow I-16 einschließlich Schulmaschinen.

In den 1920er-Jahren stand A. N. Tupolew dem Konstruktionsbüro AGOS/ZAGI vor. Außer dem I-4-Jäger, mehreren Aufklärungs- und einer Reihe von Torpedoflugzeugen gelang es seiner Abteilung, einen SB- und schwere TB-1- und TB-3-Bomber zu entwickeln und damit die Grundlagen der strategischen Luftstreitkräfte der UdSSR zu legen.

Beim SB setzte sie das Konzept eines »Hochgeschwindigkeitsbombers« um, bei dem aufgrund verbesserter Aerodynamik und unter Verringerung von Reichweite und Flugmasse die Fluggeschwindigkeit gesteigert werden konnte. Er flog so schnell wie die besten Jagdmaschinen seiner Zeit: mit zwei wassergekühlten Motoren M-100 zu je 830 PS erreichte er eine Höchstgeschwindigkeit von 420 km/h. Der Erstflug fand am 7. Oktober 1934 statt.

Das Kampfflugzeug ANT-4, das später gemäß dem ursprünglichen Auftrag des Technischen Sonderbüros für militärische Entwicklungen (Ostechbyro) die Bezeichnung TB-1 trug, erhielt als Bewaffnung die von diesem Büro entwickelten Bomben und Torpedos. Die ANT-4 sollte eine Geschwindigkeit von mindestens 165 km/h entwickeln und 2000 kg an Abwurflasten tragen. Der Torpedobomber sollte eine Lücke bei der »Roten Arbeiter- und Bauernflotte« schließen. Es handelte sich um einen zweimotorigen Ganzmetall-Eindecker mit einer Beplankung aus Duraluminium-Wellplatten nach deutschem Junkers-Vorbild.

Der erste Torpedobomber-Prototyp ANT-4 war am 11. August 1925 fertig, wurde am 25. August von einer Kommission unter Beteiligung von Vertretern des Ostechbyro abgenommen und bis zum 30. Oktober zur Erprobung an den Moskauer Zentralflughafen geliefert, wo er am 26. November 1925 zum Erstflug startete.

Das Militär genehmigte Ende September 1927 das vorläufige Design der ANT-4 als Träger üblicher Bombenlasten. Bis Februar 1928 wurde ein Prototyp zusammengebaut, und im Juli des Jahres begann die Werkserprobung. In den Unterlagen wurde das Flugzeug als TB-1-2 BMW6 bezeichnet – ein schwerer Bomber und der erste mit zwei BMW-VI-Triebwerken. Später bürgerte sich das Kürzel TB-1 ein. Es handelte sich weltweit um das erste freitragende Ganzmetall-Bombenflugzeug. Noch vor Abschluss der staatlichen Tests kam die Führung der Luftstreitkräfte zum Schluss, die TB-1 „für die Verwendung in den Verbänden der Luftstreitkräfte zuzulassen". Mit der TB-1 sollten die schon lange geplanten Brigaden schwerer Bomber ausgestattet werden. Jede Brigade sollte drei Einheiten zu je sechs Bombern umfassen. Zusammen mit den Stabsmaschinen kam eine Brigade auf 20 Flugzeuge.

Zur Serienproduktionsstätte für die TB-1 wurde das Flugzeugwerk Nr. 5 (GAS-5) bestimmt. Es fertigte bis Anfang 1932 immerhin 216 Maschinen. In den frühen 1930er-Jahren galt die TB-1 als bester schwerer Bomber der Welt. Die Annahme durch die sowjetische Luftwaffe bedeutete zugleich das Erreichen eines neuen qualitativen Niveaus. Die TB-1 wurde auch als Transportmaschine eingesetzt und spielte bei der Entwicklung bzw. Ausstattung der sowjetischen Luftlandetruppen mit Absetzmaschinen eine Schlüsselrolle. Ansonsten bildete sie relativ kurz das Hauptmuster der sowjetischen schweren Bomberflotte. Im Herbst 1932 begann die Umrüstung der Brigaden auf die noch leistungsfähigere TB-3.

Dieses riesige Flugzeug stellte die logische Weiterentwicklung der TB-1 dar und wurde federführend von einer Gruppe von Ingenieuren unter Wladimir Michailowitsch Petljakow unter der Oberregie A. N. Tupolews entwickelt. Es wurde ebenfalls in Form eines freitragenden Metall-Eindeckers hergestellt, der sich durch vergrößerte Abmessungen auszeichnete. Die Tupolew TB-3 war mit vier wassergekühlten Motoren (zuerst M-17, später M-34) ausgestattet, die auf freitragenden Traversen vor den Flächen installiert waren, zwei auf jeder Seite des Rumpfes. Es war das erste viermotorige Kampfflugzeug der Roten Armee. Zum 1. Januar 1933 verfügten die Luftstreitkräfte der Roten Armee über 144 TB-3, die als Ergänzung zur TB-1 angesehen wurde. 1933 war der Bau weiterer 300 TB-3 geplant, tatsächlich entstanden 307. Von 1932 bis 1937 erhielten die Luftstreitkräfte insgesamt über 800 TB-3, die in den neuen schweren Bomberbrigaden flogen. Jede Brigade bestand aus vier Abteilungen (insgesamt 49 Flugzeuge), hinzu kam eine Abteilung Begleitflugzeuge aus zwölf P-6 und eine Jagdstaffel I-5 mit 31 Flugzeugen. 1935 wurden 36 Staffeln ganz oder teilweise mit TB-3-Bombern ausgerüstet.

Der Stolz der sowjetischen Luftfahrt in den frühen 1930er-Jahren – der in Ganzmetall-Bauweise hergestellte schwere Bomber Tupolew TB-1.

Die Tupolew TB-3 war der erste strategische Bomber der UdSSR. Hier in der Ausführung als Mutterschiff für Jagdflugzeuge.

Für den massierten Einsatz von Kampfflugzeugen begannen die Luftstreitkräfte in den frühen 1930er-Jahren mit der Aufstellung von Bomberkorps (БАК; BAK) zu je zwei oder drei schweren Bomberbrigaden. Insgesamt wurden fünf БАК aufgestellt. Hinzu kamen als noch größere Verbände die so genannten Luftarmeen zur besonderen Verwendung (AON). Sie stellten die größten Luftfahrtverbände der Roten Armee dar. Sie sollten entweder bei umfassenden Operationen mit anderen Zweigen der Streitkräfte zusammenarbeiten, oder aber als Luftarmeen der Reserve des Oberkommandos selbstständig operative und strategische Aufträge durchführen.

Die erste AON wurde gemäß Befehl Nr. 001 der NKO der UdSSR vom 8. Januar 1936 im europäischen Teil des Sowjetstaates errichtet. Am 15. März 1937 wurde eine zweite AON im fernöstlichen Teil der UdSSR aufgestellt; eine dritte im Militärbezirk Nordkaukasus.

Jede Luftarmee bestand aus zwei schweren Bomber-, einer leichten Bomber- und einer Jagdflugzeugbrigade und umfasste ingesamt 340–360 Flugzeuge.

Die Schaffung großer strategischer Luftwaffenverände diente neben rein militärischen auch politischen Zwecken. In den Jahren 1933/1934 starteten TB-3-Einheiten zu Langstreckenflügen nach Paris, Warschau und Rom, die dort einen starken Eindruck hinterließen. Ein britischer Reporter schrieb: »Während sie in Europa über den Wert der Douet-Theorie streiten [Giulio Douet war ein italienischer General und Luftkriegstheoretiker, der den Standpunkt vertrat, moderne Kriege könnten allein durch Luftstreitkräfte entschieden werden – Anmerkung des Autors], haben die Roten dies tatsächlich erkannt, indem sie mächtige viermotorige Bomber vorführten.« Ein französischer Berichterstatter drückte es drastischer aus: »... 500 russische Bomber können Europa wie ein faules Ei zerschlagen.«

Eine solche Demonstration militärischer Macht stärkte die Position der UdSSR auf der internationalen Bühne. Sie diente auch der Einschüchterung und »kühlte die Köpfe der aggressivsten westlichen Politiker etwas ab«, um im Jargon der Sowjetpropaganda zu sprechen. (Die Äußerung zielte zum einen auf Großbritannien und Frankreich, die im russischen Bürgerkrieg die »Weißen« unterstützt hatten; zum anderen auf Polen, das im sowjetisch-polnischen Krieg 1919–1921 große Teile der Ukraine und Litauens erobert hatte).

Die in den frühen 1930er-Jahren erzielten Fortschritte in der Aerodynamik, im Motorenbau und in der Anwendung neuer Werkstoffe ließen die Giganten TB-1 und TB-3 jedoch bald wieder als veraltet erscheinen. Sie standen kurfristig Zeit an der Spitze der Flugzeugtechnologie ihrer Zeit, hatten aber selbst nach Einschätzung sowjetischer Experten Mitte der 1930er-Jahre ihren Zenit überschritten.

Die Anforderungen an Langstreckenbomber hatten sich geändert. Nachdem 1931 die Abteilung AGOS/ZAGI unter A. N. Tupolew für einen Bomber noch eine Reisegeschwindigkeit von 250 km/h in 7000 m und eine Bombenlast von 10.000 kg vorgesehen hatte, so sollte ein modernes Kampfflugzeug 1934 lediglich 2000–4000 kg Bomben tragen, aber eine Geschwindigkeit von 400 km/h und eine Dienstgipfelhohe von 12.000 m erreichen. Basierend auf einem Auftrag von 1934 entwarf W. M. Petljakow unter der Regie A. N. Tupolews den ersten schweren sowjetischen »Hochgeschwindigkeitsbomber«, die TB-7 (ANT-42).

Die Flugerprobung begann am 27. Dezember 1936. Die TB-7 erreichte dank stärkerer und leichterer Motoren sowie Verstellpropellern eine Spitzengeschwindigkeit von 403 km/h, wozu gleichermaßen eine verbesserte Aerodynamik und Tragflächengestaltung sowie das Einziehfahrwerk beitrugen. Der TB-7 war ein Ganzmetall-Mitteldecker mit vier AM-34FRN-Flächenmotoren mit einer Leistung zu je 1200 PS. Im Rumpf befand sich ein weiteres M-100-Aggregat zu 850 PS als Ladermotor. Mit 2000 kg Bombenlast betrug die Reichweite 5460 km. Ansonsten konnte die TB-7 bis zu 4000 kg Bomben aufnehmen.

Die Entscheidung, die TB-7 in Serie zu fertigen, war eine Steißgeburt. Die Luftstreitkräfte wollten

Die Tupolew TB-7 – die »Fliegende Festung« der sowjetischen Luftwaffe.

gleich grünes Licht geben, aber Stalin liebäugelte mit zweimotorigen Fernbombern. Bei einem Treffen der Flugzeugkonstrukteure und Generäle der Luftstreitkräfte Anfang 1939 hörte sich Stalin deren Wünsche und Argumente an, sagte aber: »Nun, lassen Sie es Ihre Meinung sein, aber Sie haben mich nicht überzeugt.«

Schließlich begann das Werk Nr. 124 in Kasan mit dem Serienbau. 1939 sollten die Luftstreitkräfte plangemäß zehn TB-7 erhalten und im Folgejahr 250. Der Plan konnte jedoch nur teilweise umgesetzt werden und insgesamt entstanden nur 79 TB-7. 1942 erhielt die TB-7 die neue Bezeichnung Pe-8 nach ihrem Konstrukteur Petljakow.

Dem Wunsch Stalins, statt unter großem Material- und Produktionsaufwand viermotorige Fernbomber lieber zweimotorige Kampfflugzeuge in größerer Stückzahl zu bauen, entsprachen die vom Zentralen Konstruktionsbüro unter Sergei Wladimirowitsch Iljuschin entwickelten Typen ZKB-26 und ZKB-30.

Bei der ZKB-26, einem zweimotorigen Eindecker in Gemischtbauweise, handelte sich vom Grundsatz her um ein Versuchsflugzeug zur Erprobung neuer Technologien, wie sie W. I. Iljuschin für einen Hochgeschwindigkeits-Fernbomber vorgeschlagen hatte. Mit dem Bau des Prototyps wurde Mitte 1934 begonnen; im Sommer 1935 absolvierte er seinen Erstflug. Am 28. August des Jahres wurde die ZKB-26 dem Volksverteidigungskommissar K. E. Woroschilow und dem Volkskommissar für Schwerindustrie G. K. Ordschonikidse vorgestellt. Sie lobten den Etwurf und beauftragten Iljuschin, schnellstmöglich seine Ganzmetallversion ZKB-30 zu erproben, welche die taktischen und technischen Anforderungen an einen Hochgeschwindigkeits-Fernbomber erfüllte.

Die ZKB-30-Erprobung unter voller Ausrüstung begann im Frühjahr 1936. Das Muster bestand alle Tests und wurde im August des Jahres bei den Luft-

Der Fernbomber DB-3 entsprach Stalins Wunsch, hauptsächlich zweimotorige Kampfflugzeuge zu bauen.

streitkräften unter der Bezeichnung DB-3 eingeführt. Die DB-3 kam mit 500 kg Bombenlast auf eine Reichweite von 4000 km und mit 1000 kg – der üblichen Abwurflast – auf 3100 km. Diese großen Distanzen schaffte der neue Bomber dank seiner stromlinienförmigen Gestaltung und des großen Kraftstoff-Fassungsvermögens, das etwa 33 % der maximalen Startflugmasse einnahm. Die Flugeigenschaften der DB-3 wurden von Piloten einstimmig gelobt. 1938 wurde die Produktion der Torpedobomber-Ausführung DB-3T mit Radfahrwerk aufgenommen; Letzteres wich aber bald Schwimmern (DB-3TP). Der Torpedobomber kam bei den Marinefliegern zum Einsatz.

Lehren des Spanischen Bürgerkriegs

1936 kam es nach der Ermordung des Oppositionsführers José Calvo Sotelo durch linksradikale Kräfte zum Putsch des Militärs gegen die kommunistisch durchsetzte Regierung der zweiten spanischen Republik. Ein Bürgerkrieg brach aus, in dem Spanien bis 1939 zum Schauplatz heftiger Kämpfe zwischen Republikanern und Nationalisten wurde. Durch ausländische Freiwillige und das Eingreifen fremder Mächte bekam der Konflikt ein internationales Gepräge. Die UdSSR unterstützte mit Waffen, Material, Beratern und politischen Kommissaren die kommunistischen Kräfte massiv; Italien ließ der nationalspanischen Seite Flugzeuge, Waffen, Rüstungsgüter und militärisches Personal zukommen; Portugal entsandte Freiwillige. Und Hitler schickte auf dringende Bitte General Francisco Francos, Führer der nationalspanischen Streitkräfte, die »Legion Condor« nach Spanien. Rein zahlenmäßig stellten die auf republikanischer Seite kämpfenden, von sowjetischen Kommissaren geführten so genannten Internationalen Brigaden, Freiwillige verschiedener Länder (an erster Stelle Franzosen und Italiener) mit etwa 59.000 Mann das stärkste fremdländische Kontingent. Die zahlenmäßig schwächste, aber wohl schlagkräftigste ausländische Truppe in Spanien aber war die deutsche »Legion Condor«. Sie verfügte zum Zeitpunkt ihrer größten Stärke über 140–150 Flugzeuge und rund 6000 Legionäre. Jedenfalls nutzten die UdSSR, Italien und Deutschland in Spanien die Gelegenheit, alte und neue Waffensysteme unter kriegsähnlichen Bedingungen zu erproben.

Sowjetische Flugzeuge kamen während des spanischen Bürgerkriegs ausgiebig zum Einsatz. Ab 1936 lieferte die UdSSR den »Roten« 627 (nach anderen Angaben um die 800) Flugzeuge der Typen I-15, I-15bis, I-16, SB, R-5; dazu zahlreiche Panzer, große Mengen Munition, Nachschub und militärisches Gerät aller Art (was sich die UdSSR mit den spanischen Goldreserven bezahlen ließ). Sowjetisches militärisches und politisches Personal gelangte ebenfalls nach Spanien, darunter eine beträchtliche Anzahl von Piloten und Technikern.

Schon in den ersten Luftkämpfen zeigte sich die Überlegenheit der sowjetischen I-15- und I-16-Jäger gegenüber den italienischen Fiat CR.32 und deutschen He 51. Sie besaßen eine höhere Geschwindigkeit und bessere Steigfähigkeit und konnten auch in relativ großer Höhe operieren. Nationalspanischen Piloten wurde geraten, nicht ohne numerische Überlegenheit gegen republikanische Jäger, insbesondere I-16, anzutreten – was leichter gesagt als getan war, da die »Roten« – zunimdest anfänglich – über deutlich mehr Flugzeuge verfügten.

Die Kämpfe legten jedoch auch die Mängel der I-16 offen, die in Spanien von den Roten »Mosca« (Fliege) und von den Nationalisten »Rata« (Ratte) genannt wurde (bei den Sowjets hieß sie wegen ihrer schlechten Start- und Landeeigenschaften »Ischak« = Esel und bei den Japanern »Abu« = Pferdebremse). So war die Bewaffnung nicht stark genug. Die zuerst nach Spanien gelieferte I-16 Typ 5 verfügte über zwei 7,62-mm-SchKAS-Maschinengewehre. Auch die deutsche He 51 war nur mit zwei Maschinengewehren bewaffnet, die dazu eine geringere Feuergeschwindigkeit aufwiesen. Bei der italienischen Fiat CR.32 sah es schon anders aus, da sie mit zwei schweren Maschinengewehren ausgestattet war. Darüber hinaus stellte sich heraus, dass die beiden SchKAS-MG im Gewehrkaliber entgegen früheren Vorstellungen nicht wirksam genug im Luftkampf waren. Zu den weiteren Schwachstellen der I-16 zählten der fehlende Kraftstoffbehälter-Schutz und die zu dünne Panzerung, die großkalibrige Kugeln durchschlugen. Außerdem gab es Schwierigkeiten mit der Frontscheibe, die während des Fluges mit Öl besprüht wurde, und während des Kurvenkampfes bewegte sich der bewegliche Teil der Verglasung manchmal willkürlich, weshalb die Piloten oft mit geöffneter Kanzel flogen. Dann setzten die spanischen Witterungsbedingungen mit viel Hitze und Staub dem M-25-Motor ebenso so wie der intensive Betrieb – er fiel schnell aus.

Trotz dieser Mängel konnte die I-16 anfangs noch dem deutschen Messerschmitt-Jäger Bf 109 B (»Bruno«), der 1937 an Spaniens Himmel erschien, paroli bieten. Mit ihrem 720 PS leistenden Jumo-210-Motor entwickelte die Bf 109 B eine Höchstgeschwindigkeit von 465 km/h und verfügte in etwa über die gleiche Bewaffnung wie die I-16 – vier 7,92-mm-Maschinengewehre. Dank der besseren Manövrierfähigkeit gingen republikanische Piloten in Kämpfen mit diesen Flugzeugen wiederholt als Sieger hervor, was aber nicht darüber hinwegtäuschen konnte, dass „Legion Condor"-Asse wie die Oberleutnante Wilhelm Balthasar und Werner Mölders sich auch gegen I-16 bald an die Spitze der Jagdpiloten mit den höchsten Abschusszahlen brachten.

Die Krise in der Luft für die »Roten« kam mit der verbesserten Messerschmitt Bf 109 E (»Emil«). Ihr Motor DB 601 entwickelte eine Leistung von 1000 PS und sorgte für eine Spitzengeschwindigkeit von 510 km/h. Die Bewaffnung einiger Varianten dieser Ausführung bestand aus zwei 2-cm-MG FF und zwei 7,92-mm-Maschinengewehren. Zudem waren die deutschen Maschinen mit Funk ausgerüstet, was ihr Zusammenwirken im Schwarm zusätzlich verbesserte.

Mit erfahrenen sowjetischen Piloten am Steuer konnte die I-16 immer noch mit der Bf 109 B gleichziehen; was bei der Bf 109 E nicht mehr der Fall war. Jene aber in den I-15-Doppeldeckern hatten im Luftkampf gegen die zahlenmäßig unter-, aber qualitativ überlegenen deutschen Jäger kaum mehr eine Chance. Diese machten auch den sowjetischen Bombern der Typen R-5 und SB schwer zu schaffen. Aufgrund hoher Verluste konnte die leichte R-5 nur noch nachts und die SB nur noch unter ausreichendem Begleitschutz eingesetzt werden.

Gegenüber den sowjetischen Mustern zog der neue deutsche Ganzmetallbomber He 111, der ebenfalls am spanischen Himmel getestet wurde, eindeutig die Trumpfkarte. Er besaß eine hohe Geschwindigkeit und eine starke Abwehrbewaffnung und war für sowjetische Jäger praktisch unverwundbar.

Ein Jagdflugzeug Polikarpow I-16 mit den Erkennungszeichen der spanisch-republikanischen Luftwaffe. Von 1935 bis 1942 bauten vier sowjetische Flugzeugwerke rund 10.300 Stück.

Sowjetische Piloten berichteten dem Chef der Luftwaffe der Roten Armee, Jakow Iwanowitsch Alksnis, über die Mängel von Maschinen und Gerät in Spanien. Der wiederum schickte am 10. Dezember 1936 Verteidigungskommissar Kliment Jefremowitsch Woroschilow einen Bericht »Über den Zustand des materiellen Teils der Luftwaffe der Roten Armee am 1. Dezember 1936 und den Auftragsplan für 1937«, in dem die Auswirkungen der »Spanischen Krise« zur Sprache kamen:

»1. Gemäß dem von der Regierung genehmigten Entwicklungsplan sollten die Luftstreitkräfte der Roten Armee zum 1. Januar 1938 11.091 Flugzeuge umfassen, darunter: 7462 Kampfflugzeuge, 1373 Hilfsflugzeuge und 2256 Ausbildungsflugzeuge…
Damit unsere Luftstreitkräfte auf dem neuesten Stand sind, d. h. dazu in der Lage, die Aufgaben eines Krieges im Westen und Osten erfolgreich zu lösen, sollten sie mit Flugzeugen ausgerüstet sein, deren Höchstgeschwindigkeit nicht unter den folgenden liegt: Jäger – mindestens 400 km/h; leichte Bomber und Schlachtflugzeuge – mindestens 350 km/h; Aufklärungsflugzeuge – 400 km/h; Transportflugzeuge – 350 km/h. Diese Höchstgeschwindigkeiten sind durch den Stand der Luftfahrttechnologie unserer wahrscheinlichen Gegner, die Entwicklungsprognosen aus dem Jahr 1937 und die Erfahrung aus dem Kampfeinsatz der Luftstreitkräfte in Spanien

Im Flugzeugpark der westlichen Grenzmilitärbezirke herrschten bei den Jagdflugzeugen ältere Doppeldecker-Muster wie die I-153 vor.

bestimmt. Flugzeuge mit maximalen Horizontalgeschwindigkeiten, die unter den Kriegsbedingungen von 1937 und insbesondere 1938 liegen, können nicht mehr als Militärflugzeuge zur erfolgreichen Lösung der Hauptaufgaben sowohl im östlichen als auch insbesondere im westlichen Einsatzgebiet angesehen werden.

2. Die gesamte Flotte an Militärflugzeugen bestand zum 1. Dezember 1936 aus 6246 Maschinen, davon Kampfflugzeuge (Bomber, Schlachtflugzeuge, Jäger) – 4048 oder 64,7 %; Unterstützungsflugzeuge (Aufklärungs-, Transport- und Ausbildungflugeuge) – 2203 oder 35,3 %. Von dieser Flotte des Jahres 1937 müssen ungefähr 1438 Maschinen aufgrund ihres technischen Zustands und Leistungsvermögens (Verschlechterung) gestrichen werden; weitere 3842 erfüllen nicht die oben genannten Anforderungen bezüglich der maximalen Horizontalgeschwindigkeit. Somit können in Bezug auf den Flottenstand vom 1. Dezember 1936 im Jahr 1938 unter dem Gesichtspunkt der Höchstgeschwindigkeit nur 966 Flugzeuge als modern angesehen werden, darunter 204 SB mit 2M-100 mit einer Höchstgeschwindigkeit von etwa 425 km/h und 762 Jäger I-16 mit M-25 mit einer Höchstgeschwindigkeit von etwa 460 km/h.«

Unter dem Strich galten so nur 204 Bomber und 762 Jäger der gesamten riesigen Luftstreikräfte der Roten Armee als mehr oder weniger modern.

Woroschilow, der die Realität beschönigen wollte und mit Äußerungen sehr vorsichtig war, informierte die Führung des Landes kaum darüber. Dagegen sandte ein anderer Volkskommissar, NKWD-Chef Nikolai Iwanowitsch Jeschow, alarmierende Sonderberichte direkt an den Genossen Stalin (NKWD = Narodni Kommissariat Wnutrennich Del; Volkskommissariat für Innere Angelegenheiten, dem die OGPU unterstand). Hier der Text einer dieser Sonderberichte, in diesem Fall über den Zustand der Luftstreitkräfte im Militärbezirk Weißrussland:

„15. Juli 1937
Nr. 58479,
streng geheim

»Genosse Stalin,
Ich sende Ihnen eine Kopie der Notiz des Befehlshabers des NKWD in der westlichen Region, Genosse Karutsky, über Mängel im Zustand der Luftstreitkräfte des Militärbezirks Weißrussland.

Jeschow, Volkskommissar für innere Angelegenheiten.

Die Akten der 5. Abteilung der Direktion für Staatssicherheit des NKWD in der westlichen Region stellen die größten Mängel im Zustand der Luftstreitkräfte des Militärbezirks Weißrussland fest. Diese verringern die Einsatzbereitschaft der Luftwaffenverbände erheblich.

1. In den Verbänden des Distrikts besteht ein erheblicher Mangel an Flugzeugen – von den für 1937 nach staatlicher Planung vorgesehenen Maschinen fehlen 1417 und 560, was einem Fehlbestand von 28 % entspricht.
   Bei bestimmten Flugzeugtypen ist der Mangel noch größer – von landesweit vorgesehenen 221 SB-Flugzeugen (Hochgeschwindigkeitsbomber) sind 56 vorhanden, von 98 R-5 SSS (Schlachtflugzeuge) sind nur 56 verfügbar.
   Die Flugzeuge vor allem der 5. und 9. Luftbrigade (TB-3, M-17 und TB-3M) sind großteils verschlissen und wurden immer wieder repariert. Mit einem erheblichen Teil der I-16 M-25 und I-16 M-22 der Jagdstaffeln ist aufgrund von baulichen Mängeln kein geregelter Flugbetrieb möglich; sie können nur geradeaus fliegen.
   Bei der 132. Luftbrigade sind von von 88 I-16 M-25 nur 30 Maschinen flugfähig, und das nur im Geradeausflug. Bei der 83. Luftbrigade sind von 166 Flugzeugen des gleichen Typs 120 flugfähig, aber auch nur im Geradeausflug. Bei der 142. Luftbrigade müssen bei 69 I-16 M-22 die Steuerknüppel ausgetauscht werden, sie sind abgenutzt und nur ein Teil kann nach der Reparatur für den weiteren Betrieb zugelassen werden. Sclachteinheiten: Von 355 R-5 haben 219 über 400 Flugstunden, der Bestand ist deutlich abgenutzt.
2. Von der Industrie gelieferte Flugzeuge weisen schwerwiegende Mängel auf. So brechen bei der I-16 während des Betriebs Steuerelemente und die Instrumententafeln fallen während des Fluges aus, was bereits zu mehreren Unfällen geführt hat. Bei R-ZET-Maschinen war kurz nach der Zulieferung durch die Industrie der Austausch von Kabeln erforderlich. Bei TB-3 ist der Austausch der Motoraufhängungen erforderlich. Dieses von der Industrie verursachte Problem besteht seit einem Jahr.
3. Die Versorgung mit Ersatzteilen in den Bezirken der Luftstreitkräfte ist aufgrund des Verschuldens des Zentrums und der Bezirks-Luftwaffen-Versorgungsabteilung äußerst schlecht – Ersatzteile werden unregelmäßig und planlos geliefert, eine erhebliche Anzahl von Ersatzteilen erreicht die Einheiten überhaupt nicht, das Fehlen der erforderlichen Anzahl und Auswahl von Ersatzteilen trägt zusätzlich zum raschen Verschleiß der Flugzeuge bei und garantiert in keiner Weise – selbst unter Friedensbedingungen – die Einsatzbereitschaft der fliegenden Einheiten. Die Materialmängel und die Verschleppung von Reparaturen aufgrund des unsachgemäßen Einsatzes der im Distrikt verfügbaren Ersatzteilbestände lassen keinen geregelten Flugbetrieb zu. Seitens des Versorgungsleiters des Luftwaffenhauptquartiers Stupin wurden zahlreiche Belege über vorsätzliche Sabotage bei der Lieferung von Ersatzteilen für Lufteinheiten aufgezeigt.
4. Des Weiteren wurde Sabotage beim Bau von Flugplätzen aufgedeckt – die meisten betroffenen Plätze liegen im Dreieck Orscha-Minsk-Schlobin. Es gibt überhaupt keine Flugplätze an der rechten Flanke und ein schlecht ausgebautes Netz an der linken. Die vorhandenen Flugplätze berauben unsere Luftstreitkrafe der Fähigkeit, sowohl in der Tiefe als auch entlang der Front zu agieren. Dies führt dazu, dass sich Flugzeuge auf den oben genannten Dreiecken drängen und gegenüber feindlichen Lufteinheiten leicht verwundbar sind.
   Die meisten Flugplätze können in Bezug auf Größe und Bodenbeschaffenheit keine schnellen Flugzeugtypen aufnehmen, ganz zu schweigen von schweren Mustern. Auf vielen Flugplätzen gibt es keine Treibstoff- und Munitionsreserven, weshalb die Einsatzbereitschaft nach den ersten Einsatztagen im Kriegsfall ein Problem darstellen wird.
5. Die Mobilisierungsbereitschaft der Einheiten und des Hauptquartiers der Bezirksluftstreitkräfte befinden sich in desolatem Zustand. Die Planungen für die Versorgung mit den wichtigsten Nachschubgütern wurden nicht spezifiziert, die Aufstellung von Notreserven nicht abgeschlossen und die Lagerbestände nicht aufgefüllt.
   Die vorgelegten Fakten, die die größten Mängel im Zustand der Luftstreitkräfte des belarussischen Militärbezirks belegen, weisen zweifellos auf Sabotage sowohl in der Luftfahrtindustrie als auch in der Führung der BWO-Luftstreitkräfte hin.«

Weder das Volkskommissariat für Verteidigung noch das Politbüro des Zentralkomitees der KPdSU schienen diesen Zuständen bei den sowjetischen Luftstreitkräfte bis zum Spanischen Bürgerkrieg bzw. der Schlacht am Chalchin-Gol gegen die Japaner größere Aufmerksamkeit geschenkt zu haben. Darüber hinaus galt die ungeteilte Aufmerksamkeit des Genossen Stalin zu dieser Zeit vor allem den berüchtigten inneren »Säuberungen« gegen echte und vermeintliche Gegner. In der Zeit des großen Terrors fielen ihnen Zehntausende Menschen zum Opfer. Führende Militärs und Parteikader waren eher um Zukunft und Leben besorgt, als dass sie Stalin mit Problemen der Luftstreitkräfte behelligen und dadurch in Gefahr geraten wollten, dessen Unwillen auf sich zu ziehen.

Bis Ende 1937 waren die »Feinde« innerhalb der KPdSU größtenteils liquidiert bzw. in Lagern verschwunden. Auf dem Plenum des Zentralkomitees der bolschewistischen Partei von Februar bis März 1937 wurden des Weiteren Beschlüsse zur »Aufdeckung von Sabotage und Spionage« in der Verteidigungsindustrie gefasst. In Folge wurden die Luftfahrtinsdustrie und die Luftstreitkräfte 1937–1938 intensiv nach »Saboteuren und Spionen« durchforstet. Menschen, die unter Verdacht gerieten – und dazu bedurfte es nicht viel – wurden nach ihrer »Entlarvung« zu »Feinden des Volkes« erklärt und nach kurzem Prozess (wenn überhaupt) durch Genickschuss liquidiert. Diesen »Maßnahmen« fielen u. a. der Direktor des Zentralen Aerodynamischen Instituts (ZAGI), N. M. Charlamow; der Leiter der ZAGI-Abteilung 8, W. I. Schekalow; der stellvertretende Leiter der ZAGI-Ausbildungsabteilung, E. M. Furmanow; der Leiter der Luftfahrt-Hauptdirektion des Volkskommissariats für Verteidigungsindustrie, A. M. Metlo; der Direktor des Werks Nr. 24, I. E. Marjamow; der Direktor des Werks Nr. 26, G. N. Korolew; der stellvertretende Leiter der Planungs- und technischen Abteilung des Werks Nr. 156, K. A. Injuschin; der Direktor des NII-3 (Raketenforschungsinstitut, an dem die in den 1950er-/1960er-Jahren berühmt gewordenen sowjetischen Raketentechniker S. P. Korolew und W. P. Gluschko arbeiteten), I. T. Kleimenow; sowie der technische Direktor des NII-3, G. E. Langemak, zum Opfer. Im Oktober 1938, sieben Monate nach seiner Verhaftung, wurde der Schöpfer des ersten in Serie gebauten sowjetischen Passagierflugzeugs, der bekannte Flugzeugkonstrukteur K. A. Kalinin, in den NKWD-Kerkern von Woronesch erschossen. Die Anklage war für 1937 Standard –»antisowjetische Aktivitäten und Spionage«. Unter Ausschluss der Öffentlichkeit fand zudem ein Prozess ohne Zeugen und Verteidiger gegen das Militärkollegium des Obersten Gerichtshofs statt. Er dauerte etwa zehn Minuten und das Urteil wurde unmittelbar danach vollstreckt.

Die mit dem Leben davongekommen waren, verschwanden in Lagern. Die Generaldirektion Lager (GULAG) des NKWD führte 1938 in einem Sonderregister etwa 36.000 Spezialisten verschiedener Berufe auf. Zu Beginn der »Säuberung« verhaftet und wegen Sabotage, Terrorismus und Spionage angeklagt, landeten sie – wenn sie Glück hatten – nicht im »normalen« Arbeitslager, sondern in einem der vom NKWD eingerichteten Konstruktionsbüros unter vergleichsweise angenehmen Haftbedingungen. W. M. Molotow, Vorsitzender des Rates der Volkskommissare (d. h. Ministerpräsident der UdSSR), wird folgende Äußerung zugeschrieben: »... die Tupolews [gemeint sind die inhaftierten Flugzeugkonstrukteure] wurden hinter Gitter gebracht, dem Wachpersonal wurde gesagt: sorgt für gute Bedingungen, aber lasst sie nicht raus! Lässt man sie arbeiten, entwerfen Sie die Dinge, die für das Land notwendig sind, das sind die wichtigsten Menschen.«

Im Auftrag des NKWD wurde im Oktober 1938 die Abteilung für Sonderkonstruktionen gebildet, die einen Monat später in die Sonderabteilung 4 des NKWD überging. Im Januar 1939 wurde diese wiederum ins Technische Sonderbüro (OTB) verwandelt.

Ab Ende 1938 kamen verhaftete Spezialisten in ein kleines Lager im Raum Moskau in der Nähe des Bahnhofs Bolschewo. Es handelte sich um eine Art Verteilerstelle, von der die Spezialisten in die verschiedenen Lager-Konstruktionsbüros geschickt wurden. Der NKWD hatte sie nach sechs Bereichen unterteilt:

1. Flugzeugbau und Flugzeugpropeller,
2. Flugzeug- und Dieselmotoren,
3. Artillerie,
4. Granaten, Zünder und Treibladungspulver,
5. chemische Kampfstoffe und chemische Abwehr sowie
6. Kriegsschiffbau.

Das Sonderbüro für Flugzeugbau wurde Ende 1938 unter der Bezeichnung Technische Sonderabteilung (STO) gegründet und bald durch das Zentrale

Entwurfsbüro 29 (ZKB-29) des NKWD ersetzt. (»Sto« ist zugleich die russische Bezeichnung für »Hundert«, was mit der Zimmernummer 100 im Speztek-Hotel übereinstimmte, wo der NKWD ein Büro eingerichtet hatte).

Das Entwurfsbüro 29 bestand aus vier Brigaden, die von Verurteilten gemäß Artikel 58 des Strafgesetzbuchs der RSFSR geführt wurden:

Die Brigade W. M. Petljakow arbeitete an einem Höhen-Abfangjäger (Flugzeug »100«, WI-100).

Die Brigade W. W. Mjassischtschew entwarf einen Langstreckenbomber (Flugzeug »102«).

Die Brigade A. N. Tupolew entwarf den Sturzbomber (Flugzeug »103«).

Die Brigade D. L. Tomaschewitsch entwarf einen Hochgeschwindigkeitsjäger (Flugzeug »110«).

Das ZKB-29 besaß enormes kreatives Potenzial. Unter den 200 »Feinden des Volkes«, aus denen sich die »Oberschicht« zusammensetzte, befanden sich 17 Chefkonstrukteure der Luftfahrt, 15 Wissenschaftler mit Doktorgrad sowie zwölf Leitende Angestellte von Flugzeugfirmen. Dazu arbeiteten im ZKB-29 rund 1000 Luftfahrtingenieure und -techniker als Zivilangestellte. Das ZKB-29 nahm seine Arbeit im Bolschewski-Lager auf, wo eine der Baracken als Zeichenraum eingerichtet war. Da es eindeutig nicht genügend »Produktionsfläche« gab, wurde das Büro nach Moskau ins Werk Nr. 156 in der Radio-Straße verlegt, wo sich zuvor die Konstruktionsabteilung von Tupolew befunden hatte.

Der Höhenjäger »100« absolvierte am 22. Dezember 1939 seinen Erstflug. Er verfügte über zwei M-105-Triebwerke mit TK-2-Turbokompressoren, die in einer Höhe von 6600 m eine Höchstgeschwindigkeit von 538 km/h ermöglichten. Die Bewaffnung bestand aus zwei 20-mm-Kanonen und zwei 7,62-mm-Maschinengewehren.

Trotz der bei den staatlichen Versuchen festgestellten Mängel erhielt der Typ eine positive Bewertung. Dabei bemerkte die staatliche Kommission: »Um die ausgeprägte Aerodynamik der ›100‹-Flugzeuge voll nutzen zu können, ist es ratsam, auf seiner Grundlage einen Sturzkampfbomber zu bauen ...« Dies entschied über das Schicksal des Typs »100« – er wurde rasch in einen Sturzkampfbomber umgestaltet und unter der Bezeichnung PB-100 (PB = Sturzkampfbomber) in Serie genommen. Bei den Luftstreikraften sollte die PB-100 den veralteten SB-Bomber ersetzen.

Der Erstflug des Langstreckenbombers „102" (auch als „DWB-102" bezeichnet) fand am 17. Februar 1942 statt. Das zweimotorige Flugzeug entwickelte eine Spitzengeschwindigkeit von 570 km/h und brachte es auf 3740 km Reichweite. Es ging allerdings nicht in Serie: 1942 waren alle Produktionskapazitäten der sowjetischen Luftfahrtindustrie mit vorhandenen Typen ausgelastet.

Das von der Brigade Tupolew entworfene Bombenflugzeug »103" hob am 29. Januar 1941 zum Erstflug ab. Eigentlich sollte es im Woronescher Werk Nr. 18 in Fertigung gehen, das 1942 der Roten Armee den 1000. Bomber übergeben sollte. Nach Beginn des »Großen Vaterländischen Kriegs« wurde die Flugzeugproduktion in das im Bau befindliche Flugzeugwerk Nr. 166 nach Omsk verlagert. Die ersten 63 Flugzeuge für zwei Bomberregimenter

Im ZKB-29 schufen inhaftierte Ingenieure den Höhenjäger »100«, auf dessen Grundlage der Sturzbomber Petljakow Pe-2 entstand.

Der vom ZKB-29 entworfene Langstrecken-Höhenbomber DWB-102.

wurden im Sommer 1942 hergestellt, und bereits 600 Bomber nahmen an der sowjetischen Offensive im Sommer 1944 an der sowjetisch-finnischen Front teil, die allerdings die gesteckten Ziele nicht erreichte und in einen Waffenstillstand mit Finnland mündete.

Der Hochgeschwindigkeitsjäger »110« von Tomaschewitsch startete Ende 1942 zum Erstflug. Ein M-107-Motor zu 1650 PS verlieh ihm eine Spitzengeschwindigkeit von 508 km/h, die sich in 6200 m Höhe auf bis zu 610 km/h steigerte. Da der Typ aber keine signifikanten Vorteile gegenüber bereits eingeführten Jägern brachte, ging er nicht in Serie.

Unter dem Strich hatte die UdSSR bis kurz vor Kriegsbeginn 1941 etliche Jäger der neuen Generation entwickelt, die die Luftherrschaft sicherstellen konnten.

Stalin erteilte Flugzeugkonstrukteuren persönlich Entwicklungsaufträge für Jagdflugzeuge. Davon berichtete in seinen Erinnerungen A. S. Jakowlew, der einen Jäger mit Kanonenbewaffnung entwerfen sollte. Demnach sagte Stalin: »Sie sollten wissen, dass derselbe Jäger auch von anderen Konstrukteuren entwickelt wird. Der Gewinner wird derjenige sein, der nicht nur das Beste an Flug- und Kampfqualitäten herausholt, sondern dessen Modell auch als erstes Serienreife erreicht.« Jakowlew: »Ich verstehe, Genosse Stalin.» Stalin: »Damit Sie mich richtig verstehen: es ist notwendig, das Flugzeug schneller zu machen.» Jakowlew: »Wie ist die zeitliche Vorgabe?» Stalin: »Je früher, desto besser. Werden Sie es bis nächstes Jahr schaffen?« Jakowlew: »Ich habe derartige Flugzeuge noch nie gebaut, ich habe keine Erfahrung ... Aber die Amerikaner bauen derzeit in zwei Jahren einen neuen Jäger ...« Stalin: »Sind Sie Amerikaner? Zeigen Sie, wozu der junge russische Ingenieur fähig ist ...«

Von elf Entwürfen, die der Wettbewerb für den neuen Jäger hervorbrachte, wurden drei Muster für die Massenproduktion ausgewählt:

- I-26 von der Brigade unter A. S. Jakowlew, gebaut unter der Bezeichnung Jak-1;
- I-200 von der Brigade unter A. I. Mikojan und M. I. Gurjewitsch, gebaut unter der Bezeichnung MiG-1;
- I-301 von der Brigade unter S. A. Lawotschkin, W. P. Gorbunow und M. I. Gudkow, gebaut unter der Bezeichnung LaGG-1.

Die genannten Typen – alle Einsitzer mit wassergekühlten Motoren – stellten ab 1942 zusammen mit I-16-Veteranen die Masse der sowjetischen Jagdwaffe. Als bestes Muster des Trios galt Jakowlews I-26. Der hatte zwar noch nie einen Jäger gebaut, brachte aber beträchtliche Erfahrung in der Entwicklung leichter Sportflugzeuge mit. Eine ausgeprägte Stromlinienform und die Positionierung aller großen Massen in der Nähe des Schwerpunkts verliehen dem Typ hohe Geschwindigkeit und Manövrierfähigkeit, wozu natürlich der M-105PF-Motor seinen Teil beitrug. Er brachte das Flugzeug auf eine Höchstgeschwindigkeit von 592 km/h in 4100 m Höhe (zum Vergleich: die deutsche Messerschmitt Bf- 109 E-1 bis E-4 brachte es auf 560 km/h). Die Jak-1 war mit einer 20-mm-SchWAK-Kanone und zwei synchronen 7,62-mm-SchKAS-Maschinengewehren bewaffnet, die seitlich über dem Motor angebracht waren. Die

Kanone schoss durch die Hohlwelle des Getriebes und die Schraubennabe.

Das Muster I-200-Flugzeugs entstand ab November 1939 im Entwurfsbbüro von N. N. Polikarpow. Anfang 1940 wurde das Projekt an das neu eingerichtete Konstruktionsbüro unter A. I. Mikojan übergeben.

Am 31. März 1940 ging der erste Prototyp der I-200 in die Werkserprobung, die sich über den ganzen Sommer hinzog. Am 13. September 1940 stellte Cheftestpilot Stepan Suprun auf einer Sitzung des Technischen Rates des Forschungsinstituts der Luftstreikträfte (NII WWS) sinngemäß fest, die I-200 sei wohl mit Abstand das ausgereifteste Flugzeug, das zu (den folgenden) staatlichen Tests angetreten sei.

Den in der Flugzeugfabrik Nr. 1 als MiG-1 in Serie gebauten Jäger trieb ein AM-35A-Motor zu 1350 PS an, der ihm eine Spitzengeschwindigkeit von 657 km/h verlieh. Die Bewaffnung bestand aus zwei 7,62 mm SchKAS-Maschinengewehren und einem 12,7 mm BS-Maschinengewehr.

Die Ende 1940 durchgeführte Modernisierung der MiG-1 führte zur MiG-3 mit stärkerer Bewaffnung, vergrößerter Treibstoffkapazität und erhöhtem Panzerschutz. Bis Ende 1940 stellte das Werk Nr. 1 zwanzig MiG-3 her; die Planung für 1941 sah einen Ausstoß von rund 3500 Stück vor.

Kennzeichnend für den von S. A. Lawotschkin, W. P. Gorbunow und M. I. Gudkow entworfenen Jäger I-301 war die umfassende Verwendung von Holzteilen, die ein Spezialkleber verband. Der M-105P-Motor lieferte eine Spitzengeschwindigkeit von 605 km/h. Die Bewaffnung bestand aus einer 23-mm-Kanone, zwei 12,7-mm-BS- und zwei 7,62-mm-SchKAS-Maschinengewehren. Wie in den Planungsvorgaben vorgesehen, betrug die Reichweite 556 km. Im Oktober 1940 legte das SNK die Reichweite einmotoriger Jäger allerdings auf mindestens 1000 km fest. Die Konstrukteure erfüllten diese Maßgabe durch den Einbau von Zusatztanks in die Flächenwurzeln.

Die erste Bauausführung der I-301 lief unter der Bezeichnung LaGG-1, die zweite mit erhöhter Reichweite unter LaGG-3. Vier Flugzeugfabriken teilten sich die Serienfertigung der LaGG-3. Der Plan sah für 1941 einen Ausstoß von 2960 Maschinen vor; bis zum 22. Juni 1941 wurden tatsächlich 322 Stück gebaut.

Auffallender Weise entstanden fast alle vor 1941 in der UdSSR gebauten Jagdflugzeuge in Mischbauweise unter hohem Holzanteil. Dies hatte seine Gründe im Mangel an Aluminium, dessen Produktion nicht mit den schnell wachsenden Anforderungen des Flugzeugbaus Schritt hielt. Nur die Verwendung von Holz ermöglichte eine Massenfertigung von Flugzeugen. Die Mischbauweise brachte

Die I-26 war der erste Jägerentwurf Alexander Sergejewitsch Jakowlews.

Die I-200 entstand im Entwurfsbüro Polikarpow und erhielt im Serienbau die Bezeichnung MiG-1.

etliche Nachteile mit sich, wie etwa eine relativ kurze Lebensdauer, geringere Widerstandskraft gegenüber atmosphärischen und anderen Einflüssen (Witterung), geringere Festigkeit und letztlich schlechtere Betriebseigenschaften. Außerdem beherrschten die Sowjets die Holzbauweise nicht in gleichem Maße wie etwa die Deutschen oder die Engländer. Letztere schufen beispielsweise mit dem ab 1940 gebauten zweimotorigen Aufklärer/Jäger De Havilland DH.98 »Mosquito« ein hervorragendes Mehrzweck-Flugzeug in Holzbauweise.

Grundsätzlich führt die Verwendung von Aluminium im Flugzeugbau zu enormen Einsparungen der Masse – es besitzt mindestens die gleiche Festigkeit wie Holz, wiegt aber 40 % weniger. Die Sowjets aber trafen aus genannten Gründen die strategisch richtige Entscheidung, die Flugzeugbauer auf die Mischbauweise festzulegen. Hinzu trat die Möglichkeit, auch wenig qualifizierte Arbeitskräfte einsetzen zu können. Letztendlich konnte die sowjetische Industrie nur aufgrund der Einfachheit von Material und Konstruktion ihre Produktion auch unter den schwierigen Evakuierungsbedingungen 1941 aufrechterhalten und dank rigoroser Maßnahmen sogar steigern. In Anbetracht der Situation in den Vorkriegsjahren gilt es festzuhalten, dass in der UdSSR mehr als zehn im Großen und Ganzen identische Jagdflugzeugtypen (auf Grundlage identischer technischer Anforderungen) entworfen und gebaut wurden. Drei davon – I-26, I-200 und I-301 – gingen als Sieger hervor. Das Militär bekam so nicht nur eine weitere Auswahlmöglichkeit, sondern aus dem Trio konnte sich nun auch das beste Muster im Einsatz beweisen.

Der erste Prototyp des Jägers I-301 (LaGG-1) trug wegen seiner glänzenden Holzoberflächen den inoffiziellen Beinamen »das Klavier«.

Auf der anderen Seite bleibt festzuhalten, dass es eine ganze Reihe anderer Typen ohne jegliche Erprobung von staatlicher Seite und mit einer Vielzahl von Mängeln behaftet in den Serienbau schafften; d. h. es erging aus verschiedenen Gründen einfach der Beschluss zur Fertigung. Die Gedankengänge dahinter waren typisch für die Sowjetzeit: Man nahm ganz bewusst Mängel in Kauf, Hauptsache die Produktion kam in Gang und wurde nicht verzögert. Der Zeitgewinn zum Aufbau einer Flugzeug-Massenproduktion stand eindeutig im Vordergrund.

In den 1930er-Jahren verfügte die sowjetische Schlachtfliegerwaffe zunächst nur über ungepanzerte R-5Sch-Doppeldecker. Die Erfahrungen in Spanien zeigten deutlich die Verwundbarkeit des Typs gegenüber Erdbeschuss. Für das Volksverteidigungskommissariat der UdSSR wenig überraschend.

Bereits in den frühen 1930er-Jahren hatte es die Entwicklung einer Reihe gepanzerter Schlachtflugzeuge eingeleitet:

- Leichtes LS-Schlachtflugzeug;
- Schwere Schlachtflugzeuge TSch-1- und TSch-2;
- Schachtflugzeug für Flugzeugträger SchON.

Die Typen TSch-1 und TSch-2 entstanden als Doppeldecker. Die Schnauze bzw. den Vorderrumpf umgab eine Art gepanzerter Kasten, der den Motor mit Kühler und Kraftstofftanks sowie die Kanzel schützte Hinzu kam eine ungewöhnlich starke Bewaffnung. Sie bestand beim TSch-1 aus zwei synchronen Maschinengewehren über dem Motor, zwei Maschinengewehren in der Kanzel und je zwei Maschinengewehre unter den unteren Tragflächen. Hinzu kam ein Kasten zum Abwurf von 300 Kleinbomben. Der Entwurf des Muster TSch-2 entsprach dem TSch-1, jedoch wurden zur Verbesserung der Flugleistung die Flächen-Maschinengewehre in die Unterflügel eingebaut.

Leichte LS-Schlachtflugzeuge unterschieden sich von schweren darin, dass ihr Motor oben keinen Panzerschutz besaß. Der Prototyp LS wurde während des Baus der TSch-1 angeglichen.

Die Erprobung der schweren Schlachtflugzeuge TSch-1 und TSch-2 erfolgte in den Jahren 1931–1932. Es kam aber nicht zum Serienbau, da zu diesem Zeitpunkt bereits am fortschrittlicheren Eindecker TSch-3 gearbeitet wurde. Aber auch dieses Modell ging nicht in Serie – das Militär war mit der Fluggeschwindigkeit nicht zufrieden.

Das Doppeldecker-Schlachtflugzeug SchON war für einen geplanten Flugzeugträger vorgesehen. Es erhielt klappbare Tragflächen, was die Verstauung an Deck erleichterte. Der am 1. April 1931 fertig gestellte Prototyp durchlief bis Sommer 1932 die Erprobungen. Dann fällte das Volksverteidigungs-

Der Prototyp ZKB-55 des Schlachtflugzeugs Il-2 besaß noch eine hintere Waffenstation zur Abwehr von Feindflugzeugen. Diese entfiel zunächst in der Serie, was zu erheblichen Il-2-Verlusten durch Feindjäger führte.

kommissariat den Beschluss, keine Flugzeugträger zu beschaffen, und damit bestand auch kein Bedarf am SchON-Schlachtflugzeug mehr.

In den späten 1930er-Jahren entwickelte S. W. Iljuschin ein gepanzertes Erdangriffsflugzeug, das alle militärischen Anforderungen erfüllte. Neueste wissenschaftliche und technologische Erkenntnisse flossen in den Entwurf des einmotorigen Tiefdeckers IL-2 ein. Zu seinen Hauptmerkmalen zählte die starke Panzerung, die sich wie eine Wanne um die Schnauze bis zum Mittelrumpf erstreckte und Motor, Kühler, Kanzel und weitere wichtige Teile schützte. Die Frontscheibe bestand aus 64 mm dicken Panzerglas, das selbst Nahtreffern von panzerbrechenden 7,62-mm-Geschossen widerstand.

Mit der Schaffung der Il-2 und des Bombers DB-3F (Il-4) war die Palette jener Kampfflugzeugen fast vollständig, die während des 2. Weltkriegs die Grundlage der Luftstreitkräfte der Roten Armee bilden sollten.

Umbau der sowjetischen Luftfahrtindustrie 1939

In den Vorkriegsjahren konzentrierte sich die Rüstungsproduktion auf Unternehmen, die dem Volkskommissariat für Verteidigungsindustrie (NKOP) unterstanden. Das NKOP stellte eine zwar mächtige, aber schwerfällige Organisation mit umständlicher Verwaltung dar. Ein Dekret des Präsidiums des Obersten Sowjets vom 11. Januar 1939 untergliederte das NKOP folglich in vier spezialisierte militärisch-industrielle Kommissariate:

- Volkskommissariat für Luftfahrtindustrie (NKAP),
- Volkskommissariat für Schiffbauindustrie (NKSP),
- Volkskommissariat für Munition (NKB),
- Volkskommissariat für Bewaffnung (NKW).

Das NKAP umfasste 86 Werke, neun Forschungsinstitute und Konstruktionsbüros sowie fünf Bauunternehmen. 1939 arbeiteten 272.600 Menschen in der sowjetischen Luftfahrtindustrie.

Nur kurz, von 1939 bis 1940, bekleidete Michail Moissejewitsch Kaganowitsch das Amt des Volkskommissars für Luftfahrtindustrie. Nach parteiinternen Querelen musste er das Amt abgeben und nahm sich 1941 das Leben.

Ihm folgte von 1940–1946 Alexei Iwanowitsch Schachurin als neuer Volkskommissar für Luftfahrtindustrie. Ihm oblag u. a. 1941 die Verlagerung der Flugzeugindustrie hinter den Ural.

Das neu geschaffene Kommissariat erhielt den Auftrag, die Flugzeugproduktion deutlich zu steigern. Dazu verabschiedete das Verteidigungskomitee der SNK am 11. Juni 1939 die Resolution Nr. 154ss »Über den Aufbau von Motorenwerken« und am 17. Juni die Resolution Nr. 346ss »Über den Aufbau von Flugzeugwerken«. Die Resolutionen schrieben vor:

A. In Bezug auf den Flugzeugbau:

1. Fertigstellung bisheriger Flugzeugwerke und Betriebsaufnahme bis zum 1. Juli 1941.
2. Für 1940– 1941 neun weitere Flugzeugwerke zu bauen.

B. In Bezug auf Flugmotoren:

1. Fertigstellung und Betriebsaufnahme von fünf Motorenwerken bis zum 1. Januar 1941, darunter das neue Werk Nr. 27 in Kasan.
2. Aufbau sechs zusätzlicher Flugmotorenwerke.

Durch die Umsetzung dieser Entscheidungen wurde die Kapazität der Luftfahrtindustrie beträchtlich erhöht, wie untenstehende Tabelle unterstreicht.

Neben der Erhöhung der Produktionskapazitäten im Rahmen der Einführung neuer Flugzeugmuster und Triebwerke sahen die Vorgaben auch die Verlagerung der Luftfahrtindustrie aus dem Raum Moskau in die Regionen Wolga und Ost vor. Nach der Inbetriebnahme neuer Werke in der Wolga-Region sollten 30,9 % und 10,4 % der Luftfahrtindustrie im Osten angesiedelt werden, während der Produktionsanteil der Moskauer Region 1939 von 55 % auf 27 % zurückging.

Fernbomber Iljuschin Il-4 in der Fertigung.

Um eine umfassende Kapazitätserhöhung zu gewährleisten, erforderte das Programm für den Bau von Flugzeug- und Motorenwerken auch die sofortige Errichtung von Aggregatwerken für die Flugzeugausrüstung (Waffen, Kühler, Vergaser, Pumpen, Räder, Turbolader usw.). Die vorhandenen Teile-Zulieferer hatten den vorgesehenen Ausstoß schon für das Jahr 1939 nicht erfüllt und für die Zukunft hätten sie höchstens 40–45 % bewältigen

Ausstoß sowjetischer Flugzeug- und Flugmotorenwerke bis 1941

	Erreichter Ausstoß				Gesamt
	in bestehenden und im Bau befindlichen Werken		in neuen Werken		
	Anzahl der Werke	Gesamtleistung	Anzahl der Werke	Gesamtausstoß	
1. Flugzeuge					
Kampfflugzeuge					
Bomber	11	12.450	4	10.000	22.450 - 50 %
Jagdflugzeuge	4	12.500	4	8400	20.900 - 46 %
Aufklärungsflugzeuge	2	1500	--	--	1500 - 3,4 %
Gesamt	**15**	**26.450**	**8**	**18.400**	**44.850 - 100 %**
Transportflugzeuge	1	500	1	600	1100
Schulflugzeuge	3	4600	--	--	4600
Gesamt	**19**	**31.550**	**9**	**19.000**	**50.550**
2. Flugmotore					
Kampfflugzeuge	5	52.000	6	27.000	79.000
Schulflugzeuge	1	16.000	--	--	16.000
Gesamt	**6**	**68.000**	**6**	**27.000**	**95.000**

Produktion von Jak-Jagdflugzeugen im Flugzeugwerk Nr. 153 in Nowosibirsk.

können. Zur Erhöhung der Erzeugerleistung und zur Verkürzung der Lieferstrecken sollten 32 kleinere Aggregatwerke in unmittelbarer Nähe der Flugzeug- und Motorenhersteller entstehen: a) neun Werke für Flugzeugaggregate, b) elf Werke für Motoraggregate, c) neun Fabriken für Funkausrüstung (die auch Heer und Marine bedienten), sowie d) drei Werke für sonstiges Zubehör. Außerdem mussten mindestens zwei Werke zur Herstellung von Flugzeug-Ersatzteilen für die bestehende Flotte gebaut werden.

M. M. Kaganowitsch wurde zum ersten Volkskommissar des NKAP ernannt. Es handelte sich um den Bruder eines einflussreichen Mitglieds des Politbüros des Zentralkomitees der KPdSU, L. M. Kaganowitsch. Am 10. Januar 1940 wurde er durch A. I. Schachurin abgelöst, der kurz nach seiner Ernennung Stalin über die Erkenntnisse aus dem Besuch sowjetischer Delegationen bei deutschen Luftfahrtunternehmen berichtete. Demnach sei die deutsche Luftfahrtindustrie einschließlich der Industrie besetzter Länder (in erster Linie war hier wohl die Rüstungsindustrie der ehemaligen Tschechoslowakei gemeint), in der Lage, 70 bis 80 Flugzeuge pro Tag herzustellen. Offensichtlich hatte Stalin solche Informationen bereits durch den Geheimdienst erhalten, weshalb er zu Schachurin nur sagte: »Fertigen Sie einen offiziellen Bericht an und machen Sie Vorschläge.« Die strategische Aufgabe des NKAP bestand darin, den »deutschen Standard« von 70 Flugzeugen pro Tag zu erreichen. Dies trotz der Tatsache, dass die Rote Armee die vielfache Zahl an Flugzeugen besaß und zu dieser Zeit, auch – oder gerade – was das Heer anging, die hochgerüstetste Streitmacht der Erde darstellte. Nach der Zahl an Kriegsschiffen stellte die britische Royal Navy die weltgrößte Seemacht dar.

In einer an das Zentralkomitee der Allunionskommunistischen Partei der Bolschewiki gesendeten Mitteilung forderte Schachurin das NKAP auf, zusätzliche Arbeitskräfte, Maschinen und Werkstoffe bereitzustellen, die Zulieferung inländischer und importierter Ausrüstung zu beschleunigen und die bestehenden Anlagen anderer Sektoren der Volkswirtschaft dem NKAP zu übergeben. Das Zentralkomitee bewilligte sämtliche Vorschläge Schachurins. Der ließ innerhalb des NKAP 25 Herstellerwerke, denen es weder an Arbeitskräften noch an Maschinen und Materialien fehlte, unter einer Hauptdirektion bündeln. Bis Ende 1940 wurden mehrere Dutzend Fabriken mit jeweils mehreren hundert bis mehreren tausend Arbeitern an das NKAP übertragen. Die Fabriken wurden zum Teil einfach verlegt und am neuen Standort in Gebäuden untergebracht, die gerade zur Verfügung standen. In einem Fall zog eine Fabrik in eine Ballettschule, im anderen Fall in eine Fabrik für Musikinstrumente oder in eine Schreibmaschinen-Fabrik ein. Das NKAP war so besitzergreifend, dass Schachurin bei einem Besuch des Moskauer Bolschoi-Theaters von dessen Leiter gefragt wurde: «Hören Sie, Sie vereinahmen wohl alles, übernehmen Sie auch das Bolschoi?«

Das NKAP genoss bei der Lieferung von Materialien und Rohstoffen absoluten Vorrang. Volkskommissar Schachurin schrieb nach dem Krieg in seinen Memoiren: »Wir haben alles oder fast alles genommen, was wir bekommen konnten. Beispielsweise gingen fast alle Aluminium-, Magnesium-, Kobalt-, legierten Stähle, die Masse der Legierungsrohre an uns. Wir waren die Monopolisten: sie gaben uns, was sie sonst niemandem gaben. An vielem herrschte Knappheit im Land. Einige Branchen begannen sich gerade erst zu entwickeln, aber an der Luftfahrt hat die Regierung nicht gespart.« Am Vorabend des Krieges lag die UdSSR in der Aluminium-Herstellung bereits vor den Kolonialmächten Großbritannien und Frankreich sowie vor Japan und Italien. 1940 machten die Mittel für die Luftrüstungsindustrie 40 % des gesamten riesigen Militärbudgets der UdSSR aus. Dies alles stand im Zusammenhang mit einer Stalin-Rede vom April des Jahres, in der der Diktator betonte, eine moderne Armee müsse eine Angriffsarmee sein und die Rote Armee werde künftig eine moderne Armee sein.

1940 stellte die Regierung Fremdwährungsreserven für den Kauf importierter Ausrüstung bereit. Gleichzeitig wurde das Volkskommissariat für Außenhandel angewiesen, Bestellungen mit Mindestlieferzeiten im Ausland zu tätigen. Bemerkenswerter Weise bezog die sowjetische Luftfahrtindustrie einen Großteil der im Ausland beschafften Waren aus Deutschland. 1940 wurden die Maßnahmen des NKAP auf einer Sitzung des Politbüros des Zentralkomitees erörtert. Dabei stellte man fest, dass das NKAP in absehbarer Zeit einen Ausstoß von 70 Flugzeugen pro Tag erreichen würde. Bis Ende 1940 sollte das NKAP ein Tagessoll von 50 Flugzeugen erreichen, was aber erst im Juni 1941 gelang. Am Vorabend des Krieges war die Luftfahrtrüstung der UdSSR also in der Lage, pro Tag mindestens 50 Militärflugzeuge auszustoßen.

Für 1943 wurde eine Steigerung der Tagesleistung auf 70 Flugzeuge pro Tag erwartet. Neben der Erhöhung des Ausstoßes und einer Intensivierung der Fertigung an sich fand ab 1939 eine Modellbereinigung statt. Von den 17 Flugzeugherstellern konzentrierten sich zwölf auf die Herstellung neuer Flugzeugtypen; von fünf Motorenwerken vier auf den Bau der neuesten Motorentypen. Von 8705 Kampfflugzeugen des Programms von 1939 waren 3135 (36 %) neue Typen; von 18.831 Flugzeugmotoren 7188 (38 %) moderner Bauart.

Dabei sollte man im Hinterkopf behalten, dass aufgrund der beschleunigten Aufrüstung mitunter unausgegorene Flugzeug-Entwicklungen in Serie gingen, was zum Teil mit den Fertigungsmethoden zusammenhing. Infolgedessen blieb die Massenproduktion manchmal tatsächlich nur Stückwerk. So wurden 1940 beispielsweise nur 64 Jak-1, 20 MiG-3 und in der ersten Hälfte 1941 insgesamt 1946 MiG-3-, Jak-1- und LaGG-3-Jäger hergestellt. Die Tabelle führt die von 1940 bis ins erste Halbjahr 1941 gefertigten Zahlen an neuen Flugzeugtypen auf.

Zusammen mit der Überführung neuer Flugzeugtypen in die Serienproduktion (die zum Teil mit konstruktiven Mängeln behaftet waren, aber mit ihrer Masse die Schlagkraft der Luftstreitkräfte trotzdem sicherstellen sollten), wurde die Fertigung bewährter älterer Modelle weiter modernisiert. So produzierte beispielsweise das Moskauer Luftfahrtwerk Nr. 1 vor Ausbruch des Krieges die I-153 und das Gorki-Luftfahrtwerk Nr. 21 die I-16. 75,8 % der Flugzeuge der in den westlichen Militärbezirken stationierten Jagdverbände flogen die I-16- und I-153, die trotz wiederholter Nachrüstungen und numerischer Überzahl den deutschen Jägern in der

Fertigung moderner Flugzeugtypen 1940–1941

Flugzeugtyp	1940	bis 22. Juni 1941	Gesamt
Jak-1	64	335	399
MiG-3	20	1289	1309
LaGG-3	--	322	322
Pe-2	2	458	460
IL-2	--	249	249
Gesamt	**86**	**2653**	**2739**

Erich »Bubi« Hartmann, der erfolgreichste Jagdflieger des Krieges. Von seinen 352 bestätigten Luftsiegen – fast die sechsfache Zahl des erfolgreichsten alliierten Jagdpiloten – errang er die meisten gegen sowjetische Flieger.

Regel qualitativ unterlegen waren (was auch grundsätzlich für die Ausbildung der Piloten galt. Die deutsche Jagdwaffe trat vom ersten Tag des Krieges im Osten gegen einen zahlenmäßig überlegenen Gegner an. Dessen Flugzeuge wurden während des Krieges zwar immer leistungsfähiger, zogen bei Duellen gegen deutsche Jäger bis Kriegsende in der Regel aber den Kürzeren. Der mit 352 bestätigten Abschüssen erfolgreichste Jagdflieger des Krieges überhaupt, Hauptmann Erich Hartmann vom JG 52, erzielte die Masse seiner Luftsiege an der Ostfront. Noch am 8. Mai 1945 schoss er wenige Stunden vor Kriegsende eine Jak-11 ab).

Unter dem Strich lässt sich feststellen, dass die sowjetische Luftrüstung in den zweieinhalb Jahren seit Gründung des NKAP ihre Produktionskapazitäten drastisch erhöhte, sich weitgehend reorganisierte und technisch modernisierte. Die meisten Unternehmen wurden neu aufgestellt und die Entwicklung moderner Flugzeuge, Motoren und Ausrüstung auf breiter Front vorangetrieben. Im Osten der UdSSR wurden die Grundsteine für eine leistungsfähige Luftüstungs-Industrie gelegt, die während des Krieges ihren Ausstoß steigern konnte. Dabei wurde die Luftfahrtindustrie im Wesentlichen schon zu Friedenszeiten auf Kriegsproduktion eingerichtet. Die Anzahl großer Flugzeugfabriken wuchs stetig. Waren es 1939 noch 17 Unternehmen, stieg ihre Zahl 1940 auf 21 und bis Juni 1941 auf 24 an. Von den genannten 24 bauten 15 Fabriken Jäger sowie Aufklärer und neun Bomber und Schlachtflugzeuge. Die Zahl der Flugmotoren-Hersteller kletterte von fünf 1939 auf sieben bis Juni 1941. Weitere zehn Großfabriken stellten Flugzeugteile und 13 Motorteile her; 17 Fabriken Luftfahrtausrüstung, sechs gewalzte Flugzeugteile (z. B. Außenhaut). Insgesamt umfasste die sowjetische Luftrüstungsindustrie im Sommer 1941 über 100 große Unternehmen. Zum 1. Januar 1941 beschäftigten allein die Flugzeug- und Motorenwerke 174.361 Arbeiter und Arbeiterinnen. Insgesamt arbeiteten in der Branche 466.000 Menschen, davon viele mit fachlicher Ausbildung. Die Betriebe produzierten nach damals fortschrittlichen Verfahren mit modernen Maschinen. So gab es in den Werken beispielsweise über 26.711 Zerspanungsanlagen und insgesamt über 2.201.900 Quadratmeter Produktionsfläche.

Trotz rasanter Entwicklung befand sich die sowjetische Luftrüstung bis Kriegsausbruch 1941 noch im Aufbau, vor allem was Massenfertigung und Organisation anging. Sie war wie die übrige sowjetische Wirtschaft noch nicht vollständig auf einen längeren Krieg vorbereitet. Sie produzierte 1940 zwar 10.565 Flugzeuge (darunter 8392 Jäger, Bomber und Schlachtflugzeuge), zu denen in der ersten Hälfte 1941 weitere 5858 Stück traten, und hatte die deutsche Flugzeugfertigung um mindestens das Anderthalbfache überflügelt. Bei Kriegsausbruch 1941 bestand der Flugzeugpark der sowjetischen Luftstreitkräfte aber noch zu 82,7 % aus veralteten, in den 1930er-Jahren geschaffenen Mustern. In den westlichen Militärbezirken befanden sich zum 1. Juni 1941 „nur" 1367 Flugzeuge neuester Bauart. Dabei ging alles mit einer gewaltigen Umgruppierung der Roten Armee aus den inneren sowie den fernöstlichen in die westlichen Militärbezirke einher. 1939/40 hatte die UdSSR mit den Feldzügen gegen Polen, Finnland, der Einverleibung der drei baltischen Staaten Litauen, Lettland und Estland sowie mit der Besetzung der rumänischen Staatsgebiete Bessarabien und Nordbukowina – einschließlich der Kräfteverlagerung in die westlichen Militärbezirke – einen großen Aufmarschraum nach Westen und Südwesten geschaffen.*

Neuorganisation der Luftstreitkräfte 1940–1941

Vor 1941 erhielten die sowjetischen Luftstreitkräfte neue Ausrüstung und eine verbesserte Organisationsstruktur. Diese ehrgeizige Arbeit erfolgte auf Grundlage des Dekrets des Rates der Volkskommissare »Über die Organisationsstruktur der Militärluftstreitkräfte der Roten Armee« Nr. 1344-524 vom 25. Juli 1940. Ein Auszug:

»Der Rat der Volkskommissare der UdSSR hat festgelegt:

1. Genehmigung der folgenden Organisationsstruktur der Luftstreitkräfte der Roten Armee:

A) Eine Fliegerdivision besteht aus der Divisionsführung und 4–5 Fliegerregimentern.
B) Eine separate Luftbrigade besteht aus der Brigadeführung und 2–3 Fliegerregimentern.
C) Ein Fliegerregiment besteht aus 4–5 Fliegerstaffeln.
D) Eine Fliegerstaffel besteht aus 4–5 Ketten.
E) Eine Kette besteht aus 3 Flugzeugen.

2. Genehmigung der folgenden Organisation von Fliegerdivisionen:

Gemischte Divisionen, die direkt die Erdtruppe unterstützen, d. h. mechanisierte, Kavallerie- und sonstige Kampfverbände. Eine gemischte Fliegerdivision setzt sich aus 2–3 Bomberregimentern und 3–2 Jagdregimentern zusammen. Die gemischte Fliegerdivision zu 5 Regimentern besteht aus 3 Bomber- und 2 Jagdregimentern. Jedes Bomberregiment verfügt über 1–2 Kampfstaffeln.

Divisionen, die für das Zusammenwirken mit mechanisierten Verbänden bestimmt sind, setzen sich aus 2 Bomberregimentern, 1 Jagdregiment und 1–2 Schlachtflieger-Regimentern zusammen.

Mit DB-Flugzeugen ausgerüstete Fernbomber-Divisionen haben die Aufgabe, militärische Einrichtungen im Hinterland des Feindes zu zerstören. Eine Fernbomber-Division besteht aus 4–5 Bomberregimentern (DB-Typ).

Jagddivisionen erringen die Luftherrschaft und schützen politische und wirtschaftliche Zentren.

Eine Jagddivision besteht aus 4–5 Jagdregimentern.

Sollbestand an Flugzeugen:
Gemischte Fliegerdivisionen 250–312
Fernbomber-Disionen 248–310
Jagddivisionen 252–315

5. In genannter Gliederung stellt das Oberkommando aus den bestehenden Fliegerregimentern 38 Fliegerdivisionen auf:

26 gemischte Fliegerdivisionen
7 Fernbomber-Divisionen
5 Jagddivisionen.

Aus der Gesamtzahl der Fliegerdivisionen ergeben sich:

3 Divisionen zu drei Regimentern
22 Divisionen zu vier Regimentern
12 Divisionen zu fünf Regimentern
1 Division zu sechs Regimentern

Die 38 Fliegerdivisionen umfassen 163 Fliegerregimenter.

7. Als Reserve werden 12 neue Fliegerdivisionen (48 Fliegerregimenter) aufgestellt:

5 gemischte Fliegerdivisionen
4 Fernbomber-Divisionen
3 Jagddivisionen

Die Führungsorgane stellen die bisherigen Luftbrigaden.

Die neuen 12 Fliegerdivisionen umfassen:
31 Bomberregimenter
17 Jagdregimenter

9. Die genannte Aufstellung ist wie folgt durchzuführen:

1) Aufstellung von 8 Fliegerdivisionen aus bestehenden Fliegerregimentern bis zum 01.09.1940.
2) Aufstellung der 12 neuen Fliegerdivisionen (48 Regimenter) bis zum 01.01.1941.
3) Aufstellung von 2 schweren Bomberregimentern, 10 Aufklärungsregimentern, 58 Korpsstaffeln, 6 Sanitätsfliegerstaffeln bis zum 01.12.1940.

10. Zur Sicherstellung der oben genannten Maßnahmen wird das Personal der Luftstreitkräfte der Roten Armee um 60.248 Mann aufgestockt.

11. Die Gesamtstärke der Roten Armee gemäß SNK-Nummer 1193/464 von 06.07.1940 beläuft sich auf 3.521.448 Personen.

Der Vorsitzender des Rates der Volkskommissare der UdSSR, W. Molotow."

* Der ehemalige NVA-General Bernd Schwipper, 1985–1990 Kommandeur der 3. Luftverteidigungsdivision, hat zum Thema des Aufmarsches aus sowjetischen Quellen ein wissenschaftliches Werk erarbeitet, das mittlerweile in drei Ausgaben erschienen ist: Deutschland im Visier Stalins.

Pawel Fjodorowitsch Schigarew, 1941–1942 Chef der sowjetischen Luftstreitkräfte (Vorkriegsaufnahme).

Alexander Alexandrowitsch Nowikow, 1942–1945 Chef der Luftstreitkräfte der Roten Armee.

Luftparade über dem Roten Platz.

Die Gliederungs-Umstellung von Luftbrigaden auf Fliegerdivisionen fand Parallelen in der zur gleichen Zeit stattfindenden Reorganisation der gepanzerten und mechanisierten Truppen der Roten Armee (vgl. Band II S. 10 f.). Auch die Erfahrungen der Schlachten am Chalchin-Gol und im sowjetisch-finnischen Winterkrieg flossen darin ein. Als Nachteil für die Kampfkraft der Einsatzverbände erwies sich allerdings die Überstellung erfahrener Piloten als Fluglehrer und Ausbilder an Flugschulen. Am Vorabend des Krieges mit Deutschland waren zu den 15 bereits verwendeten Flugzeugtypen neue hinzugekommen: Jak-1-, LaGG-3- und MiG-3-Jäger, Il-2-Schlachtflugzeuge, Su-2-Nahbomber, Pe-2-Sturzkampfbomber, sowie schwere TB-7-, Er-2- und DB-3F-Bomber.

Nagelneue Flugzeuge, die in Grenzbezirken ankamen, waren oft nicht vollständig ausgerüstet und/oder wiesen Fertigungsmängel auf. Viele Verbände waren mit älteren wie neuen Flugzeugtypen ausgerüstet. Oft hatte ein Pilot zwei unterschiedliche Flugzeuge zu fliegen. Die Verbände in den einzelnen Distrikten waren teilweise Armeen und/oder Korps direkt unterstellt. Die »regulären« Verbände umfassten Bomber-, Jagd- und gemischte Divisionen sowie Aufklärungsregimenter. Die Armeefliegerei bestand aus gemischten Fliegerdivisionen. Die Korpsfliegerei bestand aus Staffeln zur Unterstützung von mechanisierten und Kavalleriekorps sowie aus

Verteilung der Flugzeuggattungen in den westlichen Grenzbezirken Ende 1940					
Bezirk	LWO	PribOWO	SapOWO	KOWO	OdWO
Schwere Bomber	75	45	60	63	28
Mittlere Bomber	472	529	625	517	469
Jagdflugzeuge	693	654	741	1220	521
Aufklärungsflugzeuge	79	45	184	195	126
Schulflugzeuge	303	166	390	408	191
Gesamt	1632	1439	1400	2403	1335
LWO = Militärbezirk Leningrad, PribOWO = Baltischer Sondermilitärbezirk, SapOWO = Westlicher Sondermilitärbezirk, KOWO = Kiewer Sondermilitärbezirk, OdWO = Militärbezirk Odessa					

Jäger- und Bomberproduktion von 1938 bis zum 22.06.1941					
	1938	1939	1940	Zum 22. Juni 1941	Gesamt
Bomber	2017	2744	3575	1354	9690
Jäger	2016	3726	4657	2596	12.995

Stärke der Luftstreitkräfte in den westlichen Grenzbezirken am 1. Juni 1941				
	Anzahl Flugzeuge	Gesamtzahl der Besatzungen	Anzahl der Divisionen und Regimenter	
			Fliegerdivisionen	Fliegerregimenter
Militärbezirk Leningrad	1288	1296	18	24
Baltischer Militärbezirk	1200	787	5	19
Westlicher Sondermilitärbezirk	1658	1702	6	30
Kiewer Sondermilitärbezirk	1901	1682	10	32
Militärbezirk Odessa	962	827	3	16
Alle fünf Militärbezirke	7009	6294	42	121
Fernbomber	1333	928	9	29
Gesamtstückzahl in den 5 Grenzbezirken plus Fernbomber	8342	7222	51	150

Moderne Flugzeugtypen in den Verbänden der westlichen Grenzbezirke am 1. Juni 1941		
	Gesamt	In Reparatur oder defekt
Militärbezirk Leningrad	208	4
Baltischer Sondermilitärbezirk	156	12
Westlicher Sondermilitärbezirk	347	39
Kiewer Sondermilitärbezirk	425	34
Militärbezirk Odessa	222	9
Gesamtstückzahl in den 5 Militärbezirken	1358	98
Fernbomber	9	4
Gesamtstückzahl plus Fernbomber	1367	102

Verbindungs- und Aufklärungsstaffeln von Infanterie-Divisionen und Korps.

Von den Fliegerregimentern der Grenzbezirke verfügte etwa die Hälfte über 70–80 % ihrer Sollstärke an materieller Ausrüstung, während ein Viertel nur 15–20 % aufbieten konnte. Die Tabelle gibt Auskunft über die Verteilung in den Grenzbezirken Ende 1940.

Bis Frühjahr 1941 gingen den westlichen Militärbezirken 1177 Flugzeuge moderner Typen zu, darunter 886 MiG-3, 11 MiG-1, 83 Jak-1, 73 Jak-2, 24 Jak-4, 68 Pe-2, 7 TB-7, 113 Ep-2, 464 DB-3 und 45 Il-2.

Von 1938 bis zum 22.06.1941 stellte die sowjetische Luftrüstung ingesamt 22.685 Flugzeuge her, davon 2653 der neuesten Typen (nach anderer Quelle 2739). Modelle, die schon Mitte der 1930er-Jahre entwickelt worden waren, gehörten deshalb nicht automatisch zum alten Eisen. Dafür spricht auch, dass von den sechs Fliegerregimentern der elitären

Mangelnde Tarnung war einer von vielen Gründen für die hohen Flugzeugverluste der Roten Armee 1941 ebenso wie die zu dichte Aufstellung der Maschinen am Boden.

1. Garde-Fliegerdivision eines ausschließlich mit älteren Flugzeugtypen ausgerüstet war und zwei weitere gemischt mit neuen und älteren Modellen.

Neben dem Zulauf neuer Ausrüstung und der Verbesserung der Organisation kam es zu umfassenden Änderungen in der Stationierung und örtlichen Verteilung der Verbände. Das bisherige System hatte sich im sowjetisch-finnischen Winterkrieg 1939/40 nicht bewährt. Der Rat der Volkskommissare der UdSSR und das Zentralkomitee der KPdSU beschlossen per Dekret vom 10. April 1941 eine neue Aufteilung. Die westlichen Bezirke wurden bis zu einer Tiefe von 600 km von der Staatsgrenze in 36 Bezirke gestaffelt. In jedem Bezirk sollten zwei bis drei Fliegerdivisionen oder ein Bomberkorps liegen. Bis zu einer Tiefe von 200 km hinter der Staatsgrenze lagen die Jagd-, Schlacht-, Kurzstreckenbomber- und Aufklärer-Verbände der Armeen und Bezirke. In 200 bis 600 km Tiefe befanden sich die den Bezirken und der Reserve des Oberkommandos unterstellten Fernbomberverbände. Für jede Division wurde ein zentraler Stützpunkt festgelegt, auf dem schwerpunktmäßig Werkstatt- und Nachschubverbände zusammengefasst wurden; ein Bataillon je Regiment. Pro Korps sollte jeder Bezirksstützpunkt Vorräte an Treibstoff und Munition für je drei Einsätze pro Flugzeug bereithalten, in zusätzlichen Lagern weitere Reserven für je vier Einsätze.

Die neue Infrastruktur ermöglichte ein einfacheres Bewegen und Verlegen der Verbände und befreite sie von der Notwendigkeit, Nachschub, Treibstoff, Munition und Ersatzteile ständig nachzuführen. Jeder Stützpunkt war darauf eingerichtet, Flugzeuge aufzunehmen, sie zu versorgen und ihre Einsatzfähigkeit sicherzustellen.

Die Umorganisation sollte bis zum 1. Juli 1941 abgeschlossen sein. Das Flugplatznetz der Bezirke war aber unterschiedlich ausgebaut. So gab es 14 Flugplätze im Militärbezirk Leningrad, 35 Flugplätze im Baltischen und Westlichen Sondermilitärbezirk und mehr als 100 Flugplätze in den Bezirken Kiew und Odessa. Letztlich konnten die Pläne für den Bau neuer Flugplätzen in keinem Bezirk plangemäß umgesetzt werden.

Ließen sich die Verzögerungen beim Bau neuer Flugzeuge zumindest teilweise durch den Mangel an Fahrzeugen, die unzureichende Bereitstellung von Arbeitskräften und Baumaterialien erklären, scheinen einige Entscheidungen der Hauptdirektion der Luftstreitkräfte und der Luftwaffen-Distriktskommandeure unerklärlich. So wurde im Militärbezirk Leningrad und im Westlichen Sondermilitärbezirk Treibstoff strikt rationiert und die Benzinvorräte betrugen angeblich nur 30 % des Solls. Gruppenflüge und längere Flüge wurden gestrichen. Im Sondermilitärbezirk Leningrad wurden im September und Oktober 1940 Übungsflüge wegen schlechten Wetters abgesagt. Dasselbe galt im Sondermilitärbezirk Kiew vom 1. Dezember 1940 bis zum 1. April 1941. Dies beeinträchtigte die Umschulung der Piloten und Besatzungen auf neue Flugzeugtypen natürlich beträchtlich.

In Teilen der Heeresluftfahrt (also jenen den Armeen des Heeres unterstellten Verbände, die im Kriegsfall zuerst mit Feindberührung rechnen mussten) wurden hauptsächlich Nahflüge geübt. Dem Einsatztraining auf den alten Flugzeugtypen wurde fast keine Aufmerksamkeit mehr geschenkt. Auf den Flugplätzen hatte sich zudem ein Sammelsurium alter und neuer Ausrüstung angesammelt und einige Kommandeure befanden sich fern ihrer Verbände in Schulungszentren. Die Verlegung von Verbänden auf das nicht ausgebaute Flugplatznetz in Lettland (1939 von der UdSSR besetzt), der Westukraine und West-Weißrusslands wirkte sich nachteilig auf Umschulung und Gefechtsausbildung aus. Überraschenderweise wurde in den Distrikten der Befehl, Flugplätze und Luftwaffenausrüstung zu tarnen, praktisch ignoriert. In der Anordnung Nr. 0367 vom 27. Dezember 1940 stellte das NKO (Volkskommissariat für Verteidigung) sinngemäß folgende Sachverhalte fest: Die Anordnung des NKO von 1939 Nr. 0145 verlangte die obligatorische Tarnung aller neu errichteten operativen Flugplätze. Die Hauptdirektion der Luftstreitkräfte der Roten Armee hätte diese Maßnahmen nicht nur auf operativen Flugplätzen, sondern auch im gesamten Flugplatznetz der Luftstreitkräfte durchführen sollen. Keiner der Bezirke schenkte dieser Weisung jedoch gebührende Aufmerksamkeit und kam ihr nicht nach. In der Anordnung des NKO vom 27. Dezember 1940 stellten die Kommandeure von Militärbezirken und Kommandeure von Luftwaffenverbänden Anfragen zur Erstellung von Plänen zur Tarnung der Flugplätze, etwa durch vorgetäuschte Geländevertiefungen, Gräben, Straßen usw. Es wurde vorgeschlagen, Flugplätze mit geeignetem Bewuchs zu bepflanzen, bewegliche Tarnnetze aufzustellen und diese Mittel vorzubereiten. Da die Führung des Volkskommissariats für Verteidigung besorgt über Verzögerungen bei der Ausführung dieses Befehls war, erging am 19. Juni 1941 ein neuer Befehl zur Tarnung von Flugplätzen und Flugzeugen in allen Grenzbezirken erlassen. Er schrieb insbesondere vor: »Die Aufstellung von Flugzeugen in geordneter Formation ist wie eine Zusammenballung von Flugzeugen auf den Plätzen unter allen Umständen zu vermeiden. Flugzeuge sind aufgelockert und getarnt abzustellen, um deren Aufklärung aus der Luft zu verhindern.«

Am Tag des Angriffs auf Sowjetrussland setzte die deutsche Luftwaffe Verbände der Luftflotten 1, 2, 3 und 5 mit insgesamt 3470 Flugzeugen aller Art ein.

Neben deutschen Verbänden operierten im Juni 1941 die Luftstreitkräfte folgender Länder in der Sowjetunion:

- Die rumänische Luftwaffe mit 423 Flugzeugen,
- die finnische Luftwaffe mit 307 Flugzeugen,
- die ungarische Luftwaffe mit etwa 100 Flugzeugen,
- die italienische Luftwaffe mit rund 100 Flugzeugen (ab Juli 1941),
- die kroatische Luftwaffe mit 50–60 Flugzeugen,
- die slowakische Luftwaffe mit 51 Flugzeugen.

Die Zahl der an der sowjetisch-deutschen Front operierenden Luftfahrtverbände und Einheiten der deutschen Verbündeten betrug somit 1041 Flugzeuge. In Bezug auf ihre Leistungsmerkmale entsprachen sie in etwa älteren sowjetischen Baumustern. Bei den meisten finnischen Maschinen handelte es sich um im sowjetisch-finnischen Krieg erbeutete sowjetische Jäger und Bomber.

Deutsche Luftwaffenverbände beim Angriff am 22. Juni 1941

	Luftflotte 5*	Luftflotte 1	Luftflotte 2	Luftflotte 3	Gesamt
Kampfflugzeuge	10	270	344	331	945
Einmotorige Jäger	11	270	344	331	945
Zweimotorige Jäger	6	--	87	--	93
Sturzkampfbomber	33	--	307	--	340
Aufklärungsflugzeuge	10	50	30	30	120
Transportflugzeuge	40	44	83	85	252
Gesamt	**110**	**512**	**1376**	**798**	**2796**
Fliegende Einheiten bei Heeresverbänden Verbindungsflugzeuge	--	50	60	80	190
Nahaufklärungsflugzeuge	7	74	152	114	347
Tagaufklärungsflugzeuge	--	30	40	40	110
Fernaufklärungsflugzeuge	--	9	9	9	27
Gesamt	**7**	**163**	**261**	**243**	**674**
Flugzeugmuster gesamt	**117**	**675**	**1637**	**1041**	**3470**

*Bei der 5. Luftflotte wurden nur jene Flugzeuge berücksichtigt, die tatsächlich an der sowjetisch-deutschen Front standen.

Die sowjetischen Luftstreitkräfte im 2. Weltkrieg

Am frühen Morgen des 22. Juni 1941 starteten deutsche Flugzeuge ihre ersten Angriffe auf sowjetische Ziele. Zunächst bombardierten 637 Kampfflugzeuge unter Begleitschutz von 234 Jägern 31 Flugplätze der westlichen Militärbezirke. Nach voriger Aufklärung bombardierten 400 Kampfflugzeuge weitere 35 Flugplätze in der Tiefe. Demzufolge griff die deutsche Luftwaffe am ersten Angriffstag insgesamt 66 sowjetische Flugplätze an, von denen 26 im Westlichen, 23 im Kiewer, elf im Baltischen Militärbezirk und sechs im Militärbezirk Odessa lagen.
Die Angriffe erfolgten in Gruppen von sechs bis 30 oder mehr Flugzeugen. Je nach Entfernung von den Einsatzplätzen flogen die Einheiten und Verbände zwei bis acht Einsätze je Ziel mit bis zu 40 Minuten Dauer. Die gestaffelten Angriffe führten praktisch zur unmittelbaren Zerschlagung der Masse der sowjetischen Luftstreitkräfte in den westlichen Militärbezirken in den ersten Kriegstagen. Da so gut wie keine sowjetischen Jäger mehr aufstiegen, konnten die deutschen Kampfverbände auf Jagdschutz verzichten und so wurden auch Jäger zur Bekämpfung von Bodenzielen eingesetzt. Nach den Flugplätzen konzentrierte sich die deutsche Luftwaffe auf die Bekämpfung von Kommandozentren, Nachschublagern, Befestigungen, Artilleriestellungen und Truppenansammlungen. Je nach Ziel wurden Spreng-, Splitter- und Brandbomben der Gewichtsklassen 10 bis 250 kg eingesetzt; im Tiefangriff auch Bordwaffen. Unter Ausnutzung der geringen Effizienz des sowjetischen Flakfeuers erwiesen sich Tiefangriffe als besonders wirksam, insbesondere wenn sie aus verschiedenen Richtungen erfolgten.

Die Folgen eines deutschen Luftangriffs auf einen sowjetischen Militärflugplatz.

Von rund 1200 am 22. Juni 1941 zerstörten sowjetischen Flugzeugen befanden sich 732 im Westlichen Sondermilitärbezirk, wo Befehle zur Tarnung der Flugplätze am wenigsten befolgt worden waren. Bis zum Mittag des 22. Juni waren auf den Flugplätzen Seburgin, Wyschoche-Masowezk, Tarnowo und Dolubowo sämtliche Flugzeuge außer Gefecht gesetzt. Nachfolgende Tabellen führen die Verluste im Westlichen Sondermilitärbezirk am 22. Juni und die Gesamtverluste der sowjetischen Luftstreitkräfte vom 22. Juni bis 17. Juli 1941 in den westlichen Militärbezirken auf.

Die Lage im Militärbezirk Odessa unterschied sich am 22. Juni deutlich von jener im Westlichen Sondermilitärbezirk. Einige Tage vor Kriegsbeginn hatte das Bezirkskommando die Einsatzbereitschaft der Flugzeuge und Besatzungen überprüft und die Verbände auf Ausweichplätze verlegt. Dort lagen die Truppen in höchster Alarmbereitschaft; die startbereiten Maschinen standen aufgelockert und getarnt. Das Hauptquartier hatte von Odessa nach Tiraspol verlegt, von wo Nachrichtenverbindungen zu sämtlichen Einheiten bestanden. So führten die Schläge der deutschen Luftwaffe gegen die Flugplätze des

Sowjetische Flugzeugverluste im Westlichen Sondermilitärbezirk am 22. Juni 1941

Verbände	Im Luftkampf abgeschossen	Durch Flak abgeschossen	Am Boden zerstört	Nicht zuordenbar
9 SAD	**74**	--	**278**	--
10 SAD	23	--	157	--
11 SAD	34	--	93	--
12 BAD	--	2	--	--
13 BAD	--	15	--	46
3. Fliegerkorps	2	1	--	7
Gesamt	133	18	528	53

SAD = Gemischte Fliegerdivision, BAD = Bomberdivision

Diese Il 2 holte deutsches Flakfeuer vom Himmel.

Sowjetische Flugzeugverluste vom 22. Juni bis 17. Juli 1941

	Verlustart						
						nicht durch Waffenwirkung	
Zeitpunkt	Im Luftkampf abgeschossen	Durch Flak abgeschossen	Am Boden zerstört	Nicht zuordenbar	**Summe**		**Gesamt**
22.06.	133	18	528	53	**732**	6	**738**
23.06.	45	8	63	3	**119**	6	**125**
24.06.	10	17	12	32	**71**	7	**78**
25.06.	37	19	11	27	**94**	7	**101**
26.06.	49	8	20	11	**88**	1	**89**
27.06.	13	4	18	10	**45**	0	**45**
28.06.	9	5	16	9	**39**	7	**46**
29.06.	7	16	7	17	**47**	6	**53**
30.06.	24	18	4	40	**86**	2	**88**
01.07.	15	1	1	31	**48**	1	**49**
02.07.	8	2	6	21	**37**	4	**41**
03.07.	5		7	23	**35**	2	**37**
04.07.	13	3		9	**25**	7	**32**
05.07.		1	15	26	**42**	4	**46**
06.07.	10	7	23	32	**72**	12	**84**
07.07.	6	15	1	36	**58**	5	**63**
08.07.	6	3	1	18	**28**	6	**34**
09.07.	4	2	11	25	**42**	7	**49**
10.07.	2		11	1	**14**	22	**36**
11.07.	4	5		19	**28**	3	**31**
12.07.	--	2	7	6	**15**	9	**24**
13.07.	1	9	5	4	**19**	6	**25**
14.07.	10	1		9	**20**	6	**26**
15.07.	3	1		5	**9**	0	**9**
16.07.	10	2		8	**20**	13	**33**
17.07.	3			4	**7**	2	**9**
Gesamt	**427**	**167**	**767***	**479**	**1840**	**151**	**1991**

* Von den 767 am Boden zerstörten Flugzeugen handelte es sich meist um abgestellte, veraltete Typen, deren Besatzungen nicht in Mitleidenschaft gezogen wurden. Vom 25. bis 16. Juli wurden aus Reservebeständen 709 Flugzeuge nachgeführt.

Viele sowjetische Flugzeuge wurden von deutschen Truppen auf Grenzflugplätzen erbeutet.

Militärbezirks Odessa ins Leere. Sechs Flugplätze waren vollständig geräumt; ansonsten wurden lediglich sechs sowjetische Flugzeuge beschädigt. Die deutschen Eigenverluste sollen – vermutlich aufgrund starker Flakabwehr – 30 abgeschossene bzw. beschädigte Maschinen betragen haben. Unter dem Strich aber verlief der Beginn des Unternehmens »Barbarossa« für die Luftstreitkräfte der Roten Armee äußerst verlustreich, was nachfolgende Tabellen mit den Verlusten an Jagd- und Kampfflugzeugen (Bomber) unterstreicht.

Die sowjetischen Flugzeugverluste mochten riesig gewesen sein, doch die vom 22.06. bis 10.07.1941 zerstörten 3823 Maschinen machten gerade mal 10 % der Gesamtzahl von rund 32.000 Flugzeugen der sowjetischen Luftwaffe aus (Marineflieger einberechnet). Diese Zahl beinhaltet an die 20.000 Kampfflugzeuge: 11.500 Jäger, 8400 Bomber und 1000 Schlachtflugzeuge. Im europäischen Teil der UdSSR lagen im Juni 20.000 Flugzeuge, 17.000 davon Jäger, Bomber und andere bewaffnete Typen für Offensivaufgaben. Allein im Raum Moskau befanden sich (am 22.07.41) 29 Jagdregimenter mit 585 Jägern zum Schutz der Hauptstadt. Diese Zahl entsprach in etwa jener der einsatzfähigen deutschen Jagdmaschinen an der Ostfront nach vier Wochen Kampf.

Die Hauptaufgabe der sowjetischen Jagdabwehr bestand in der Anfangsphase des Krieges darin, Flugplätze, Hauptquartiere, Truppenansammlungen usw. vor feindlichen Flugzeugen zu schützen. Trotz der totalen Niederlage der sowjetischen Flieger in den Westbezirken konnten diese dem Gegner teils empfindliche Verluste zufügen. Nach Angaben deutscher Generäle im Buch »Weltkrieg 1939-1945« »...gingen in den ersten 14 Angriffstagen mehr Flugzeuge verloren als in den folgenden Zeiträumen. In der Zeit vom 22. Juni bis 5. Juli 1941 verlor die deutsche Luftwaffe 807 Flugzeuge aller Art und vom 6. bis 19. Juli weitere 477. Diese Verluste deuten darauf hin, dass die Russen trotz dem von den Deutschen

Sowjetische Jagdflugzeug-Verluste vom 22. Juni bis 10. Juli 1941

	22.–24.06.	24.–30.06.	30.06.–10.07.	Summe
Nordwestfront	**273**	**293**	**9**	**575**
Westfront	736	78	20	834
Südwestfront	766	26 +	202	942
Südfront	keine Angaben	231 (22.–30.06.)	92 +	139
Gesamt				**2490**

Sowjetische Bomberverluste vom 22. Juni bis 10. Juli 1941

	22.–24.06.	24.–30.06.	30.06.– 10.07.	Summe
Nordwestfront	**215**	**182**	1 +	**396**
Westfront	243	29	49	321
Südwestfront	126	92	222	440
Südfront	keine Angaben	148 (22.–30.06.)	28	176
Gesamt				**1333**

erzielten Überraschungseffekt Zeit und Kraft fanden, geschlossenen Widerstand zu leisten.«

Nach Dokumenten aus bundesdeutschen Archiven betrugen die Ausfälle der deutschen Luftwaffe in den ersten sechs Monaten des Russlandkriegs an allen Fronten (also auch gegen England, im Mittelmeer usw.) 4643 Flugzeuge, davon 3827 an der Ostfront, was 82,4 % der Gesamtverluste entspricht (beschädigte Maschinen eingerechnet).

Die Hauptaufgabe der sowjetischen Bomber lag »in der Unterstützung der Bodentruppen in Angriff und Verteidigung«. Sie versuchten mit Angriffen die schnell vorrückenden deutschen Panzerverbände aufzuhalten und warfen Bomben auf deutsche Feldflugplätze und Truppenansammlungen. Am 25. Juni 1941 starteten 236 Bomber unter dem Begleitschutz von 224 Jägern (dabei Flugzeuge der Baltischen und Nordflotte) einen ersten Großangriff auf 19 Flugplätze, Treibstoff- und Munitionsdepots in Finnland. Er kam für den Gegner so überraschend, dass er keine Jagdabwehr organisieren konnte (die an der finnischen Front ohnehin dünn gesät war). Bei keinen Eigenverlusten wurden auf den Flugplätzen 41 Maschinen am Boden zerstört. In den folgenden fünf Tagen wiederholten sowjetische Flieger ihre Angriffe auf diese und weitere finnische Flugplätze, insgesamt 39 an der Zahl. Dabei wurden 130 finnische Flugzeuge zerstört. Die Angriffsplaner hatten sich dabei kluger Weise den Ostfrontabschnitt mit der schwächsten Luftverteidigung und der geringsten Zahl an Feindflugzeugen ausgesucht.

Am 8. Juli 1941 fand ein gleichzeitiger Angriff auf 42 gegnerische Flugplätze entlang der (sowjetischen) Westfront statt, an dem sich die die Verbände von fünf sowjetischen Fronten (ehemals Bezirke; Front ist ansonsten die sowjet. Bezeichnung für

Die Besatzung eines Sturzbombers Petljakow Pe-2 bei der Besprechung vor einem Einsatz. Man beachte die dicke Fliegerschutzbekleidung und die Pelzgamaschen.

Il-2-Staffel im Flug.

Heeresgruppe) beteiligten, einschließlich Fernbomber. Dabei wurden in einem Abschnitt 54 deutsche Flugzeuge zerstört oder beschädigt.

Die Aufteilung sowjetischer Luftwaffenverbände zwischen Armeen und Distrikten und ihre ungünstige Verteilung bzw. Staffelung wirkte sich negativ auf die Beweglichkeit und gebündelte Aktionen aus. Des Weiteren mangelte es den Befehlshabern der Armeen und Fronten an der Fähigkeit, ihre Luftstreitkräfte effektiv einzusetzen. Bomberregimenter wurden oft staffelweise und ohne Jagdschutz in den Kampf geworfen. Zudem verfügten die zweimotorigen SB- und Ar-2-Bomber nur über schwache Abwehrbewaffnung, was gleichermaßen zu ihren schweren Verlusten beitrug.

Sowjetische Fernbomber traten bereits einen Tag nach Kriegsbeginn in Erscheinung. Am 23. Juni 1941 warfen sie einige Bomben auf die ostdeutschen Städte Danzig und Königsberg, auf Warschau und Krakau in Polen sowie auf die rumänische Hauptstadt Bukarest, deren moralische Wirkung vermutlich höher als die angerichteten Schäden war. Man wollte dem Gegner zeigen, dass er im Hinterland nicht unverwundbar war.

Vom 26. Juni bis 18. August 1941 griffen Verbände des sowjetischen 4. Fliegerkorps und der Marineflieger der Schwarzmeerflotte in insgesamt 180 Einsatzflügen die rumänischen Ölfelder von Ploesti an.

Im August 1941 erschienen zum ersten Mal sowjetische Bomber über Berlin. Sie warfen vom 8. August bis zum 4. September 1941 mehr oder weniger ziellos zehn Tonnen Bomben auf die deutsche Hauptstadt, wobei es mehr um die psychologische als die tatsächliche Wirkung ging. Während des gesamten Krieges machten derartige Aktionen aber lediglich 3,15 % der Gesamtangriffe der Fernbomberflotte aus. Fernbomber wurden in der Anfangsphase des Krieges mangels besser geeigneter Flugzeuge am häufigsten zur Unterstützung der Bodentruppen und zu Angriffen auf Panzer- und Marschkolonnen, Truppenansammlungen, Verkehrsknotenpunkte und Vormarschwege eingesetzt.

So meldete beispielsweise am Abend des 4. Juli 1941 die sowjetische Luftaufklärung, deutsche Panzerspitzen schickten sich bei Bobruisk an, mittels einer Pontonbrücke über die Beresina zu setzen – ein wichtiger Schritt im weiteren Vorstoß auf Moskau. Eine TB-3-Staffel unter dem Kommando von Major P. Grabowski erhielt den Auftrag, dies zu verhindern. Grabowski und seine Besatzungen näherten sich dem Ziel über einer Wolkendecke und ließen dann Brandbomben regnen. Treffer verursachten Brände an Fahrzeugen und Brückenteilen und verzögerten die Beresina-Überquerung um mehrere Stunden – aufhalten konnten sie sie nicht.

Ende August zogen die Sowjets im Raum Starodub und Nowgorod-Sewerski sowie bei Brjansk eine Flotte von 450 Bombern zusammen, die den Vormarsch der Panzergruppe 2 von Generaloberst Heinz Guderian aufhalten sollte, einer der fähigsten Panzerführer des 2. Weltkriegs. Der Bombereinsatz der sowjetischen 42. und 52. Fliegerdivision unter den Obersten M. Ch. Borisenko und A. M. Duboschin zog sich insgesamt über sechs Tage hin, wobei täglich vier bis fünf Einsätze geflogen wurden. General A. I. Jeremenko, Befehlshaber der Brjansk-Front, berichtete ans Hauptquartier: »Allein am 30. und 31. August ... wurden 4500 Bomben verschiedener

Typen abgeworfen, mehr als 100 Panzer, 20 gepanzerte Mannschaftstransporter zerstört, 55 deutsche Flugzeuge in der Luft abgeschossen.« Jeremenkos Verlustzahlen dürften mit Sicherheit etwas übertrieben gewesen sein; Guderian hielt in »Erinnerungen eines Soldaten« S. 188 jedoch fest: »Am 29. August griff der Gegner das XXIV. Panzer-Korps mit starken Kräften unter Einsatz von Fliegern von Süden und Westen an. Das Korps war gezwungen, den eigenen Angriff ... einzustellen.«

Am 26. Juni 1941 erhielt das 207. Fernbomberregiment den Auftrag, eine Panzerkolonne entlang der Straße Molodechno-Radoschkowitschi anzugreifen. Während des zweiten Zielanfluges wurde die Maschine von Staffelführer N. F. Gastello in Brand geschossen. Alle Versuche, das Feuer zu löschen, blieben erfolglos. Die Besatzung hätte vermutlich mit dem Fallschirm abspringen können, aber Gastello entschied sich zum Selbstopferangriff: Er lenkte die brennende und stürzende Maschine mitten in die Panzerkolonne. Wie es heißt, wurden mehrere Panzer und Treibstoff-Fahrzeuge zerstört. Zusammen mit N. F. Gastello starben die Besatzungsmitglieder A. A. Burdenjuk, G. N. Skorobogati und A. A. Kalinin. Wie Gastello handelten während des Krieges weitere sechs sowjetische Fernbomber-Besatzungen und 1945 an der Oder auch Selbstopferkämpfer der deutschen Luftwaffe. Den größten Bekanntheitsgrad erzielten jedoch japanische Kamikaze-Piloten, die sich mit ihren Flugzeugen auf US-amerikanische und britische Kriegsschiffe im Pazifik stürzten.

Die hohen Verluste sowjetischer Fernbomber in der Anfangszeit des Krieges hatten verschiedene Hauptursachen. Dazu zählten der Einsatz veralteter Flugzeugmuster am Tag in geringer Höhe bei starker feindlicher Feindabwehr durch Flak und Jäger; Einsätze ohne Jagdschutz; geringer Panzerschutz der Besatzung und wichtiger Flugzeugbaugruppen; schwache Abwehrbewaffnung; das Fehlen geeigneter Funkausstattung, folglich kaum Führungsmöglichkeiten in der Luft und kein Kontakt zu Bodenstellen; sowie nicht zuletzt mangelnde Flugdisziplin und Einsatzerfahrung der Besatzungen. Die meisten Verluste entstanden bei Einsätzen auf dem Gefechtsfeld und in Tiefen von bis zu 4 bis 5 km vor der eigenen Front in geringer Flughöhe (800 bis 1000 m).

Interessant ist die Einschätzung des ehemaligen deutschen Luftwaffen-Generals Walter Schwabedissen (1896–1989) der sowjetischen Luftstreitkräfte in der Anfangsphase des Russlandkrieges (Rückübersetzung):

»Zu Beginn des Feldzuges besaß die sowjetische Luftwaffe eine sechs- bis achtfache zahlenmäßige Überlegenheit. Sie war jedoch nicht in der Lage gewesen, organisatorisch, ausbildungsmäßig und technologisch mit den Anforderungen der Zeit Schritt

Sowjetische Jagdpiloten nach einem erfolgreichen Einsatz.

zu halten. Daher war die sowjetische Luftwaffe insgesamt ein großes und sperriges Instrument von geringem Kampfwert, das binnen weniger Wochen, in denen es deutschen Flugzeugen begegnete, von diesen zerschlagen werden konnte. Wenn die Sowjetunion kein so riesiges Territorium gehabt hätte, das die Reorganisation, Ausbildung und Wiederauffüllung von Verbänden in sicheren Gebieten außerhalb der Reichweite der deutschen Luftwaffe ermöglicht hätte; und wenn ihr keine so enormen personellen und materiellen Reserven zur Verfügung gestanden wären, hätte sich die sowjetische Luftwaffe niemals von dem Schlag erholt, den sie zu Beginn des Krieges erlitten hatte.«

Dieser Ansicht pflichtete das im Juni neu errichtete Oberkommando der Streitkräfte (WGK, Teil der Stawka) bereits im Juli 1941 insofern indirekt bei, als es in einem Schreiben vom 15. Juli 1941 unumwunden feststellte, dass die vorhandenen Gliederungen und Verbandsgrößen sich nicht für einen beweglichen Gefechtseinsatz eigneten. Die »Sperrigkeit« der Formationen verhindere eine zweckmäßige Aufteilung auf verschiedene Flugplätze und erleichtere es dem Feind, sie am Boden zu zerstören. Die Erfahrung habe gezeigt, dass ein Regiment (30 Flugzeuge) und eine Division (zwei Regimenter) die besten Gliederungsformen für eine schnelle und bewegliche Führung im Einsatz darstellten.

Im August 1941 verabschiedete das Staatliche Verteidigungskomitee (GKO) ein Dekret, auf dessen Grundlage die Reorganisation der Luftstreitkräfte begann. Die Fernbomber wurden den Fliegerkorps entzogen; die Anzahl der Regimenter bei Bomber- und Jägerdivisionen von drei auf zwei reduziert. In den Regimentern verringerte sich die Anzahl der Flugzeuge von bisher 60–63 auf 32–33 und schließlich auf 20.

Am 10. August 1941 wurde auf Befehl des Befehlshabers der Luftstreitkräfte der Roten Armee, P. F. Schigarew, die Staffelstärke bei Schlacht-, Jagd- und Bomberverbänden auf zehn Flugzeuge festgelegt – drei Ketten und das Flugzeug des Staffelkapitäns. Gleich am 20. August folgte eine neue Weisung, wonach Staffeln mit modernen Flugzeugtypen (Jak-1, Il-2, Pe-2 usw.) aus je drei Ketten zu drei Flugzeugen bestehen sollten. Ein Regiment umfasste 20 Flugzeuge – 18 Maschinen in zwei Staffeln und zwei Stabsmaschinen für Kommandeur und Regiments-Navigator.

Bemerkenswerter Weise legen diese Anordnungen sowie alle zuvor ergangenen Gliederungs-Anweisungen für alle fliegerischen Gattungen als kleinste Einheit die Kette zu drei Flugzeugen fest. Dabei hatten bereits die Erfahrungen aus Spanien klar gezeigt, dass sich die Dreierkette nicht für Jagdflugzeuge eignete. Sie taugte nicht für den Luftkampf, da sie sowohl die Aufmerksamkeit des Kettenführers als auch der Kettenflieger zu stark beansprucht und bei Ablenkungen leicht zu Kollisionen führen kann. Aus Spanien zurückgekehrte sowjetische Piloten hatten auf die Vorzüge der Zweierrotte hingewiesen, wie sie etwa von deutschen Jagdfliegern der »Legion Condor« praktiziert wurde. Die sowjetischen Spanien-Veteranen stießen bei Vorgesetzten damit auf taube Ohren. Erst ab Mitte 1943 wurde auch bei sowjetischen Jagdstaffeln die Rotte eingeführt. Eine Jagdstaffel zu zehn Flugzeugen untergliederte sich nun in zwei Schwärme zu je zwei Rotten plus Führungsrotte (Staffelkapitän plus Flügelmann). Ende 1943 wurden die Staffelstärke bei Jagd- und Schlachtfliegern nach deutschem Vorbild auf zwölf Flugzeuge erhöht, die sich in drei Schwärme zu je zwei Rotten aufteilten. Bomberstaffeln gingen unter Beibehaltung der Ketten zur Gliederung in drei Dreierketten plus Stabsmaschine über; insgesamt zehn Maschinen. Transportstaffeln bestanden aus vier Dreierketten, insgesamt zwölf Flugzeuge.

Die Erfahrungen lehrten, dass der koordinierte Einsatz von Luftstreitkräften entscheidend für den Ausgang großer Schlachten war. Bei kombinierten Luft-/Bodenoperationen zeigte sich auf sowjetischer Seite stets Nachholbedarf. Sie entwickelte darin nie die gleiche Meisterschaft wie etwa die Deutschen zu Beginn des Krieges oder die Engländer und Amerikaner ab 1944 auf dem westlichen Kriegsschauplatz.

Das Oberkommando ergriff energische Maßnahmen zur Schaffung einer operativen Reserve. Neben den Frontflieger- und Fernbomber-Verbänden sollten die Marineflieger und die fliegenden Einheiten der Luftverteidigung dafür Einheiten abgeben. Im August 1941 begann die Aufstellung von Reservegruppen (RAG) und ab März 1942 die Bildung von Stoßgruppen (UAG). Diese Gruppen unterstanden dem Oberkommando, das sie für unabhängige Aufgaben sowie zur Unterstützung von Frontfliegerverbänden einsetzte. Bei diesen Reserve- und Stossgruppen, zu denen je drei bis sechs Fliegerregimenter unterschiedlicher Zusammensetzung gehörten, handelte es um für bestimmte Aufgaben zusammengestellte Kampfgruppen, die sich danach wieder auflösten.

Nach der Entscheidung des Staatlichen Verteidigungskomitees (GKO) vom März 1942 wurden die Fernbomber aus den üblichen Gliederungen herausgelöst und zu einem Fernbomberkorps (ADD) unter General A. E. Golowanow zusammengefasst, das direkt dem Oberkommando unterstand. Die Neugliederung sollte geschlossene Angriffe auf operative und strategische Ziele im Hinterland des Gegners vereinfachen. Das ADD bestand im Sommer 1942 aus sieben Bomberdivisionen, einer Transportdivision und einer Reservebrigade.

Im Mai 1942 wurden die Fronten und Armeen zu Fliegerarmeen zusammengefasst, was der organisatorischen Zersplitterung der Luftstreitkräfte ein Ende setzte. Dank der Errichtung operativer Fliegerarmeen konnten das Oberkommando und die einzelnen Befehlshaber nun auf zentral gegliederte Verbände zurückgreifen und diese auf wichtige Aufgaben konzentrieren. Am 26. August 1942 wurde auch das Fliegerkorps der Reserve des Oberkommandos (RWGK) aufgestellt. Auf der Grundlage des GKO-Dekrets vom 1. November 1941 wurden des Weiteren Fliegerregimenter für Nachteinsätze errichtet. Sie wurden vorwiegend mit Flugzeugen der Typen U-2 (Po-2) und R-5 ausgerüstet.

Die sowjetische Zivilluftfahrt wurde im Übrigen gleich im Juni 1941 dem Volksverteidigungskommissariat unterstellt und die Masse der Zivilflugzeugflotte in militärische Transportverbände um- bzw. eingegliedert.

Nach den Schlachten vor Leningrad und Moskau 1941 erhielten verschiedene Fliegerregimenter, die sich dabei ausgezeichnet hatten, Gardestatus. Die ersten sechs Garde-Fliegerregimenter entstanden auf Befehl Stalins am 12. Dezember 1941. Die Verbände erhielten Gardefahnen und ihre Angehörigen auf Anordnung des Volksverteidigungskommissariats vom 28.05.1942 das Gardeabzeichen mit der Aufschrift »ГВАРДИЯ« (Garde) an der Brust. Außerdem bekamen Mannschaften und Unteroffiziere der Garde doppelten und Offiziere anderthalbfachen Sold.

Garde-Fliegerregimenter bestanden aus je drei Staffeln und erhielten bevorzugt Waffen und Ausrüstung. Eine spezielle Versorgungstaffel sollte die Versorgung mit Nachschub sicherstellen. Darüber hinaus schrieb der Befehl des NKO der UdSSR Nr. 057 vom 04.05.1943 vor, dass Gardeverbände nur mit Genehmigung des Oberkommandos anderen »regulären« Verbänden unterstellt werden durften.

Im September 1945 bestanden die sowjetischen Luftstreitkräfte aus 14 Fliegerkorps, 53 Fliegerdivisionen, 247 Fliegerregimentern und 15 selbstständigen Fliegerstaffeln. Im Übrigen gab es zwar Garde-Fliegerregimenter, aber keine Garde-Fliegerarmeen.

Während des Krieges änderte sich die Gewichtung der fliegerischen Truppengattungen. Nahmen 1941 Jagdflugzeuge 56,2 % der Gesamtmasse ein, ging ihr Anteil bis Mitte 1944 auf 42 % zurück. Bei den Bombern schrumpfte der Gesamtanteil von 38,8 % auf 25 %. Dagegen stieg die Zahl der Schlachtflugzeuge zur Unterstützung der Bodentruppen sprunghaft an: von lediglich 3,7 % Anfang 1942 auf satte 30 % Anfang 1944. Freilich waren weiterhin auch Bomber, Fernbomber und Jäger in die Luftnahunterstützung eingebunden.

Flogen die Schlachtflieger zu Beginn des Krieges hauptsächlich noch Doppeldecker R-5 und I-153, mauserte sich die Il-2 binnen weniger Monate zu ihrem Standardflugzeug, zuerst als Ein- und dann als Zweisitzer. 1945 wurde sie von der fortschrittlicheren Il-10 abgelöst, in deren Entwurf die Erfahrungen mit der Il-2 eingeflossen waren.

Was die Jagdwaffe angeht, erhielt auch sie im Laufe des Krieges neue Muster, die in zunehmender Zahl in den hinter den Ural verlagerten Werken fabriziert wurden. Nicht vergessen werden sollte in diesem Zusammenhang der erkleckliche Anteil US-amerikanischer und britischer Jagd-, Bomben- und Transportflugzeuge aus Hilfslieferungen, die ab Ende 1941 in immer größeren Stückzahlen nach Sowjetrussland gelangten.

Die sowjetische Bomberwaffe unterteilte sich in Kurzstreckenbomber für den taktischen Fronteinsatz zur Unterstützung der Bodentruppen und in Fernbomber für operative und strategische Einsätze im Hinterland des Gegners. In den ersten Kriegsmonaten, als die Roten Armee verzweifelt den raschen Vormarsch der deutschen Truppen zu stoppen suchte, wurden Bomber jeglicher Couleur vorwiegend taktisch eingesetzt. Sie flogen oft in kleinen Gruppen ohne Jagdschutz und erlitten hohe Verluste, wobei sich die Wirkung ihrer Bombenangriffe meist in Grenzen hielt. Bis Ende 1941 verloren die Nahbomberflotte 2659 und die Fernbomberflotte 1150

Maschinen. Zum Ausgleich der Verluste und zur Wiederherstellung der Kampfkraft wurden enorme Anstrengungen unter Einsatz rigoroser Maßnahmen unternommen. Dazu gehörte der Bau der neuen Muster Pe-2 und Il-4; aber auch die aus den USA, Kanada und Großbritannien eintreffenden Typen halfen entscheidend zum Schließen der klaffenden Lücken, die die deutsche Luftwaffe geschlagen hatte. Außer Jagd- und Kampfflugzeugen schickten Roosevelt und Churchill vor allem Transportflugzeuge und eine große Menge Flugmotoren.

Des Weiteren wurden spezielle Bomberregimenter für Nachteinsätze aufgestellt, die hauptsächlich Po-2- und R-5- Doppeldecker sowie umgebaute Li-2-Transporter flogen.

Allmählich erholte sich die sowjetische Luftwaffe von ihren materiellen Verlusten. Waren 1941/42 an der Gegenoffensive im Raum Moskau beispielweise 280 Bomber beteiligt – ein Großteil davon veraltete Muster, waren es bei Stalingrad 1943/43 schon 480 moderne Il-4, in der Schlacht von Kursk 780, bei der Sommeroffensive 1944 ganze 1266 und in der Schlacht um Berlin über 1500 sowjetische Bomber verschiedener Typen. Schließlich konnten groß angelegte Luftoperationen fast vollständig durch einheimische Flugzeuge sichergestellt werden. Von 1941–1945 stellte die sowjetische Luftrüstung insgesamt 114.719 Jagd-, Schlacht- und Bombenflugzeuge her. Zusammen mit Schul-, Transport- und anderen Unterstützungsflugzeugen betrug die Gesamtzahl 142.211 Stück.

Der Krieg mit Deutschland kostete die sowjetischen Luftstreitkräfte enorme Verluste. Allein die kämpfenden Verbände verloren 45.568 Flugzeuge. Viele tausend Piloten und Besatzungen wurden getötet. Nach sowjetischen Angaben soll die deut-

Westalliierte Hilfslieferungen

Am 7. November 1941 unterzeichnete US-Präsident Franklin Delano Roosevelt im Rahmen des Leih-Pacht-Gesetzes (Lend-Lease Act) eine Vereinbarung über die Lieferung von Rüstungsgütern an die UdSSR. Das Leih- und Pachtgesetz ging auf eine Initiative US-amerikanischer Politiker und Militärs unter Federführung von US-Finanzminister Henry Morgenthau zurück. US-Präsident Franklin Delano Roosevelt setzte es Anfang 1941 im Abgeordnetenhaus und Parlament sowie vor der Öffentlichkeit unter der Maßgabe durch, es würde einen Kriegseintritt der USA verhindern. Das bereits am 11. März 1941 unterzeichnete Gesetz gab dem US-Präsidenten unbeschränkte Vollmachten, nunmehr Waffen, Ausrüstungsgegenstände und Lebensmittel herstellen oder beschaffen zu lassen, »um den Bedarf der Länder zu decken, deren Verteidigung er für die Sicherheit der Vereinigten Staaten als notwendig erachtete.« Außer der Vollmacht, die Lieferung von Rüstungs- und Versorgungsgütern auf jedes Land auszudehnen, dessen Unterstützung der US-Präsident für notwendig erachtete, konnte dieser nach eigenem Ermessen Zusatzbestimmungen erlassen. Damit verfügte Roosevelt über Vollmachten, die es ihm ermöglichten, den Kriegsanstrengungen Großbritanniens und danach der UdSSR massiv unter die Arme zu greifen. Mit dem Leih- und Pachtgesetz, das dem amerikanischen Volk zunächst als friedenserhaltende Maßnahme verkauft wurde, gaben die USA tatsächlich schon im März 1941 ihre offizielle Neutralität auf. Die ersten Hilfslieferungen aus dem Westen erreichten die Sowjetunion bereits im Oktober 1941. Die Luftstreitkräfte erhielten bis Jahresende 730 Jagdflugzeuge (was etwa 10 % der 1941 von der sowjetischen Luftrüstung gebauten 7081 Jäger entsprach). 1942 verschifften die Westalliierten 775 Bomber, 1815 Jäger und 14 Aufklärungsflugzeuge in die Sowjetunion. Nach offiziellen amerikanischen Angaben lieferten die USA während des Krieges insgesamt 14.450 Flugzeuge an die UdSSR; Großbritannien und Kanada weitere 3384.

Darüber hinaus schickten die Westmächte der Sowjetunion über 15.000 Flugmotoren; dazu Waffen, Munition, Flugbenzin, Ersatzteile sowie verschiedenste luftfahrttechnische Ausrüstungen. Die amerikanischen und britischen Flugzeuge stärkten die Kampfkraft der sowjetischen Luftstreitkräfte nicht unerheblich. Obwohl ausländische Flugzeuge im Durchschnitt nicht mehr als 15 % der sowjetischen Produktion ausmachten, lag dieser Prozentsatz bei bestimmten Flugzeugtypenen signifikant höher:
- bei leichten Bombern 20 %;
- bei Jagdflugzeugen 16–23 %;
- bei Seeflugzeugen 29 %.

Es ist fraglich, ob die Rote Armee trotz ihrer materiellen und personellen Ressourcen ohne die US-amerikanischen Hilfslieferungen und ohne die Eröffnung einer zweiten Front im Juni 1944 durch die Westalliierten ihre Kriegsziele bis 1945 hätte erreichen können.

Produktion von Lawotschkin-Jägern La-5FN im Flugzeugwerk Nr. 21 in Nischni Nowgorod.

sche Luftwaffe von 1941–45 hingegen insgesamt 52.850 Flugzeuge an der Ostfront verloren haben. Eine Zahl, die den unabhängigen Militärhistoriker erstaunt, denn auch bei den Flugzeugen betrugen die sowjetischen Verluste das Vielfache des Gegners. Glaubhaft wird oben genannte Zahl allenfalls, wenn sie beschädigte Flugzeuge (die zum Großteil wieder repariert werden konnten) und nach Kriegsende erbeutete mit einbezieht.

Nach dem deutschen Einmarsch in die Sowjetunion – zunächst waren von der UdSSR besetzte Gebiete wie Ostpolen, Bessarabien und die Bukowina, das Baltikum und Ostfinnland (Karelien) betroffen, wo die deutschen Soldaten überwiegend als Befreier begrüßt wurden (was auch für die Ukraine galt) – stand die sowjetische Luftrüstung vor einer völlig neuen und unbehaglichen Situation. Sie sollte ihre Produktion steigern, doch der rasche deutsche Vormarsch brachte viele Rüstungsunternehmen in die Gefahr, eingenommen zu werden. Aus diesem Grund beschloss der Rat der Volkskommissare der UdSSR am 5. Juli 1941, einen Teil der Rüstungsindustrie hinter den Ural zu verlagern. Bald aber wurde der größte Teil der Flugzeugindustrie unter enormen Anstrengungen nach Westsibirien bzw. in die Kaukasusregion und nach Zentralasien evakuiert, wo sie von deutschen Kampfflugzeugen kaum mehr zu erreichen war. Neue Rüstungswerke wurden in

Sowjetische Flugzeugverluste 1941–1945

	1941 (ab 22.06.)	1942	1943	1944	1945 (bis 09.05.)	Insgesamt
Bomber	2659	1145	940	751	591	6086
Schlachtflugzeuge (Il-2, Il-10)	533	1676	3515	3347	1691	10.762
Jagdflugzeuge	4416	3888	4642	3331	1191	17.468
Andere Flugzeuge	415	1459	446	432	97	2849
Zwischensumme	8023	8168	9543	7861	3570	37.165
Fernbomber	1150	396	516	554	160	2776
Aufklärer	662	513	278	131	4	1588
Wasserflugzeuge	711	1110	909	910	399	4039
Gesamt	**10.546**	**10.187**	**11.246**	**9456**	**4133**	**45.568**

Im Flugzeugwerk Nr. 18 in Woronesch.

Kuybischew, Kasan, Schkalow (heutet Orenburg), Ufa, Omsk, Nowosibirsk, Irkutsk, Tiflis, Taschkent und anderen Orten eingerichtet bzw. aus dem Boden gestampft. Insgesamt betraf diese Maßnahme rund 85 % aller Luftrüstungsunternehmen. Wenig verwunderlich, ging aufgrund dieser gewaltigen Verlagerungsmaßnahmen die Flugzeugproduktion kurzfristig zurück.

Während der Ausstoß von Juli bis September im Vergleich zum ersten Halbjahr 1941 um das 1,5- bis 2-fache stieg und 1500 bis 2000 oder mehr Flugzeuge pro Monat erreichte, begann er ab Oktober zu sinken und fiel im Dezember auf 600. Erst als in der zweiten Jahreshälfte 1942 die nach Osten verlagerten Betriebe ihre volle Leistung erreicht hatten, gingen die Zahlen wieder nach oben.

Zu guter Letzt noch ein anderes Thema. Waren für Stalin und die Bolschewisten als Vorreiter des internationalen Kommunismus Begriffe wie »Vaterland« oder »Garde« bis 1941 bestenfalls reaktionäre Begriffe gewesen, so nutzten sie aus zweckdienlichen Gründen jetzt deren Zugkraft im tief mit seiner Heimat und Geschichte verwurzelten russischen Volk. So mörderisch und menschenverachtend das Sowjetregime mit Millionen seiner Untertanen auch umgegangen war, appellierte es jetzt an alte Werte und proklamierte den »Großen Vaterländischen Krieg«. Waren Auszeichnungen sowie Uniformmerkmale, die an die Zarenzeit erinnerten, ebenso wie der Begriff

Arbeiten an den Bugkanzeln von Fernbombern Iljuschin Il-4 im Flugzeugwerk Nr. 126 in Komsomolsk.

Sowjetische Gesamtproduktion von Flugzeugen und Flugmotoren 1941–1945						
	1941	1942	1943	1944	1945	Gesamt
Bomber	3754	3508	3919	4058	2638	**17.877**
Schlachtflugzeuge (Il-2, Il-10)	1542	8191	10773	10719	6015	**37.240**
Jagdflugzeuge	7220	9643	14.292	17.872	10.575	**59.602**
Kampfflugzeug insgesamt	**12.516**	**21.342**	**28.984**	**32.649**	**19.228**	**114.719**
Transportflugzeuge	257	466	1198	1495	1181	**4597**
Schul- und Verbindungsflugzeuge	3101	3432	4559	6008	5695	**22795**
Insgesamt	**3358**	**3898**	**5757**	**7503**	**6876**	**27.392**
Gesamtsumme	**15.874**	**25.240**	**347**	**40.152**	**26.104**	**142.111**
Flugmotoren	**27.916**	**37.821**	**48.489**	**51.939**	**40.164**	**206.329**
Alliierte Motoren-Lieferungen	**4588**	**3088**	**6251**	**4416**	**7220**	**25.563**

»Garde« bei der Roten Armee regelrecht verpönt gewesen, feierten sie nun ihre Wiederauferstehung und eine Flut neugeschaffener Orden und Auszeichnungen überschwemmte die Streitkräfte. Hinzu traten kapitalistische Anreize für die Soldaten der »Roten Arbeiter- und Bauernarmee« in Gestalt von Geldprämien. So erließ das Volksverteidigungskommissariat am 19. August 1941 die Weisung Nr. 0299 über die Vergabe von Auszeichnungen und Prämien an Soldaten, die sich im Fronteinsatz bewährt hatten. So sollten Jagdpiloten künftig für jedes abgeschossene Feindflugzeug einen Bargeldbonus erhalten.

Ordensgeschmückte Flieger nach der Siegesparade auf dem Roten Platz in Moskau 1945.

Sowjetische Jäger fliegen Begleitschutz für Bomber.

Außerdem gab es:

- für 3 abgeschossene feindliche Flugzeuge eine offizielle Anerkennung (Auszeichnung; Urkunde);
- für die nächsten 3 abgeschossenen feindlichen Flugzeuge eine offizielle Anerkennung;
- ab 10 abgeschossenen Flugzeugen winkte die Auszeichnung »Held der Sowjetunion«, die mehrfach verliehen werden konnte.

Leichte Bomber- und Schlachtflieger-Besatzungen erhielten:

- für 10 Einsatzflüge bei Tag oder 5 in der Nacht, die zur Zerstörung und Vernichtung feindlicher Ziele führten, eine Geldprämie sowie eine offizielle Anerkennung;
- für 20 Einsatzflüge am Tag oder 10 in der Nacht unter gefechtsmäigen Bedingungen eine weiter Geldprämie nebst offizieller Anerkennung;
- für 30 Einsatzflüge am Tag oder 20 in der Nacht unter gefechtsmäßigen Bedingungen die Auszeichnung »Held der Sowjetunion« und eine Geldprämie.

Schwere und Fernbomber-Besatzungen erhielten:

- für jedes erfolgreiche Bombenunternehmen eine Geldprämie;
- für 5 erfolgreiche Bombenangriffe eine Geldprämie und offizielle Anerkennung (Auszeichnung);
- für 8 erfolgreiche Bombenangriffe eine Geldprämie und eine weitere offizielle Anerkennung;
- für 12 erfolgreiche Bombenangriffe eine Geldprämie und die Auszeichnung »Held der Sowjetunion«.

Während des 2. Weltkriegs wurde der Orden »Held der Sowjetunion« insgesamt 2271 Mal an Angehörige der Luftstreitkräfte verliehen.

Auch Alkohol spielte als Anreiz in der Roten Armee eine wichtige Rolle. So standen sowohl dem Fliegenden als auch dem Technischen Frontpersonal gemäß

Schlachtflugzeuge Il-2 erwiesen sich als wirkungsvolle Kampfmittel im Erdeinsatz.

Weisung des Volksverteidigungskommissars Nr. 0320 vom 25. August 1941 täglich 100 Gramm Wodka zu (Hinweis: Wodka wird in Russland nicht nach Millilitern, sondern nach Gramm ausgeschenkt). Anstelle von Wodka erhielten Piloten manchmal edleren Cognac.

Die Antwort auf die Frage, ob die gesamte Wodka-Produktion aufgrund ihrer Bedeutung für die sowjetischen Streitkräfte ebenfalls hinter den Ural verlagert wurde oder ob es auch hier größere alliierte Hilfslieferungen gab, muss hier offen bleiben.

Eine Staffel Sturzbomber Petljakow Pe-2 im Flug.

FLUGZEUGTYPEN

Jagdflugzeuge

Zu Beginn des »Großen Vaterländischen Krieges« 1941 machten Jagdflugzeuge 53,4 % und 1945 schließlich42 % der Gesamtstärke der Luftstreitkräfte der Roten Armee aus. Ein gewisser Rückgang des Jägeranteils – nicht in Zahlen, nur in Prozenten – bis Kriegsende war auf den raschen Zuwachs an Schlachtflugzeugen zurückzuführen. Die Basis der sowjetischen Jagdwaffe in den späten 1930er-Jahren bildeten die Typen I-15-, I-16- und I-153 (»I« steht für Istrebitel = Jagdflugzeug), die leistungsmäßig deutschen Jagdflugzeugen unterlegen waren Bis 1941 kamen moderne LaGG-3-, MiG-3- und Jak-1-Jäger mit besseren Flug- und Gefechtseigenschaften hinzu. Danach erhielten die Jagdverbände Jak-3-, Jak-7-, Jak-9-, La-5- und La-9-Jäger, deren Qualität und Masse die teilweise Erringung der Luftherrschaft während der großen Gegenoffensiven ab der zweiten Hälfte 1943 ermöglichte. Ebenso waren im Ausland hergestellte Jagdflugzeuge, die im Rahmen der Lend-Lease-Lieferungen die UdSSR erreichten, weit verbreitet. Dazu zählten die amerikanischen P-39, P-40 und P-63 sowie die britischen Supermarine »Spitfire«, Hawker »Hurrican« und weitere. Nichtsdestoweniger gilt es festzuhalten, dass die deutschen Jagdflieger den zahlenmäßig deutlich dominierenden sowjetischen im Luftkampf eindeutig überlegen waren. Sie schossen etwa 2,5 bis 3 Mal soviele Gegner ab. Rein statistisch erlitten die sowjetischen Jäger sogar die 6,3-fachen Verluste (vgl. Seite 11). Des Weiteren gelang es der sowjetischen Jagdwaffe erst ab 1944 – und dies aufgrund ihrer zahlenmäßigen Überlegenheit –, Einsätze deutscher Kampfflugzeuge (Bomber) zu lähmen, während sie die Einsätze deutscher Schlachtflugzeuge (z. B. Ju 87, Fw 190, Hs 129) nur stören konnten.

Zurück zu den Anfängen. Am 13. Januar 1933 wurde im aus sechs Ingenieur-Brigaden bestehenden Volkskommissariat für Verteidigungsindustrie das Zentrale Konstruktionsbüro (ZKB) errichtet. Eine der Brigaden führte N. N. Polikarpow, der nach Gründung des ZKB den Bau eines neuen Jägers mit höherer Geschwindigkeit und besseren Flugeigenschaften als die I-5 vorschlug. Der Typ wurde unter Führung von Polikarpow entwickelt, der erst Anfang 1933 wieder aus NKWD-Sonderhaft frei kam (vgl. Seiten 32, 46–).

Die Brigade P. O. Suchoi, die zur Versuchsabteilung von ZAGI unter Leitung von A. N. Tupolew gehörte, bot eine Eindecker-Version des Jägers an. Er erhielt die Bezeichnung I-14, während das Doppeldecker-Modell von Polikarpow unter I-14a firmierte. Im ZKB lief das Ganze unter ZKB-3. Am 8. Dezember 1932 wurden bei einem Treffen von Vertretern der Luftstreitkräfte und der Luftfahrtindustrie die Holzmodelle der I-14 und I-14a präsentiert. Auf Vorschlag von Luftwaffenchef General Jakow Iwanowitsch Alksnis fiel der Beschluss, von beiden Modellen Prototypen zu bauen, wobei Polikarpows Entwurf die Bezeichnung I-15 erhielt. Das Flugzeug wurde als regulärer Jäger eingestuft (zu dieser Zeit unterschied man noch zwischen Jägern und so genannten Hochgeschwindigkeitsjägern).

Die Sitzung der Entwurfskommission fand am 4. Juni 1933 statt, und der Bau der ersten I-15 war bis Herbst 1933 abgeschlossen. Am 23. Oktober startete der Prototyp zum Erstflug. Bei Versuchen erreichte er eine Spitzengeschwindigkeit von 324 km/h in Bodennähe und von 350 km/h in 3000 m Höhe. Die Steigzeit auf 5000 m betrug 6,2 Minuten, einen Vollkreis flog die I-15 in nur 8 Sekunden.

Tupolews I-14-Eindecker zeigte bei Vergleichen bessere Flugeigenschaften, aber das Militär bevorzugte die I-15, was wahrscheinlich an ihrer Ganzmetallbauweise lag. Diese eigente sich besser zur Serienfertigung.

Polikarpow I-15

Das I-15 war ein Doppeldecker mit Festfahrwerk. Der Rumpf baute auf einem Gerüst aus geschweißten Stahlrohren auf, das hinten mit Stoff bespannt und am Bug mit Duraluminiumplatten beplankt war. Die hölzernen Flügel waren ebenso wie das Leitwerk aus Aluminiumrahmen mit Stoff bespannt und mit Streben untereinander sowie mit dem Rumpf verbunden. Als Antrieb diente ein 715-PS-Sternmotor M-25, der Lizenzbau des US-amerikanischen »Cyclone« R-1820 von Curtiss-Wright. Das verkleidete Fahrwerk besaß Stoßdämpfer und die Räder Bremsen. Charakteristisches Merkmal der I-15 war das Fehlen eines traditionellen Mittelteils im Oberflügel, der nicht durchgehend verlief, sondern zum Rumpf abknickte und so den Eindruck einer Möwenschwinge vermittelte. Ihm verdankte der Typ seinen Beinamen »Tschaika« = Möwe. Der Knick verringerte den Luftwiderstand des Oberflügels und verbesserte die Sicht des Piloten nach vorn und oben.

Flugzeugkonstrukteur Nikolai Nikolajewitsch Polikarpow (1892–1944).

Dreiseitenansicht der Polikarpow I-15.

Die Bewaffnung bestand aus vier gleichzeitig (synchron) feuernden, starren Maschinengewehren PW-1 im Kaliber 7,62 mm, der Flugzeugversion des Maxim-MG PM ohne Kühlwassermantel und mit erhöhter Kadenz von 750 S/min (PM = 600 S/min).

I-15-Fertigung 1934–1936

	1934	1935	1936	Gesamt
Werk Nr. 1 (Moskau)	60	273	2	335
Werk Nr. 39 (Moskau)	34	15	--	49
Gesamt	**94**	**288**	**2**	**384**

Zu den Merkmalen der I-15 zählte der charakteristische »Möwenknick« im Oberflügel, der dem Piloten bessere Sicht verlieh.

An vier Bombenschlössern am Unterflügel ließen sich 10-kg-Bomben mitführen; einige Maschinen erhielten stattdessen Abschussgestelle für Raketen RS-82.

Die Moskauer Werke Nr. 1 und 39 nahmen 1934 die Serienfertigung der I-15 auf.

Aufgrund der Einfachheit des Entwurfs konnte die I-15 während des Spanischen Bürgerkrieges auch von spanischen Fabriken (zusammen)gebaut werden. Dort entstanden weitere 237 Stück.

In den Luftkämpfen über Spanien erwies sich die I-15 der deutschen Heinkel He 51 und der italienischen Fiat CR.32 – ebenfalls Doppeldecker – als mindestens ebenbürtig. Sie ließ sich leicht bedienen und besaß eine ausgezeichnete Manövrierfähigkeit (nach den Worten eines sowjetischen Piloten, der in Spanien dabei gewesen war, konnte die I-15 „sich im Kurvenflug in den eigenen Schwanz beißen"). Bei hohen Geschwindigkeiten war die Flugstabilität aufgrund des oberen »Möwe«-Flügels jedoch unzureichend. Weitere Schwachstellen waren unzureichender Panzerschutz für den Piloten und die zu schwache Bewaffnung.

Technische Angaben I-15

Bauausführung	I-15
Spannweite des Oberflügels, m	9,75
Spannweite des Unterlügels, m	7,50
Länge, m	6,10
Höhe, m	2,20
Flügelfläche, m²	21,9
Masse (kg)	
Rüstmasse	1012
Abflugmasse	1415
Motor	1 x M-22
Leistung, PS	1 x 480
Höchstgeschwindigkeit, km/h	
in 3000 m	350
in Bodennähe	285
Praktische Reichweite, km	500
Max. Steiggeschw., m/min	454
Gipfelhöhe, m	7250
Besatzung	1
Bewaffnung	4 x 7,62 mm MGPW-1 10-kg-Bomben

Doppeldecker-Jagdflugzeug Polikarpow I-15.

Anfang 1935 fiel der Beschluss zur Einstellung der Fertigung. Die Einsatzverbände gaben ihre I-15 schrittweise an Flugschulen ab. Nach den großen Flugzeugverlusten 1941 wurden einige I-15 jedoch weiter als leichte Schlachtflugzeuge eingesetzt.

Polikarpow I-15bis (I-152)

Der Knick im Oberflügel der I-15 fand keine ungeteilte Zustimmung bei der sowjetischen Luftwaffenführung. Obwohl man dem Muster eigentlich eine gute Sicht bescheinigte (siehe oben), kritisierte man doch die Sicht nach vorn, insbesondere beim Start. Experten behaupteten, ein normaler Oberflügel würde Sicht und Flugstabilität verbessern. Letztere wurde ebenfalls als unzureichend bewertet – es trat ein leichtes Gieren (Drehen um die Hochachse) von etwa 1–2° auf, was Zielen und Schießen erschwerte.

Zahlreiche Versuche Polikarpows, mit Windkanal- und Flugvorführungen die Kritiker vom Gegenteil zu überzeugen, fruchteten nichts. Die Fertigung der I-15 wurde eingestellt und Polikarpow angewiesen, eine verbesserte Version mit normalem Oberflügel-Mittelteil (ohne »Möwenknick«) zu entwickeln. So entstand die nach den Wünschen der Militärs modifizierte I-15bis (auch als I-152 oder ZKB-3bis bezeichnet), die überdies einen stärkeren M-25W-Motor, eine geänderte Haube und einen Ölkühler erhielt. Gleichzeitig nahm die Leermasse um 350 kg zu; hauptsächlich wegen des schwereren Motors. Trotz des stärkeren Triebwerks konnte die I-15bis die I-15 in Sachen Flugeigenschaften nicht überflügeln, was außer auf den Motor auch auf den erhöhten Luftwiderstand des Oberflügels zurückzuführen war. Die Bewaffnung bestand aus vier PW-1-Maschinengewehren Kaliber 7,62 mm und bis zu 150 kg Bomben. Einige Maschinen erhielten statt PW-1-schwere BS-Maschinengewehr Kaliber 12,7 mm. Der Anbau von Rosten für Raketen RS-82 war ebenfalls vorgesehen. Die Serienproduktion der I-15bis lief von 1938–1939 im Moskauer Flugzeugwerk Nr. 1.

Im Zusammenhang mit der Einführung der Jagdflugzeuge I-153 und I-16 mit besseren Flugeigenschaften erging im Mai 1932 der Beschluss, alle I-15bis in Schlachtfliegerregimenter und Flugschulen zu überführen, wo sie der Ausbildung von Schlachtpiloten dienen sollten. Im September 1939 fanden Versuche zur Verwendung der I-15bis als Schlachtflugzeug und leichter Sturzbomber statt. Dabei kam heraus, dass sich die I-15bis als Schlachtflugzeug und Leichtbomber zur Bekämpfung von Punktzielen

I-15bis-Fertigung 1938–1939

	1938	1939	Gesamt
Werk Nr. 1 (Moskau)	1104	1304	2408

mit Rohrwaffen und Bomben eignete (Schützennester, Pontonübergänge usw.). Auch ihre Eignung zum Verschuss von Raketen gegen Bodenziele im Tiefflug stellte man fest. Man vergaß allerdings, dass der Pilot dringend mehr Panzerschutz benötigte. Der Umbau der I-15bis zum Schlachtflugzeug verzögerte sich. Zu Beginn des Krieges 1941 waren in den Jagdregimentern der westlichen Militärbezirke 268 I-15bis registriert, in den Schlachtregimenter hingegen nur 27.

In den Luftkämpfen im Sommer und Herbst 1941 konnten allenfalls begnadete I-15bis-Piloten mit Luftsiegen über deutsche Messerschmitt-Jäger Bf 109 rechnen. Das war bekannt, und so wurde die I-15bis hauptsächlich bei Bodenangriffen eingesetzt. Sie erwies sich als Bomben- und Raketen-tragender

Polikarpow I-15bis.

Erdkämpfer durchaus als wirksam, wenn auch unter hohen Verlusten.

Ihre gute Flugstabilität und die Fähigkeit, kleine unbefestigte Start- und Landebahnen zu nutzen, ließen die Verwendung der I-15bis auch für Nachteinsätze zu. Unter den 1941 aufgestellten 19 Nachtschlachtregimentern wurden zwei mit I-15bis aus Flugschulen ausgerüstet. Auf Anordnung des Befehlshabers der Luftstreitkräfte der Westfront sollten bei schwierigen Wetterbedingungen 30 I-15bis tagsüber zum Schutz von Flugplätzen eingesetzt werden. Im Mai 1942 befanden sich 72 I-15bis bei den Frontverbänden (davon 64 einsatzbereit). Im Juli erstellten die Luftstreitkräfte einen Bericht über die Kampfhandlungen im ersten Kriegsjahr (ab Juli

Technische Angaben I-15bis	
Bauausführung	I-15bis
Spannweite, m	10,20
Länge, m	6,28
Flügelfläche, m^2	22,50
Masse (kg)	
Rüstmasse	1310
Abflugmasse	1730
Motor	1 x M-25 W (M-25B)
Leistung, PS	1 x 750 (775)
Höchstgeschwindigkeit, km/h	
in Bodennähe	372
in der Höhe	379
Praktische Reichweite, km	770
Max.Steiggeschw., m/min	625
Gipfelhöhe, m	9800
Besatzung	1
Bewaffnung	4 x 7,62 mm MG PW-1, bis zu 150 kg Bomben o. Raketen RS-82

Polikarpow I-15bis mit Bomben unter den Tragflächen. 1941/42 wurde die I-15bis auch als Schlachtflugzeug und leichter Bomber eingesetzt.

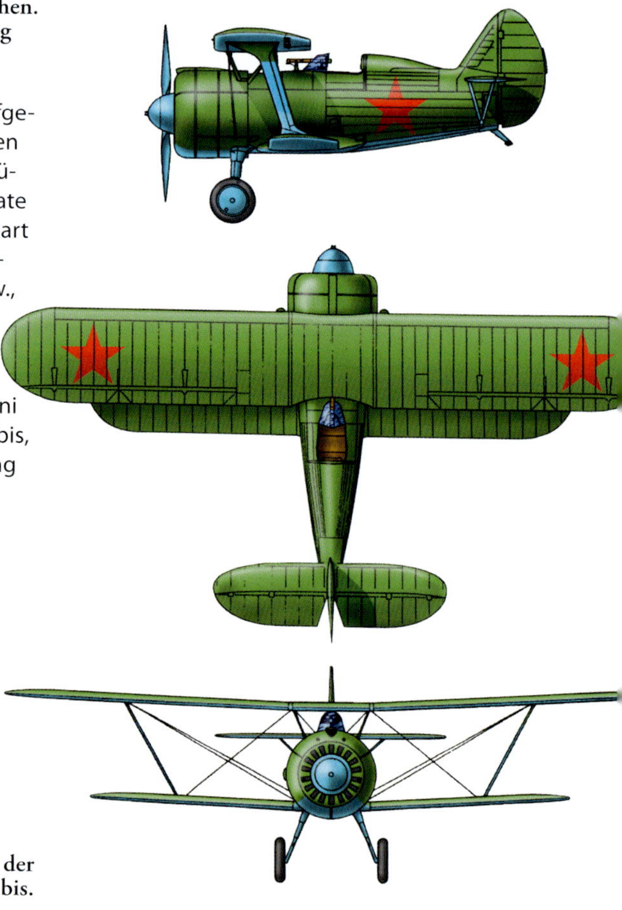

1941). Daraus ließ sich ableiten, dass bei 6484 aufgezeichneten Einsätzen 60 I-15bis verloren gegangen waren; d. h. rein statistisch ging bei je 108 Frontflügen ein Flugzeug verloren. Damit lag die Verlustrate signifikant höher als etwa bei Jägern neuerer Bauart oder beim Schlachtflugzeuge Il-2. Ohne Feindeinwirkung, d. h. durch Unfälle, Bruchlandungen usw., gingen nur elf I-15bis verloren.

Trotz des Zulaufs moderner Muster wurden I-15bis – die meisten davon mehrfach repariert – auch noch 1943 an der Front eingesetzt. Am 1. Juni 1943 verfügten Fronteinheiten noch über 32 I-15bis, Flugschulen und Einheiten der Objektverteidigung im Hinterland noch über etwa 40.

Dreiseitenansicht der Polikarpow I-15bis.

Polikarpow I-153

Die Einführung des Doppeldeckers I-153 Ende 1939 erscheint vor dem Hintergrund des Vorhandenseins des viel schnelleren und wendigeren I-16-Eindeckers, ebenfalls von Polikarpow, kaum logisch. Die Erklärung liegt zum einen im Erfolg der I-15 in Spanien, zum andern im nur langsamen Produktionsanlauf der I-16. 1940 wurde im Übrigen Generalleutnant P. W. Rychagow zum Befehlshaber der Luftstreitkräfte ernannt, der in Spanien die I-15-Staffeln befehligt hatte und der von dem Muster recht angetan war.

Die I-153 wurde auf Initiative Polikarpows unter Berücksichtigung der Erfahrungen in den Luftkämpfen in Spanien entwickelt. Am 11. Oktober 1937 genehmigte das Kommando der Luftstreitkräfte den Entwurf. Die Erprobung lief bis Herbst 1938; wobei die I-153 zuerst mit einem Triebwerk M-25W und dann mit stärkeren M-62- und M-63-Motoren flog. Den Auftrag zur Serienfertigung erhielt wieder das Moskauer Werk Nr. 1.

Äußerlich konnte die I-153 ihre Verwandtschaft mit der I-15 kaum verleugnen, auf deren Grundlage sie ja entwickelt worden war. Auch sie zeigte den typischen »Möwen«-Oberflügel, erhielt jedoch ein Einzieh-Fahrwerk, dessen Räder in die Unterflügel einzogen. Beim im Winter verwendeten Kufenfahrwerk wurden die Kufen gegen den Flügel gedrückt. Die Masse der I-153 bekam den M-62-Motor mit einer Startleistung von 1000 PS. In Bodennähe erreichte die I-153 eine Spitzengeschwindigkeit von 366 km/h und in 3000 m Höhe von bis zu 426 km/h. Die Steiggeschwindigkeit betrug 910 m/min und einen Vollkreis flog sie in nur 11–12 Sekunden. Diese Eigenschaften machten sie zum fortschrittlichsten in Serie gebauten Jagd-Doppeldecker. Bei der Bewaffnung wurden die 7,62-mm-Maschinengewehre PW-1 durch SchKAS-MG des gleichen Kalibers ersetzt. Die Ausführung I-153BS erhielt vier synchronisierte BS-Maschinengewehre Kaliber 12,7 mm und die Version I-153P zwei 20-mm-SchWAK-Kanonen.

I-153-Fertigung 1939–1941

	1939	1940	1941	Gesamt
Werk Nr. 1 (Moskau)	1011	2362	64	3437

Diese Ansicht einer I-153 im Flug erlaubt den Blick auf das eingezogene Fahrwerk.

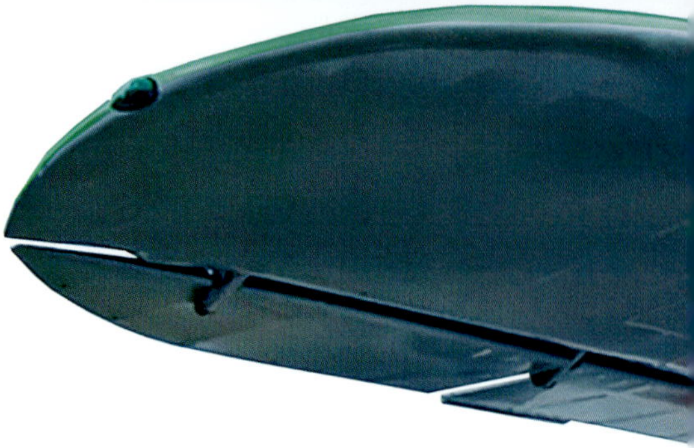

Polikarpow I-153.

Dreiseitenansicht der Polikarpow I-153.

Das Flugzeug konnte bis zu 200 kg Bomben tragen und unter den Unterflügeln Startgestelle für acht RS-82-Raketen aufnehmen.

Ihre Feuertaufe erlebte die I-153 »Möwe« im Sommer 1939 am Chalchin-Gol. Dort hatten im Frühjahr die veralteten I-15-Jäger in Luftkämpfen mit japanischen Flugzeugen herbe Verluste erlitten. Als eine mit I-153 ausgerüstete Sondereinheit aus Piloten mit Spanien-Erfahrung unter dem Kommando des »Helden des Sowjetunion« Major Sergei Iwanowitsch Grizewez erschien, wandte sich das Blatt. Sie errang ihre ersten Luftsiege am 7. Juli 1939, auch durch List: Neun I-153 zogen nach dem Start das Fahrwerk nicht ein und näherten sich einer Gruppe japanischer Jäger mit niedriger Geschwindigkeit. Die Japaner hielten sie prompt für »lahme« I-15 mit Festfahrwerk und griffen an. Sofort zogen die I-153 das Fahrwerk ein, beschleunigten und schossen im ersten Anflug vier Nakashima Ki-27 ab. Ihre Vorteile im Luftkampf konnte die I-153 ansonsten jedoch nur in Verbindung mit schnelleren I-16-Jägern ausspielen.

Während des sowjetisch-finnischen Winterkrieges 1939/40 diente die I-153 als Jäger, als Begleitschutz von Bombern und zur Bekämpfung von Erdzielen. Kurz vor Beginn des »Großen Vaterländischen Krieges« gingen die meisten I-153 an Schlachtfliegerregimenter. 1941 verfügten die Jagd- und Schlachtfliegerregimenter der westlichen Militärbezirke über mindestens 1300 Flugzeuge dieses Typs. Meist wurden die I-153 von erfahrenen Piloten geflogen, so dass ihre Einsätze relativ erfolgreich verliefen. Der erste Jagdverband, der Gardestatus erhielt (6. Dezember 1941), war das von Fernost an die Westfront geworfene 29. Jagdfliegerregiment, das die I-153

Technische Angaben I-153	
Bauausführung	I-153
Spannweite, m	
Oberflügel	10,00
Unterflügel	7,50
Länge, m	6,18
Höhe, m	3,00
Flügelfläche, m^2	10/22
Masse (kg)	
Rüstmasse	1348
Abflugmasse	1765
max. Startmasse	1859
Motortyp	1 x M-62
Leistung, PS	800
Höchstgeschwindigkeit, km/h	
in Bodennähe	366
in 3000 m	426
Praktische Reichweite, km	740
Steiggeschwindigkeit, m/min	910
Gipfelhöhe, m	11.000
Besatzung	1
Bewaffnung	4 x 7,62 mm SchKAS-MG (2500 Schuss)

und die I-16 flog. In nur zwei Monaten soll es im Raum Moskau 47 feindliche Flugzeuge abgeschossen haben. 1943 wurden alle überlebenden I-153 an Verbände der Heimatverteidigung und an Flugschulen abgegeben.

Polikarpow I-16

In den frühen 1930er-Jahren kamen wie überall auch sowjetische Flugzeugkonstrukteure zum Schluss, die Ära der Doppeldecker gehöre für immer der Vergangenheit an. Die Zukunft liege bei Eindeckern mit höheren Geschwindigkeiten, die sich nicht zuletzt wegen des geringeren Luftwiderstandes nur eines Flügelpaares erreichen ließen. Die Führung der Luftstreitkräfte schloss sich dieser Meinung allmählich an und erteilte N. N. Polikarpow die Genehmigung, den von ihm vorgeschlagenen Eindecker zu entwickeln. Das Zentrale Konstruktionsbüro führte das Projekt unter dem Kürzel ZKB-12. Der erste Prototyp mit einem M-22-Motor zu 480 PS startete am 30. Dezember 1933 zum Jungfernflug, gefolgt am 18. Februar 1934 vom ZKB-12bis mit einem 710 PS leistenden Wright-Cyclone-Motor (die in Lizenz gebaute sowjetische Version erhielt die Bezeichnung M-25). Der ZKB-12 besaß für seine Zeit sehr gute Flugeigenschaften. Am Boden entwickelte er eine Geschwindigkeit von 362 km/h, in 3000 m Höhe von 346 km/h. Die Steiggeschwindigkeit betrug 682 m/min. Die Leistungen von ZKB-12bis lagen noch etwas darüber. Da aber das Motorenwerk Nr. 19 in Perm mit dem M-25-Serienbau noch nicht so weit war, gab man dem ZKB-12 den Vorzug. Er ging als I-16 Typ 4 in Serie; die I-16 Typ 5 (ZKB-12bis) folgte 1936. Untenstehende Tabelle führt den Ausstoß an I-16 auf.

Blutjunge I-16-Piloten wie diese erhielten nur eine kurze Ausbildung und hatten nur geringe Überlebenschancen im Luftkampf.

Die I-16 wurde als Eindecker mit spindelförmigem kurzen Rumpf und Einziehfahrwerk in Gemischtbauweise konzipiert. Der Rumpf besaß einen mit Stahlstreben verstärkten Holzrahmen (Kiefer, Esche), der vorn mit Aluminium und hinten mit Birkensperrholz beplankt war. Der Flügel bestand aus zwei Stahlrohrholmen mit Duraluminium und Stoffbespannung. Die Verbindung von Flügel und Rumpf verschloss ein 100 mm breites Duraluminiumband. Querruder und Leitwerk besaßen Duraluminiumrahmen und Stoffbespannung. Als Antrieb diente ein luftgekühlter Neunzylinder-Sternmotor; zuerst ein M-22 und später ein M-25. Im Übrigen gilt die I-16 als erstes in Serie gebautes Flugzeug mit Einziehfahrwerk. Dessen Bedienung artete für den Piloten allerdings in Arbeit

I-16-Fertigung 1934–1942

Werk	1934	1935	1936	1937	1938	1939	1940	1941	1942	Gesamt
Nr. 39 (Moskau)	50	4	4							**58**
Nr. 21 (Gorki)	--	527	902	1881	1070	1571	2207	336		**8494**
Nr. 153 (Nowosibirsk)	--	--	--	6	105	264	503	423	--	**1301**
Nr. 458 (Rostow am Don)	--	--	--	--	--	--	--	356	83	**439**
Gesamt	**50**	**531**	**906**	**1887**	**1175**	**1835**	**2710**	**1115**	**83**	**10.292**

Polikarpow I-16.

aus, denn er musste es mit 44 Umdrehungen einer Handkurbel hochhieven.

Die Bewaffnung bestand bei der I-16 Typ 5 aus lediglich zwei 7,62-mm-SchKAS-MG; bei der I-16 Typ 12 aus zwei SchKAS-MG und zwei 20-mm-SchWAK-Kanonen. Insgesamt wurden 5895 Typ 5 gebaut.

Zu den Konstruktionsmerkmalen der I-16 zählte ihre absichtliche aerodynamische Instabilität, von der man sich eine höhere Wendigkeit versprach. So war die I-16 zwar äußerst wendig, aber schwer zu steuern; sie erforderte die ständige Aufmerksamkeit des Piloten. Für Flugschüler war sie ein Albtraum. Nach vorliegenden Informationen gingen 40 %

der I-16-Verluste im Sommer 1941 auf Unfälle und Abstürze ohne gegnerische Einwirkung zurück. Wegen ihrer schlechten Start- und Landeeigenschaften nannten sie russische Piloten »Ischak« = Esel. Die Japaner tauften sie wegen ihrer gedrungenen Form »Abu« = Pferdebremse; während sie die Roten in Spanien als »Mosca« (Fliege) und die Nationalspanier als »Rata« (Ratte) betitelten. Als »Rata«-Jäger wurde sie auch deutschen Landsern im Russlandfeldzug zum Begriff.

Außer im deutsch-sowjetischen Krieg flog die I-16 in zahlreichen weiteren Konflikten: im Spanischen Bürgerkrieg, im chinesisch-japanischen Krieg, am Chasan-See und am Chalchin-Gol sowie im sowjetisch-finnischen Winterkrrieg. 1941 verfügten die Luftstreitkräfte der westlichen Militärbezirke über 1635 I-16, was 26 % aller Jagdflugzeuge ausmachte. Die I-16 bildete den Bestand von insgesamt 57 sowjetischen Jagdfliegerregimentern und außerem von Reserveregimentern und Schulverbänden. Neben den Luftstreitkräften flogen auch die Marineflieger den Typ: in vier Sowjetflotten taten insgesamt 499 I-16-Jäger Dienst. Außerdem gehörte das Muster zur Ausstattung der Luftverteidigungs-Regimenter. Ende 1941 war die Anzahl der I-16 in Fronteinheiten auf etwa 240 Maschinen geschrumpft. Diese Zahl blieb aufgrund der Übergabe an hintere Verbände und Reparaturmaßnahmen bis Mitte 1942 nahezu konstant. In dieser Phase wurde die I-16 auch als Aufklärungs-, Schlacht- und Nachtschlacht-Flugzeug eingesetzt.

Ende 1942 gab es nur noch 75 einsatzbereite I-16 bei den Frontverbänden, deren Zahl bis Mitte 1943 auf 42 schrumpfte. 1944 stand die I-16 nach vorliegenden Informationen nicht mehr im Fronteinsatz und hatte moderneren Maschinen von Lawotschkin und Jakowlew Platz gemacht.

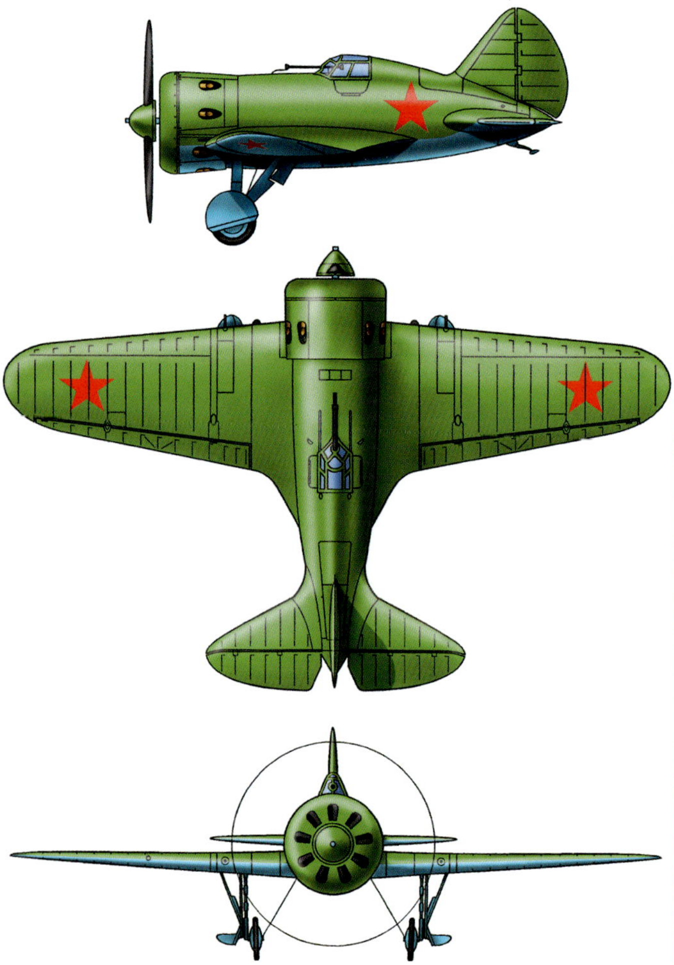

Dreiseitenansicht der Polikarpow I-16.

Technische Angaben I-16	
Bauausführung	I-16 Typ 29
Spannweite, m	9,00
Länge, m	6,13
Höhe, m	2,25
Flügelfläche, m²	14,54
Masse (kg)	
Rüstmasse	1383
Abflugmasse	1882
Motortyp	1 x M-63
Leistung, PS	900
Höchstgeschwindigkeit, km/h	
in Bodennähe	410
in 3000 m	462
Praktische Reichweite, km	440
Steiggeschwindigkeit, m/min	882
Gipfelhöhe, m	9700
Besatzung	1
Bewaffnung	2 x 7,62 mm SchKAS-MG 1 x 12,7 mm BS-MG bis zu 200 kg Bomben oder RS-82-Raketen

Mikojan-Gurewitsch MiG-1

Im November 1939 begann das Konstruktionbüro des Werks №1 unter N. N. Polikarpow mit den Konstruktionsarbeiten am »Hochgeschwindigkeitsjäger X«. Am 8. Dezember ging der für einen Motor AM-35A vorgesehene Entwurf zur Prüfung ans Volkskommissariat für nationale Verteidigung, die Luftwaffenführung und das Forschungsinstitut der Luftstreitkräfte. Am selben Tag beauftragte der Direktor des Werks Nr. 1 die unabhängige Abteilung für Sonderkonstruktionen (OKO) mit der Konstruktion des »Hochgeschwindigkeitsjägers I-200« (»X«). A. I. Mikojan wurde zum Leiter der OKO und M. I.

Der armenische Flugzeugkonstrukteur Anastas Iwanowitsch Mikojan (1895–1978; links) und sein ukrainischer Kollege Michail Iossifowitsch Gurewitsch (1892–1976).

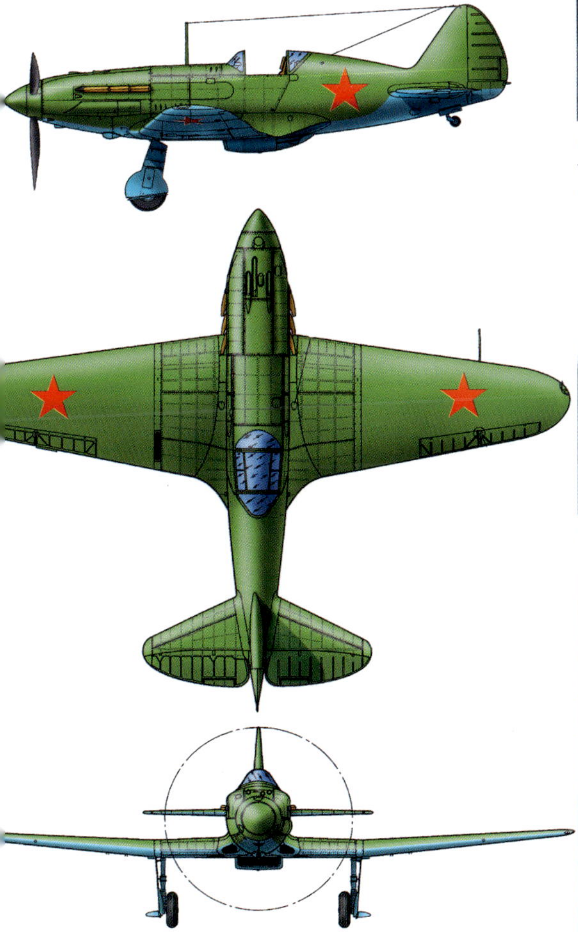

Dreiseitenansicht der Mikojan-Gurewitsch MiG-1.

Prototyp des »Hochgeschwindigkeitsjägers I-200«.

Mikojan-Gurewitsch MiG-1 auf einem Feldflugplatz.

Gurewitsch zu seinem Stellvertreter bestallt. N. N. Polikarpow hielt sich zu dieser Zeit in Deutschland auf, wo er in staatlichem Auftrag deutsche Flugzeuge und Produktionsstätten studierte.

Die OKO gab sich nicht allein mit dem Entwurf des I-200 redlich Mühe, sondern ließ die einzelnen Baugruppen zugleich auf ihre Tauglichkeit für die Massenfertigung prüfen, wozu sie Fachleute und Entwickler aus der Industrie heranzog.

Die Verwendung von Matrizen reduzierte die Gesamtzahl der Zeichnungen beträchtlich, wodurch alle grafischen Arbeiten bis zum 10. Februar 1940 fertiggestellt werden konnten. Außerdem begann das Werk Nr. 1 bereits im Januar, ohne auf die vollständigen Konstruktionsunterlagen zu warten, mit dem Bau dreier Prototypen. Der erste startete am 5. April 1940 zum Jungfernflug und erreichte bei Versuchen eine Geschwindigkeit von 628 km/h in 7000 m Höhe. Die anderen beiden erzielten ähnlich gute Ergebnisse. In Bezug auf die Geschwindigkeit in großen Höhen übertraf die I-200 alle damaligen Jagdflugzeuge deutlich. Allerdings bestand von den drei Versuchsflugzeugen (I-26, I-200 und I-301) nur die I-200 die staatliche Erprobung auf Anhieb; die anderen mussten mehrfach antreten.

Auf Beschluss Nr. 224 des Verteidigungsausschusses vom 25. Mai 1940 und Anordnung Nr. 245 des Volkskommissariats für Luftfahrtindustrie (NKAP) vom 31. Mai 1940 ging die I-200 im Flugzeugwerk Nr. 1 in Serie. Gemäß NKAP-Anweisung vom 9. Dezember 1940 erhielt es die Bezeichnung MiG-1. Der Vorderrumpf des einmotorigen Eindeckers in Gemischtbauweise bestand aus einem geschweißten Stahlgerüst mit Duraluminiumum-Beplankung; der Hinterrumpf aus Holz. Der Mittelteil war aus Duraluminium und die Flügel aus Holz mit einer Beplankung aus Bakelit und Sperrholz. Die Plexiglaskanzel besaß eine bewegliche Haube; kugelsicheres Glas wurde nicht verwendet.

Technische Angaben MiG-1	
Bauausführung	**MiG-1 AM-37**
Spannweite, m	10.20
Länge, m	8,15
Höhe, m	3,30
Flügelfläche, m²	17,44
Masse (kg)	
Rüstmasse	2398
max. Startmasse	3298
Treibstoff	266
Motortyp	1 x AM-37
Leistung, PS	
Nennleistung	1250
Startleistung	1400
Höchstgeschwindigkeit, km/h	660
Praktische Reichweite, km	580
Gipfelhöhe, m	12.000
Besatzung	1
Bewaffnung	2 x 7,62 mm SchKAS-MG (1500 Schuss) 1 x 12,7 mm BS-MG (300 Schuss)

Ihre hervorragenden Flugeigenschaften verdankte die MiG-1 nicht nur ihrer klassischen Stromlinienform, sondern auch dem von A. A. Mikulin konstruierten Motor AM-35A. Dieser Motor war mit einem Radialverdichter ausgestattet und entwickelte in

Mikojan-Gurewitsch MiG-1.

einer geschätzten Höhe von 6000 m eine Nennleistung von 1200 PS. Die maximale Dauerleistung für 20 Minuten betrug 1400 PS in 4750 m Höhe, ein herausragendes Ergebnis für 1940.

Zu den Konstruktionsmerkmalen der I-200 gehörte die klare Aufteilung in Baugruppen, die sich vorfertigen ließen. Flügel, Rumpfteile und Fahrwerk entstanden als unabhängige Baugruppen, die sich parallel anfertigen ließen, und dann auf der Taktstraße verheiratet wurden. Dies ermöglichte eine Massenproduktion unter effizienter Nutzung bestehender Fertigungsanlagen. Weitere Planungen sahen die Vereinfachung des Herstellungsprozesses durch Verwendung von Formpressen, von Guss- und Heißprägeteilen vor. Dank einfacher Steck- und Schraubverbindungen ließen sich Baugruppen auch unter Feldbedingungen rasch austauschen.

So modern Entwurf und Fertigung geraten waren, so schwach war die Bewaffnung der MiG-1: zwei 7,62-mm-Maschinengewehre SchKAS und ein 12,7-mm-Maschinengewehr BS. Unter den Flächen ließen sich vier Aufhängungen für 50-kg-Bomben oder vier Abschussroste für RS-82-Raketen anbringen. Aufgrund der Erfahrungen in Spanien schützte eine 8 mm dicke Panzerplatte die Kanzelrückseite. Außerdem ließ sich das Cockpit mit einem Funkgerät RSI-3 sowie einem Sauerstoffgerät KPA-3 ausstatten.

Anfang 1941 gingen Einsatzverbänden die ersten MiG-1 zu – als erste erhielten sie das 31. und 41. Jagdfliegerregiment der Baltischen bzw. Westlichen Militärbezirke.

Mikojan-Gurewitsch MiG-3

In der zweiten Jahreshälfte 1940 begann das Werk Nr. 1 mit der Serienfertigung der MiG-1, doch Ende des Jahres verlangsamten sich der Ausstoß bereits wieder. Der Grund lag in der Anordnung, die MiG-1 durch die neue MiG-3 zu ersetzen, die von der Abteilung für Sonderkonstruktionen (OKO) gemäß einer Weisung des Rates der Volkskommissare der UdSSR (SNK) vom 2. Oktober 1940 entwickelt worden war. Die Anweisung schrieb vor, die Reichweite aller in Serienproduktion befindlicher moderner Jagdflugzeuge zu erhöhen. Für einmotorige Flugzeuge galt eine Mindestreichweite von 1000 km und für zweimotorige Begleitjäger von mindestens 2000 km bei festgelegter Geschwindigkeit. Die Reichweite musste durch den mitgeführten Kraftstoffvorrat sichergestellt sein. Der am selben Tag erlassene NKAP-Befehl Nr. 521 verpflichtete die Konstruktionsbüros, die notwendigen Konstruktionsänderungen an allen Flugzeugen vorzunehmen, die sich in Entwicklung, in der Erprobung oder in der Serienfertigung befanden. Derselbe Befehl wies das Werk Nr. 1 an, ab dem 15. Dezember 1940 mit der Produktion einer verbesserten Ausführung der I-200 (MiG-1) zu beginnen.

Die OKO-Konstrukteure nahmen in kurzer Zeit die notwendigen Änderungen am Serienjäger vor, und am 21. Oktober 1940 stand ein Prototyp zur Werkserprobung bereit. Zur Erhöhung der Reichweite war im Rumpf unter der Kanzel ein zusätzlicher Kraftstofftank mit einem Fassungsvermögen von 250 Litern eingebaut worden. Dazu musste der AM-35A-Motor um 100 mm nach vorn verschoben werden. Hinzu kamen weitere Maßnahmen zur Beseitigung folgender, bei der I-200 festgestellter Mängel:

- Verbesserung der Seitenstabilität durch Erhöhen der V-Stellung auf + 6°;
- Einbau des plattenförmigen Wasserkühlers OP-310, der aufgrund des zusätzlichen Kraftstofftanks leicht nach vorn geneigt war;
- Anbau größerer Räder 650 x 200 mm wegen der gestiegenen Masse;
- Unterbringung der Räder des Einziehfahrwerks in den Mittelflügeln;
- Besserer Schutz der Kraftstofftanks.

Tests der modifizierten I-200 fanden im Schnelldurchgang statt. Gemäß NKAP-Anweisung Nr. 704 erhielt sie am 9. Dezember die Bezeichnung MiG-3 und löste die MiG-1 am 20. Dezember in der Produktion ab. Das vom NKAP festgelegte Produktionsprogramm sah für 1941 den Bau von 3500 MiG-3 im Werk Nr. 1 (Moskau) und weiterer 100 Flugzeuge im Werk Nr. 43 (Kiew) vor.

Während der Serienfertigung der MiG-3 blieben Zelle und Motor im Unterschied zur Bewaffnung praktisch unverändert. Bei der Bewaffnung gab es folgende Varianten:

1. 2 x SchKAS-MG (7,62 mm), 1 x BS-MG (12,7 mm) – 1976 Flugzeuge
2. 2 x SchKAS-MG (7,62 mm), 1 x BS-MG (12,7 mm), 2 x BK-MG (12,7 mm) – 821 Flugzeuge
3. 2 x BS-MG (12,7 mm), 1 x SchKAS-MG (7,62 mm) – 3 Flugzeuge
4. 2 x BS-MG (12,7 mm) – 100 Flugzeuge
5. 2 x BS-MG (12, 7 mm), 2 x Werfer RS-82 – 215 Flugzeuge
6. 2 x SchKAS-MG (7,62 mm), 1 x BS-MG (12,7 mm), 2 x Werfer RS-82 – 2 Flugzeuge.
7. 2 x SchWAK-Kanonen (20 mm) – 52 Flugzeuge.

Infolge der strukturellen Veränderungen stieg die Masse des Flugzeugs von 3100 kg auf 3355 kg, was jedoch die Flugleistungen nur geringfügig verschlechterte.

Mikojan-Gurewitsch MiG-3.

1941 befanden sich deutlich mehr MiG-1 und MiG-3 in Frontverbänden als andere modernere Typen (Jak-1 und LaGG-3), aber es gab zu wenig Piloten, die die launischen MiGs zu beherrschen gelernt hatten. So – und aufgrund der qualitativen Überlegenheit deutscher Jäger – erlitten sie in den ersten Luftkämpfen hohe Verluste. Von 917 MiG-1 und MiG-3, die am Morgen des 22. Juni 1941 in den Verbänden der fünf Grenzmilitärbezirke vorhanden waren, waren nach zwei Tagen noch 384 übrig.

Eine unangenehme Überraschung für das Kommando der Luftstreitkräfte der Roten Armee war die Tatsache, dass die überwiegende Mehrheit der Luftkämpfe in Höhen bis zu 4500 m stattfand. Erst deutlich über 5000 m konnte die MiG-3 ihre Überlegenheit gegenüber der leichteren Messerschmitt

Zur Bewaffnung der MiG-3 gehörten auch RS-82-Raketen.

MiG-3 auf einem winterlichen Flugplatz.

Bf 109 ausspielen. Hinzu kam, dass die MiGs vielfach auch zur Unterstützung der Bodentruppe im Erdangriff eingesetzt wurden.

Die Serienproduktion der MiG-3 wurde Ende 1941 eingestellt. 1942 bauten die Flugzeugfabriken Nr. 30 und Nr. 155 jedoch noch 52 Maschinen aus vorhandenen Teilen zusammen. Von 1940 bis 1941 wurden insgesamt 3172 MiG-3 gebaut. Frontverbände setzten das Muster bis 1943 ein; die Luftverteidigung bis Kriegsende.

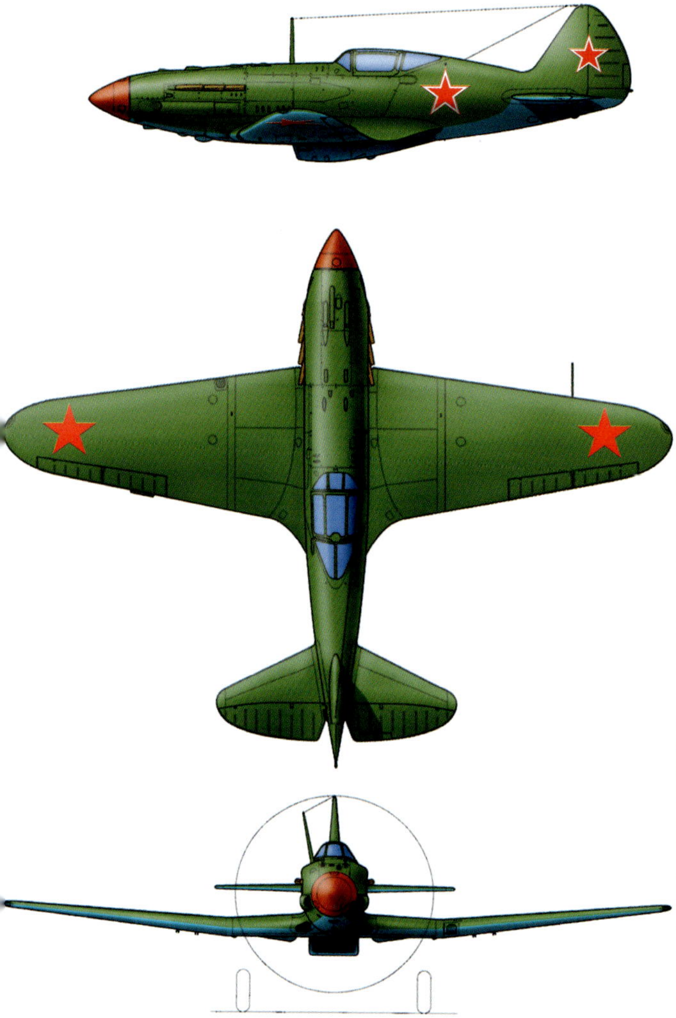

Dreiseitenansicht der Mikojan-Gurewitsch MiG-3.

Technische Angaben MiG-3

Bauausführung	MiG-3 AM-38
Spannweite, m	10,20
Länge, m	8,25
Höhe, m	3,50
Flügelfläche, m^2	17,44
Masse (kg)	
Rüstmasse	2582
Abflugmasse	3355
Treibstoff	463
Motortyp	1 x AM-38
Leistung, PS	
Nennleistung	1500
Startleistung	1600
Höchstgeschwindigkeit, km/h	
in Bodennähe	547
in 3000 m	592
Praktische Reichweite, km	1200
Max. Steiggeschwindigkeit, m/min	629
Gipfelhöhe, m	9500
Besatzung	1
Bewaffnung	1 x 12,7 mm UBS-M 2 x 7,62 mm SchKAS-MG

Lawotschkin-Gorbunow-Gudkow LaGG-1

Ende der 1930er-Jahre entwickelte der Chefingenieur des in Kunzewo bei Moskau ansässigen Werks zur Herstellung von Propellern und Kufen, L. I. Ryschkow, ein neues hochfestes Verbundholz. Dieses „Delta-Holz" entstand durch Heißpressen von mit Phenol-Formaldehyd-Harz getränktem Birkenfurnier. Delta-Holz war viel haltbarer als gewöhnliches Holz, das in der sowjetischen Flugzeugindustrie als Material für Propeller und Fahrwerkskufen weit verbreitet war.

Anfang 1939 wandten sich die Flugzeugingenieure S. A. Lawotschkin, M. I. Gudkow und W. R. Gorbunow mit dem Vorschlag an M. M. Kaganowitsch, unter Verwendung von Delta-Holz ein Jagdflugzeug zu entwickeln. Der Vorschlag wurde angenommen und im Propeller- und Kufenwerk Kunzewo eine Entwicklergruppe zusammengestellt. Diese konstruierte unter der Bezeichnung I-22 ein Jagdflugzeug, dessen Vorentwurf das NKAP genehmigte. Zur Fortsetzung der Arbeiten wurde die Gruppe im Mai 1939 ins Werk Nr. 301 in der Stadt Chimki (ebenfalls bei Moskau) verlegt, wo sie das Büro für Versuchsplanung OKB-301 (entsprechend der Werksnummer) gründete. Das Jägerprojekt lief nun unter der Bezeichnung I-301. Am 29. August 1939 legte das SNK-Dekret Nr. 243 den Bau zweier I-301 mit unterschiedlicher Mo-

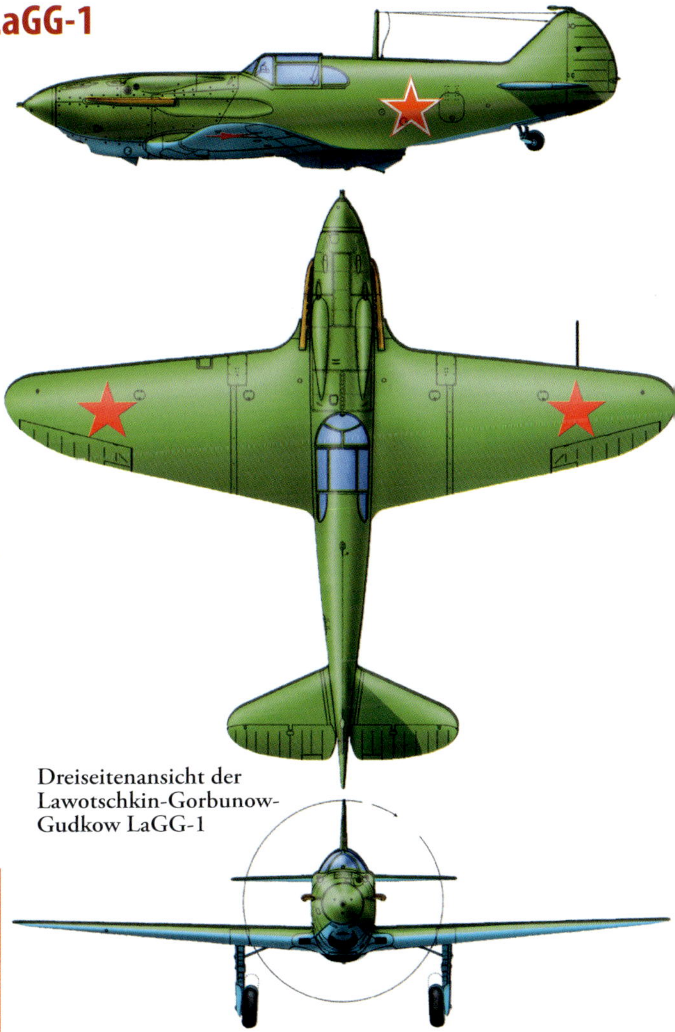

Dreiseitenansicht der Lawotschkin-Gorbunow-Gudkow LaGG-1

Technische Angaben LaGG-1	
Bauausführung	I-301 (LaGG-1)
Spannweite, m	9,80
Länge, m	8,81
Höhe, m	4,40
Flügelfläche, m²	17,62
Masse (kg)	
Rüstmasse	2478
Abflugmasse	2968
Motortyp	1 x Klimow M-105P
Leistung, PS	1050
Höchstgeschwindigkeit, km/h	
in Bodennähe	515
in 3000 m	605
Praktische Reichweite, km	556
Steiggeschwindigkeit, m/min	855
Gipfelhöhe, m	9600
Besatzung	1
Bewaffnung	1 x 23 mm MK, 2 x 7,62 mm SchKAS-MG, 2 x 12,7 mm BS-MG

Ein Prototyp der I-301.

Flugzeugkonstrukteur Semjon Alexejewitsch Lawotschkin (1900–1960).

Flugzeugkonstrukteur Wladimir Petrowitsch Gorbunow (1903–1945).

torisierung fest: eine Maschine mit M-105TK-Triebwerk (Höhenjäger) sollte bis Februar 1940 und die andere mit M-106P-Motor (Jäger) bis Mai 1940 fertig sein. Da der M-106P aber nicht zur Verfügung stand, nahm man stattdessen einen M-105P. Der Erstflug fand am 28. März 1940 statt. Die Flugversuche verliefen ohne Zwischenfälle, weshalb das Muster bei der Parade am 1. Mai 1940 über dem Roten Platz vorfliegen sollte. So geschah es, und danach ging die Maschine vom 15. bis 27. Juni 1940 in die Erprobung. Diese bestand sie prinzipiell, wurde aber nur unter Beseitigung folgender Mängel zum Serienbau zugelassen:

- Hitzestau in der Kanzel;
- schlechte Voraus- und Seitensicht aufgrund minderwertiger Verglasung;
- Überhitzung von Wasser- und Ölkühler beim Steigen;
- unzureichende Längsstabilität;
- zu hohe Fahrwerksbelastung bei Start und Landung.

Flugzeugkonstrukteur Michail Iwanowitsch Gudkow (1904–1983).

Lawotschkin-Gorbunow-Gudkow LaGG-1.

Und so bereitete man den einsitzigen Eindecker aus Holz mit wassergekühltem M-105P und Dreiblatt-Verstellpropeller schließlich für den Serienbau vor. Wie erwähnt, kam fast überall an Rumpf und Flächen Holz zur Verwendung: Delta-Holz, Kiefer, Linde und Esche. Und zwar bestanden der Rahmen aus Delta-Verbundholz, die Holme aus Kiefer. Alle Holzteile des Rumpfes wurden ohne Verwendung von Nägeln und Schrauben mit WIAM-3B-Kleber verbunden. Die Beplankung bestand aus geklebtem Birkenfurnier. Der hölzerne Mittelteil des Flügels hatte zwei Holme. Die Flügel, das Fahrwerk und der Rumpf waren daran befestigt. Die Verkleidung bestand aus Sperrholz. Metall wurde nur verwendet, wo unverzichtbar: Motoraufhängung, Motorhaube, Fahrwerk usw. Eine Stahllafette an der Vorderseite des Rumpfes diente der Waffenmontage. Den Piloten schützte eine 55 mm dicke Frontscheibe aus Panzerglas und eine 8,5 mm dicke Stahlplatte im Rücken. Der wassergekühlte 12-Zylinder-Motor M-105P mit 1050 PS verlieh der I-301 eine Spitzengeschwindigkeit von 515 km/h in Bodennähe und von 605 km/h in 3000 m Höhe. Die Steiggeschwindigkeit betrug 855 m/min, die Gipfelhöhe 9600 m. Die Reichweite von 556 km entsprach den Anforderungen des Lastenheftes. Als Bewaffnung erhielt das Muster eine 23-mm-Motorkanone WJa-23 sowie zwei unter dem Motor montierte 12,7-mm-Maschinengewehre UB. Weitere zwei 7,62-mm-SchKAS-MG ließen sich ebenfalls unter dem Motor installieren.

Zu guter Letzt ging die I-301 so aber doch nicht in Serie, da das Dekret des Rates der Volkskommissare vom 2. Oktober 1940 ja die Reichweite aller einmotorigen Jäger zwingend auf 1000 km festgelegt hatte. Um diese Anforderung zu erfüllen, mussten zu den drei vorhandenen Tanks zwei weitere Kraftstoffbehälter eingebaut werden (einer im Rumpf und zwei in den Flächen). Die erhöhte Startmasse erforderte eine Verstärkung des Fahrwerks. Diese Version der I-301 erhielt nach der Übernahme durch die Luftstreitkräfte die Bezeichnung LaGG-3 und die vorherige Version hieß LaGG-1.

Lawotschkin-Gorbunow-Gudkow LaGG-3

Der Erlass des Rates der Volkskommissare der UdSSR vom 10. Oktober 1940 brachte die I-103-Ausführung mit erhöhter Reichweite (LaGG-3) in Serie. Sie wurde in vier Flugzeugwerken gebaut:

- Flugzeugwerk Nr. 21 in Gorki;
- Flugzeugwerk Nr. 23 in Leningrad;
- Flugzeugwerk Nr. 31 in Taganrog und
- Flugzeugwerk Nr. 153 in Nowosibirsk.

Das Flugzeugwerk Nr. 21 in Gorki wurde zum führenden Hersteller bestimmt. S. A. Lawotschkin und ein Teil des OKB-301-Personals zogen nach Gorki um. W. P. Gorbunow kam ins Werk Nr. 31 nach Taganrog, nur M. I. Gudkow blieb im Flugzeugwerk Nr. 301 in Chimki. Nach Plan der NKAP für 1941 sollten die Werke 2960 LaGG-3-Jäger bauen, aber der tatsächliche Ausstoß lag hinter dem Soll: bis zum 22. Juni 1941 entstanden 322 Flugzeuge und bis zum 1. Juli sollten es 805 sein. Die Nichteinhaltung des LaGG-3-Produktionsplans lag hauptsächlich in den Mängeln der Flugzeugkonstruktion begründet, die unter großem Zeitdruck entstanden war. Des Weiteren mangelte es den Arbeitern an Fachwissen in der Holzbearbeitung, speziell beim Bau der Rümpfe.

Die erste in Gorki gebaute LaGG-3 verließ das Werk am 29. Januar 1941, die erste in Leningrad gefertigte Maschine im Februar. Ebenfalls im Februar begannen die Fabriken in Taganrog und Nowosibirsk mit der Produktion der LaGG-3.

Technische Angaben LaGG-3	
Bauausführung	**LaGG-3 Baulos 4**
Spannweite, m	9,80
Länge, m	8,81
Höhe, m	4,40
Flügelfläche, m²	17,62
Masse (kg)	
Rüstmasse	2610
Abflugmasse	3280
Motortyp	1 x Klimow M-105PA
Leistung, PS	1050
Höchstgeschwindigkeit, km/h	
in Bodennähe	86
in 3000 m	549
Praktische Reichweite, km	870
Max. Steiggeschwindigkeit, m/min	588
Gipfelhöhe, m	9500
Besatzung	1
Bewaffnung	1 x 20 mm Kanone 1 x 12,7 mm BS-MG 2 x 7,62 mm SchKAS-MG 6 x Raketen RS-82

Nach Auslieferung der LaGG-3 an die Verbände hagelte es Beschwerden. Hier ein Auszug aus der umfangreichen Mängelliste:

- Häufiger Bruch des Fahrwerks (infolge des Einbaus zweier Zusatztanks);
- Fehlfunktionen des Fahrwerks (aus demselben Grund);
- unzureichende Sicht nach hinten;
- Neigung, bei niedrigen Geschwindigkeiten ins Schlingern zu geraten;
- Fluggeschwindigkeit geringer als angegeben;
- häufige Waffenstörungen usw.

Im Vergleich zur Jak-1, einem anderen sowjetischen Jäger dieser Zeit mit gleichem Motor und fast derselben Bewaffnung, brachte die LaGG-3 gut 300 kg mehr auf die Waage. Dies lag hauptsächlich an der Holzkonstruktion des Rumpfes (die Jak-1 besaß ein Rumpfgerüst aus geschweißten Stahlrohren). Auch die Flächen der LaGG-3 waren – hauptsächlich wegen der Montage am Rumpf – schwerer als bei der Jak-1.

Vor diesem Hintergrund überraschte die Überlebensfähigkeit der LaGG-3 viele Piloten. Ein Beispiel

Lawotschkin-Gorbunow-Gudkow LaGG-3.

liefert ein Luftkampf des Piloten A. N. Grinschik vom Februar 1942. Im Gefecht mit zahlenmäßig überlegenem Feind schoss er eine Messerschmitt Bf 109 ab, kassierte selber aber mehrere Treffer hintereinander. Ein Geschoss traf den Motor und Grinschik musste das Gefecht abbrechen. Während die LaGG-3 im Gleitflug abstob, erhielt sie weitere Treffer in Tragflächen und Rumpf. Benzin, Wasser und Öl traten aus durchschossenen Leitungen aus. Das Armaturenbrett war zerstört und die Kanzelhaube abgerissen. Aber die weidwunde LaGG-3 flog weiter und zeigte eine beispiellose Überlebensfähigkeit. Die Gegner setzten den Beschuss aus nächster Nähe fort und einer geriet unvorsichtiger Weise einen Augenblick vor die LaGG-3. Grinschik nutzte die Gelegenheit und gab einen langen Feuerstoß ab. Das Feindflugzeug explodierte in einem Feuerball.

Dieses Beispiel zeigt, dass die LaGG-3 eine Menge wegstecken konnte. Dies übertünchte jedoch nicht ihre zahlreichen Mängel. Deshalb wurde sie nur im Flugzeugwerk Nr. 31 weitergebaut, das im Herbst 1941 von Taganrog nach Tiflis umzog. Dort gab man sich redlich Mühe, die LaGG-3 zu verbessern. Es entstanden verschiedene Baulose:

- Baulos 1: M-105P Motor mit erhöhten Lufteinlässen. Bewaffnung 1 BK-Motorkanone, 2 BS-MG und 2 SchKAS-MG.
- Baulos 4: M-105PA-Motor, vergrößerten Lufteinlass an der linke Seite des Rumpfes unter Verzicht auf den Einlass an der rechten, hoher Antennenmast hinter der Kabine. Bewaffnung 1 SchWAK-Kanone, 1 BS-Maschinengewehr und 2 SchKAS-MG.
- Baulos 7: Verkleinerte Kraftstoffbehälter.
- Baulos 8: Ohne SchKAS-MG. Anstelle der SchWAK-Kanone wurde manchmal die ab Ende 1941 gebaute MK WJa-23 installiert.
- Baulos 11: Jagdbomber. Mit 6 Schienen zum Abfeuern von Raketen RS-82 und zwei Bombenschlössern DZ-40 unter den Tragflächen, neuer Lufteinlass unter dem Rumpf und Wegfall der Flügeltanks. Anstelle von Bomben ließen sich zwei 80-l-Zusatztanks mitführen. Einige Flugzeuge erhielten im Winter 1941/42 ein Kufenfahrwerk.
- Baulos 15: Mit automatischen Lamellen.
- Baulos 23 (Frühjahr 1942): Neues Heck mit Heckantenne. Ein Teil der Flugzeuge erhielt die Luftschraube WISch-105SW. Bewaffnung 1 SchWAK-Kanone und BS-Maschinengewehre.
- Baulos 28 (ab Juni 1942): Mit Motor M-105PF und Funkgerät RSI-4. Pro Zylinderpaar ein Auspuffrohr. Ein Teil der Flugzeuge erhielt die Luftschraube WISch-105SW.

LaGG-3-Fertigung 1941–1944

Werk	1941	1942	1943	1944	Gesamt
Nr. 21 (Gorki)	1659	1924	--	--	**3583**
Nr. 23 (Leningrad)	65	--	--	--	**65**
Nr. 31 (Taganrog/ Tiflis)	474	782	1065	229	**2550**
Nr. 153 (Nowosibirsk)	265	65	--	--	**330**
Gesamt	**2463**	**2771**	**1065**	**229**	**6528**

LaGG-3-Jäger beim Start auf einem Frontflugplatz. Unter den Flügeln RS-82-Raketen.

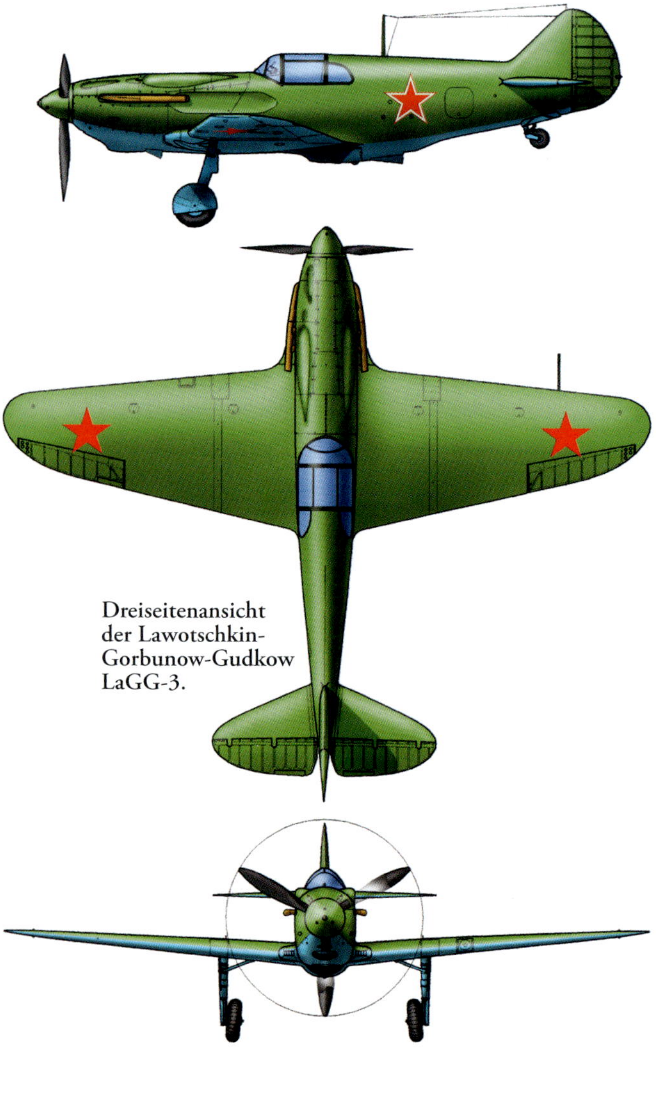

Dreiseitenansicht der Lawotschkin-Gorbunow-Gudkow LaGG-3.

- Baulos 33: Mit Luftschraube WISch-105SW und modifiziertem Heck.
- Baulos 34: Panzerzerstörer mit 37-mm-Kanone NS-37. Davon stellte Werk Nr. 31 im Herbst 1942 40 Maschinen her.
- Baulos 35: Mit automatischen Lamellen, vergrößertem Kühler, modifizierten Lufteinlässen, einziehbarem Spornrad. Gebaut von August 1942 bis Frühjahr 1943 im Werk Nr. 31.
- Baulos 41: Bewaffnung 1 SchWAK-Kanone, 1 BS-Maschinengewehr, 2 SchKAS-MG.
- Baulos 66: Mit erleichtertem Rumpfrahmen, schusssicherer Frontscheibe, modifizierten Lufteinlässen und Bombenträgern. Einige Teile ließen sich mit der Jak-1 austauschen. Baulos 66 wurde von Frühjahr 1943 bis Mitte 1944 produziert.

Mit Baulos 66 endete die Serienfertigung der LaGG-3. Sie zählte mit Sicherheit nicht zu den besten sowjetischen Jagdflugzeugen des 2. Weltkriegs, fand sich jedoch aufgrund der gebauten Stückzahl häufig in den Jagdfliegerregimentern, wo sie eher durch Masse überzeugte.

Die Konstruktion der LaGG-3 war alles andere als ausgereift. Daher kam es zu zahlreichen Bruchlandungen, Unfällen und Abstürzen – ein früher »sowjetischer Starfighter«.

Lawotschkin La-5

Die unzureichenden Flugeigenschaften der LaGG-1 und LaGG-3 ließen sich hauptsächlich auf die Entwicklung des Prototyps mit einem M-106P-Triebwerk zu 1250 PS zurückführen, während die Serienmaschinen tatsächlich den M-105P mit 1050 PS erhielten. Anfang 1942 wurde S. A. Lawotschkin aufgefordert, die LaGG-3 für den luftgekühlten Sternmotor M-82 (1330 PS) einzurichten. Das konstruktive Hauptproblem bestand im größeren Durchmesser des M-82 von 1260 mm, während der M-105P nur 798 mm maß. So musste Lawotschkin die elliptische Nase der LaGG-3 unter Zeitdruck in eine runde verwandeln – ohne aber die Aerodynamik zu »verschlimmbessern«. Dieses Problem suchte er dadurch zu lösen, indem er die überstehenden, ausladenden Motorabdeckungen am Rumpf befestigte.

Eine modifizierte LaGG-3 mit M-82-Triebwerk ging am 21. März 1942 in den Werksversuch. Während der Tests arbeitete das Triebwerk zufriedenstellend und in wenigen Wochen ließen sich alle relevanten Daten gewinnen: Die LaGG-3 mit M-82-Motor und 3280 kg Gewicht erreichte in Bodennähe 531 km/h und in 3025 m Höhe eine Spitzengeschwindigkeit von 586 km/h. Den Aufstieg auf 5000 m bewältigte sie in 6,1 Minuten. Die genannten Geschwindigkeiten lagen etwa 30-40 km/h über der Serien-LaGG-3 und -Jak-1; außerdem wurde die »psychologische« Grenze von 600 km/h erreicht. Auch die Steiggeschwindigkeit zeigte deutlichen Zuwachs.

Technische Angaben La-5	
Bauausführung	La-5FN
Spannweite, m	9,80
Länge, m	8,67
Höhe, m	2,54
Flügelfläche, m^2	17,50
Masse (kg)	
Rüstmasse	2706
Abflugmasse	3168
Motortyp	1 x Schwezow ASch-82FN
Leistung, PS	
Nennleistung	1460
Startleistung	1850
Höchstgeschwindigkeit, km/h	
in Bodennähe	593
In der Höhe	648
Praktische Reichweite, km	1000
Max. Steiggeschwindigkeit, m/min	1064
Gipfelhöhe, m	11.200
Besatzung	1
Bewaffnung	2 x 20 mm SchWAK-MK 2 x FAB-100-Bomben (100 kg)

LaGG-5/La-5-Fertigung 1942–1944				
Werk	1942	1943	1944	Gesamt
Nr. 21 (Gorki)	1107	4619	3503	8229
Nr. 31 (Tiflis)	22	5	--	27
Nr. 99 (Ulan-Ude)	--	184	102	286
Nr. 381 (Moskau)	--	239	221	460
Gesamt	1129	5047	3826	9002

Dreiseitenansicht der Lawotschkin La-5.

einfachen Designs, der anspruchslosen Wartung und der Fähigkeit, von unbefestigen Feldflugplätzen zu operieren, kam das Muster mit den rauen Frontbedingungen gut zurecht.

1942 wurden 1129 LaGG-5 hergestellt. Nach NKAP-Anweisung Nr. 683 vom 8. September 1942 erfolgte die Umbenennung in La-5.

Für die russischen Jäger kam es besonders darauf an, mit der neuen Messerschmitt Bf 109 G-2 gleichziehen zu können, die der bisherigen LaGG-3 deutlich überlegen war.

Nach den zufriedenstellenden Versuchen ging die LaGG-3 mit Triebwerk M-82 unter der Bezeichnung LaGG-5 im Flugzeugwerk Nr. 21 in Gorki in Serie. Die erste Maschine rollte im Juli 1942 vom Band. Anfänglich war die LaGG-5 mit zwei 20-mm-SchWAK-Maschinenkanonen bewaffnet, die über dem Motor lagerten. Die Instrumentierung fiel recht spartanisch aus – es gab weder einen Kreiselkompass noch einen künstlichen Horizont. Bezüglich der Flugeigenschaften erfüllte das Muster jedoch die Anforderungen der Zeit voll und ganz. Aufgrund des

Die La-5 erfuhr während der Serienfertigung einige Verbesserungen. So entstand im Herbst 1942 die La-5F mit stärkerem M-82F-Motor und angepasster Schnauze. Sie erhielt ein neues Frontscheibenvisier in einer flacheren Frontscheibe und eine verbesserte Kanzelhaube. Das neu gestaltete Spornrad fuhr tiefer in den Rumpf ein und schloss bündig ab. In 6300 m Höhe erreichte die La-5F eine Spitzengeschwindigkeit von 600 km/h. Die La-5F ging Anfang 1943 in Serie. Ebenfalls 1943 entwickelt wurde eine »erleichterte« Version unter Verzicht auf zwei der fünf Kraftstoffbehälter. Sie erhielt außerdem ein neues Kanzelverdeck mit verbesserter Sicht und Panzerglasscheiben vorn und hinten. Die ab Sommer 1943 gebaute La-5FN erhielt den M-82FN-Motor mit direkter Kraftstoffeinspritzung, wodurch sich die Startleistung um mehr als 100 PS steigerte. Auch die Höchstgeschwindigkeit erhöhte sich um rund 30 km/h. Die Auspuffkrümmer wurden durch einzelne Endrohre (7 auf jeder Seite) ersetzt. Auf der Oberseite der Haube wurde ein tunnelartiger Lufteinlass angebracht. Die allgemeine Aerodynamik, die innere Abdichtung des Rumpfes und die Wärmedämmung der Kabine zum Motor wurden verbessert. Der Erstflug fand im März 1943 statt. Ab 1944 wurden die Kanzelseiten zusätzlich mit dünnen Duraluminiumplatten ausgekleidet und die hölzernen Flügelholme durch Metallholme ersetzt, was wiederum den Einbau eines leichteren Fahrwerks erlaubte. Die Startmasse verringerte sich auf 3290 kg.

Weitere Ausführungen der La-5 entsanden, gingen aber nicht alle in Serie:

- La-5 mit M-71-Motor zu 2000 PS. Startmasse 3526 kg, Geschwindigkeit in 5500 m Höhe 685 km/h. Wegen Schwierigkeiten mit dem Motor wurden die Versuche nicht abgeschlossen.
- La-5FN mit Turbolader. Versuchweise wurden mehrere Serien-La-5FN mit Treskin-Kompressoren ausgestattet. Für den Serienbau als aussichtslos betrachtet.
- La-5 UTI mit Motor M-82F als zweisitziges Schulflugzeug mit Doppelsteuerung (getestet September 1943). Das Muster orientierte sich eng an der La-5F, doch das rechte SchWAK-MG, das Panzerglas im Cockpit, der gepanzerte Pilotensitz, die Sauerstoffversorgung und die Funkausstattung entfielen. Die Serienproduktion begann Ende 1943. Ab 1944 erhielten La-5 UTI auch M-82FN-Motoren.

Die ersten Serien-La-5 gingen im August 1942 in die Truppenerprobung, und zwar ans 49. Jagdfliegerregiment im Raum Stalingrad. Vom 14. bis 24. August flogen 19 La-5 des Regiments etwa 180 Einsätze mit einer Gesamtflugzeit von 130 Stunden. In 27 Luftgefechten schossen die Piloten 16 feindliche Flugzeuge ab, während die Eigenverluste zehn La-5 und fünf Piloten betrugen. Um genau zu sein,

Lawotschkin La-5.

verlor das Regiment fünf La-5 durch Abschuss, zwei kehrten aus unbekannten Gründen nicht zurück, vier stürzten bei Luftkämpfen und eine Maschine aufgrund von Triebwerkschaden ab. Eine La-5 rammte am 22. August 1942 eine Ju 88 und stürzte mit ihr ab.

Als die Deutschen im Sommer 1943 eine im Luftkampf beschädigte und notgelandete La-5FN erbeuteten, ließen sie die Luftwaffe nach Deutschland schaffen und reparieren. Fachleute führten Untersuchungen und Flugversuche durch. Auch der bekannte Versuchspilot Hans-Werner Lerche bekam im September 1944 die Gelegenheit, die La-5 zu fliegen. In seinem Klassiker »Testpilot auf Beuteflugzeugen« (Motorbuch Verlag, 4. Auflage 1986) hielt er fest: »*Das Flugzeug war nicht mehr mit den zum Teil*

Schwarm von La-5FN-Jägern im Flug über der Front.

primitiven Ausführungen früherer russischer Jäger zu vergleichen. Sie bot unseren Jagdfliegern unter 3000 m Höhe einen sehr beachtlichen Gegner. … [weiter mit dem Original-Erprobungsbericht:] Die La-5 ist entsprechend ihrer Motorleistung besonders für den Kampf in niederen Höhen ausgelegt. Ihre Höchstgeschwindigkeit am Boden liegt knapp unter der von 8-190 [Fw 190 A-8] und 9-109 [Bf 109 G-8]. Die 8-109 mit MV 50 ist im ganzen Bereich in Höchstgeschwindigkeit und bestem Steigen überlegen. Die Beschleunigungsverhältnisse dürften ähnlich liegen. Die Querruderwirksamkeit ist besser als die der 8-109. Die Kreiszeiten der La-5 sind am Boden besser als die der 8-190 und schlechter als die der 8-109. Auch im besten Steigen ist die 8-190 bis zu etwa 3 km Höhe schlechter. Infolge ihres höheren Gewichts beschleunigt die 8-190 schlechter, ist aber bei allen angedrückten Flugzuständen überlegen und wenn sie mit hoher Fahrt flach wegzieht. Abgesehen von plötzlichen Ausweichbewegungen ist es dem höheren Gewicht und der höheren Flächenbelastung der 8-190 entsprechend grundsätzlich richtig, anzudrücken, bei hoher Fahrt flach wegsteigend sich abzusetzen, um in neue Angriffsposition zu kommen (bei va des besten Steigens steigt die La-5 in steileren Steigwinkeln), das Flugzeug nicht von Fahrt kommen zu lassen und längere »Kurbeleien« zu vermeiden, denn es ist nicht anzunehmen, dass die Russen, die an schlechtere Flugeigenschaften gewöhnt sind, sich durch die beschriebenen Kurveneigenschaften der La-5 beeindrucken lassen. Auf die geringere Flugdauer [der La-5] von etwa 40 Min. bei Bestleistung, die sich bei Flug mit Höhenlader weiter verringert, sei hingewiesen.«

Während des Krieges wurden ungefähr 9000 Lawotschkin La-5 in verschiedenen Ausführungen gebaut.

Lawotschkin La-7

Die La-5FN befand sich im Sommer 1943 in Serienfertigung. Die Flugeigenschaften entsprachen im Allgemeinen den Anforderungen des Militärs, aber die Konstrukteure arbeiteten weiter an Verbesserungen. Da die Lieferung leistungsstärkerer Motoren als der M-82FN nicht zu erwarten war, fiel der Beschluss, die Flugeigenschaften durch Verbesserung der Aerodynamik und Gewichtsreduktion zu steigern. Gemeinsam mit ZAGI-Spezialisten wurde eine Reihe von Maßnahmen zur Verbesserung der Strömungseigenschaften ergriffen: Zelle und Baugruppe Propeller/Motor wurden abgedichtet, die Fahrwerksnischen vollständig geschlossen, der Ölkühler unter den Rumpf verlegt, die Flügelverkleidungen verbessert und die Motorhaube modifiziert. Im Unterschied zu vorherigen La-5-Ausführungen bekam das neue Muster einen Verstellpropeller WISch-105W4 mit Blattverstellung und speziellem Blattprofil; denn die Schraube drehten sich ja in Überschallgeschwindigkeit. Weiters wurden die Streben des Hauptfahrwerks um 80 mm gekürzt. Der Druckluftzylinder zum Starten des Motors wurde nach hinten verlegt und das Funkgerät im Heck angeordnet. Man verwandte jetzt einadrige Stromkabel und es gab weitere

Technische Angaben La-7	
Bauausführung	La-7
Spannweite, m	9,80
Länge, m	8,67
Höhe, m	2,54
Flügelfläche, m²	17,59
Masse (kg)	
Rüstmasse	2605
Abflugmasse	3265
Motortyp	1 x Schwezow ASch-82FN
Leistung, PS	1850
Höchstgeschwindigkeit, km/h	
in Bodennähe	597
in der Höhe	680
Praktische Reichweite, km	635
Maximale Steiggeschwindigkeit, m/min	1111
Gipfelhöhe, m	10.750
Besatzung	1
Bewaffnung	3 x 20 mm UB-20-Kanonen oder 2 x20-mm-SchWAK-Kanonen, bis zu 200 kg Bomben

Dreiseitenansicht der Lawotschkin La-7.

kleinere Verbesserungen. Eine Menge Gewicht ließ sich durch die Verwendung von Metallholmen statt hölzerner Flügelholme erreichen. Auch die Bewaff-

La-7-Fertigung 1944–1945			
Werk	1944	1945	Gesamt
Nr. 21 (Gorki)	1558	2586	**4144**
Nr. 99 (Ulan-Ude)	40	210	**250**
Nr. 381 (Moskau)	604	660	**1264**
Gesamt	**2202**	**3456**	**5658**
1945–1947 baute das Werk Nr. 21 in Gorki weitere 592 Schulflugzeuge La-7 UTI.			

nung wurde verstärkt: An die Stelle der beiden 20-mm-SchWAK-Kanonen traten drei neue B-20-Kanonen des gleichen Kalibers. Zusätzlich wurden an den Flächen Halterungen für zwei 100-kg-Bomben angebracht.

Die auf diese Weise abgeänderte La-5FN erhielt die Bezeichnung »La-5-Standard von 1944«. Im Januar 1944 baute das Flugzeugwerk Nr. 21 einen Prototypen, der am 2. Februar 1944 zum Erstflug abhob. Nach lediglich zwei Wochen überführte man die Maschine am 16. Februar zur staatlichen Erprobung. Im Erprobungsbericht heißt es: »Die modifizierte La-5-Standard von 1944 liegt in Bezug auf Höchstgeschwindigkeit und Steiggeschwindigkeit auf dem Niveau der besten modernen Jagdflugzeuge, die bei den Luftstreitkräften der Roten Armee und des Auslandes im Einsatz sind. Die im Dekret Nr. 5404 des Volkskommissariats für Verteidigung vom 15. März 1944 für die verbesserte La-5 festgelegte Höchstgeschwindigkeit von 685 km/h in einer Höhe von 6000 m und ein Fluggewicht von 3250 kg wurden praktisch erreicht. La-5-Standard von 1944 ist für die Serienproduktion zu empfehlen.«

In der zweiten Hälfte 1944 löste das nun als La-7 bezeichnete Muster die La-5FN auf den Fließbändern dreier Flugzeugwerke vollständig ab:

- Nr. 21 in Gorki;
- Nr. 99 in Ulan-Ude;
- Nr. 381 in Moskau.

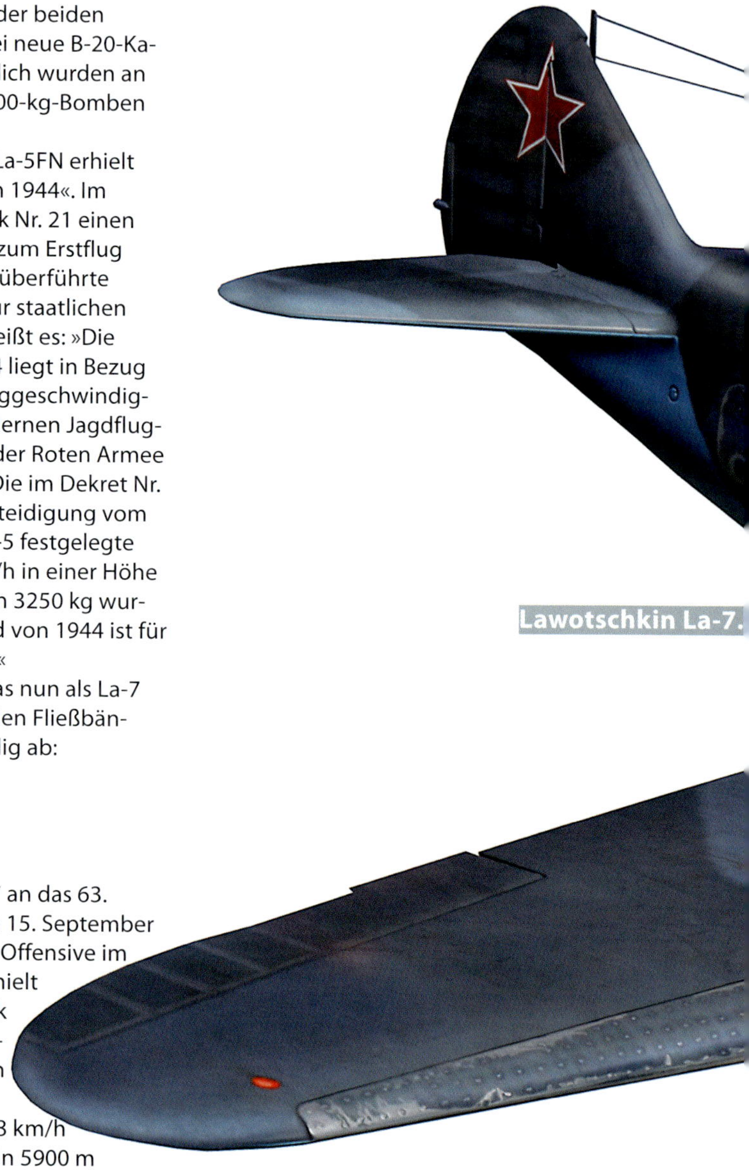

Lawotschkin La-7.

Zur Truppenerprobung ging die La-7 an das 63. Garde-Jagdfliegerregiment, das vom 15. September bis 15. Oktober 1944 an der Kurland-Offensive im Baltikum teilnahm. Das Regiment erhielt 28 La-7 vom Moskauer Flugzeugwerk Nr. 381 und zwei La-7 vom Flugzeugwerk 21 in Gorki. Es handelte sich um Serienmaschinen, die in Bodennähe eine Spitzengeschwindigkeit von 578 km/h und mit Turbolader 644 km/h sowie in 5900 m Höhe 658 km/h erreichten. Die Steigzeit auf 5000 m betrug 4,95 Minuten, einen Vollkreis in 1000 m Höhe flog die La-7 in 20 Sekunden, der Anstieg zu einer Kampfkurve betrug 1400 m.

Bei 116 Einsätzen kam es zu 47 Begegnungen mit gegnerischen Flugzeugen. Die Gesamtzahl angetroffener Feindflugzeuge soll 268 betragen haben (wahrscheinlich gab es Mehrfachsichtungen), darunter 254(!) Fw 190, zehn Bf 109 C, eine Bf 110 und drei Fw 189. In 39 Fällen kam es dabei zu Schusswechseln. Innerhalb eines Monats will das Regiment 55 feindliche Flugzeuge abgeschossen haben (52 Fw 190 und drei Me 109 G) bei acht Eigenverlusten – davon drei in Luftkämpfen (wäre dies der Fall gewesen, hätten die deutschen fliegenden Einheiten in Kurland fast keine Flugzeuge mehr gehabt). Die vier restlichen Verluste gingen auf Triebwerksausfälle

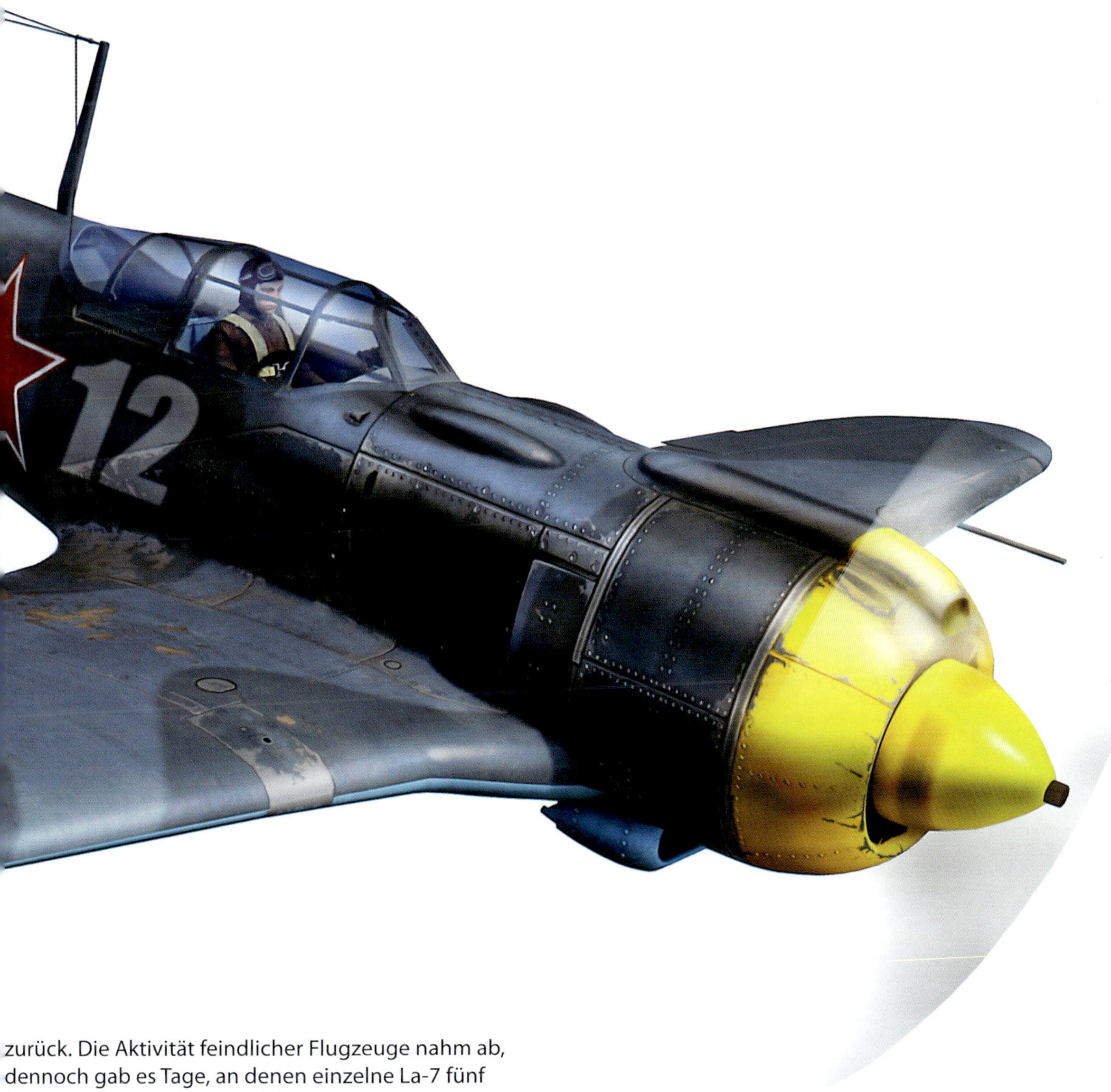

zurück. Die Aktivität feindlicher Flugzeuge nahm ab, dennoch gab es Tage, an denen einzelne La-7 fünf bis sechs Einsatzflüge absolvierten.

Beim Begleitschutz für Bomber und bei Erdeinsätzen zur Unterstützung der Bodentruppen betrug die durchschnittliche Stehzeit 30–40 Minuten und Flüge konnten bis zu 1 Stunde und 10 Minuten dauern. Um bei Angriffen den Überraschungseffekt sicherzustellen, flogen die Einheiten zuerst mit hoher Geschwindigkeit in großer Höhe. Die Abstimmung erfolgte über Bodenleitstellen; außerdem bestand ständige Funkverbindung zwischen den Flugzeugen. Die verbesserten Flugleistungen und

Iwan Nikitowitsch Koschedub gilt mit 62 Abschüssen nicht nur als erfolgreichster sowjetischer, sondern auch alliierter Jagdflieger des Krieges. Einen Teil seiner Luftsiege errang er mit der La-7, die meisten aber mit La-5.

Steigzeiten der La-7 gegenüber der La-5 wirkten sich auch auf die Taktik aus. Im Angriff musste nicht mehr auf einen großen Höhen- und Geschwindigkeitsüberschuss geachtet werden, da die La-7, falls erforderlich, schnell an Höhe gewann und sich in eine günstige Position manövrieren konnte. Bei der Sichtung gegnerischer Flugzeuge ging eine La-7-Patrouille, unabhängig von deren Zahl, in der Regel sofort zum Angriff über.

Beim Begleitschutz für Schlachtflieger starteten die La-7 erst, nachdem diese bereits den Flugplatz verlassen hatten. Die Durchschnittsgeschwindigkeit bei solchen Einsätzen betrug 300–350 km/h und die Begleitschutzdauer 30–40 Minuten. Während die Schlachtflieger über dem Gefechtsfeld operierten, hielten sich die La-7-Begleiter aus dem Bereich der gegnerischen Flugabwehr. Erst beim Auftauchen feindlicher Jäger stürzten sie sich ins Getümmel.

Im Luftkampf zeigte die La-7 im Vergleich zur Fw

Ausbildung von Flugzeugführern auf dem Schulflugzeug La-7 UTI.

190 und zur Bf 109 bessere Steiggeschwindigkeiten und holte die Gegner in bestimmten Höhen sowohl im Aufstieg als auch im Kurvenflug ein – oder suchte den gefährlichen Gegnern zu entkommen. Die Erfahrung zeigte, dass Letzteres oft ratsamer war. Auf der anderen Seite konnte sich die La-7 in einer aufsteigenden Spirale aber an den Schwanz des Gegners hängen.

Ein Beispiel für den erfolgreichen Einsatz der La-7 liefert ein Gefecht der Staffel des Major Woronko. Die Einheit stieg am 25. August 1944 mit sechs La-7 zur Luftpatrouille auf und die Gruppe schoss an nämlichem Tag – wie es heißt – in einer Begegnung mit zwölf Fw 190 und zwei Bf 109 G sieben Flugzeuge ab, darunter sechs Fw 190. Auf sowjetischer Seite ging ein Flugzeug verloren, der Pilot rettete sich mit dem Fallschirm.

In einem Bericht über die Truppenerprobung der La-7 steht zu lesen: »Die La-7 erwies sich als moderner und wendiger Hochgeschwindigkeitsjäger, der Angriffe von Bodentruppen und Bombern begleitete, Schlachtflugzeuge eskortiere, freie Jagd und Luftaufklärung betrieb sowie Flugplätze schützte. In einigen Fällen wurden Tiefangriffe mit Bomben durchgeführt. Die hohen Flugleistungen der La-7 ermöglichen es ihr, vorteilhafte Positionen im Luftkampf einzunehmen ... «

Basierend auf den Ergebnissen der Erprobung beschloss die Führung, vor allem Garde-Jagdfliegerregimenter mit der La-7 auszurüsten.

Jakowlew Jak-1

Zu den Konstrukteuren, die an Jagdflugzeugen arbeiteten, zählte auch A. S. Jakowlew. 1939 leitete er ein kleines Konstruktionbüro, das leichte Sport- und Schulflugzeuge entwickelte. Am 23. Juni 1939 erhielt Jakowlew erstmals den Auftrag zur Entwicklung eines Jagdflugzeugs. Er sollte zwei Prototypen mit folgenden Merkmalen entwerrfen:

Erster Prototyp (mit M-106-Motor):

- Höchstgeschwindigkeit in 6000 m Höhe 620 km/h;
- Landegeschwindigkeit 120 km/h;
- Reichweite (bei einer Geschwindigkeit von maximal 0,9) 600 km;
- Reichweite mit Zusatztanks 1000 km;
- Gipfelhöhe = 11–12 km;
- Steigzeit auf 10.000 m 9–11 Minuten;
- Bewaffnung: 1 x 12,7 mm BS-Maschinengewehr und 2 x 7,62 mm-SchKAS-MG.

Der zweite Prototyp mit M-106-Motor sollte die gleichen Eigenschaften wie der erste aufweisen, mit folgenden Unterschieden:

- Zusätzlicher Turbolader TK-2;
- Höchstgeschwindigkeit in 8000–10000 m Höhe 650 km/h;
- Bewaffnung: 2 x 7,62-mm-SchKAS-MG.

Es war jedoch abzusehen, dass der M-106-Motor in naher Zukunft keine Serienreife erlangte. Des Weiteren gab es Schwierigkeiten bei der Herstellung des Turboladers TK-2. Deshalb beschränkte sich Jakowlew auf die einfachere Ausführung, der er den bereits in Serienfertigung befindlichen M-105P-Motor einbaute. Die Entwicklung dieses Projekts I-26 ging sehr rasch vonstatten; bereits am 30. Dezember 1939 ging der Prototyp I-26-1 zur Erprobung an den Moskauer Zentralflugplatz, wo er am 13. Januar 1940 seinen Erstflug absolvierte.

Der einsitzige Tiefdecker entstand in Gemischtbauweise aus Holz und Metall. Das aus Stahlrohren geschweißte Rumpfgerüst war mit Aluminiumblech beplankt, das Heck mit Stoff bespannt. Die hölzernen Tragflächen bauten auf zwei Hauptholmen und hölzernen Längs- und Querrippen auf; die Bespannung bestand aus Bakelitsperrholz und Leinwand. Die Kanzel verfügte über eine Plexiglashaube mit Schiebedach und den Flugzeugführer schützte eine 9 mm dicke Rückenpanzerplatte. Zur Verbesserung der Aerdynamik setzte sich die Rückenlinie des Rumpfs hinter der Kanzel in gerader Linie fort, was

allerdings die Sicht nach hinten deutlich verschlechterte. In der Serie verlegte man sich bei der Jak-1B dann auf einen abgesenkten Rumpfrücken.

Den Antrieb lieferte der flüssigkeitsgekühlte M-105P, der einen dreiblättrigen Verstellpropeller antrieb. Die Bewaffnung bestand aus einer 20-mm-SchWAK-Kanone und zwei 7,62-mm-SchKAS-Maschinengewehren. Die Kanone befand sich am Motor und schoss durch die Hohlwelle der Luftschraube und die Schraubennabe. Die Maschinengewehre waren an den Seiten des Rumpfes über dem Motor angebracht. Sie waren mit der Luftschraube synchronisiert, sonst hätten sie deren Blätter durchschossen.

Bei den Flugversuchen brachte es die I-26-1 auf eine Spitzengeschwindigkeit von 592 km/h in 5000 m Höhe, auf die sie in 6 Minuten stieg. Die einfache Steuerbarkeit des Flugzeugs bereitete selbst Piloten

Jakowlew Jak-1.

mit durchschnittlichem Ausbildungsniveau keine Schwierigkeiten.

Gleichzeitig ergab sich aber eine umfangreiche Mängelliste: Unzureichende Längsstabilität, unzuverlässige Ölkühlung des Motors und Luftkühlung der Waffen, schlechte Kanzelbelüftung usw. Dabei hatte man den Prototypen nicht einmal vollständig ausgerüstet, es fehlten z. B. Funk, Beleuchtung und Nachtlandeausrüstung.

Die Erprobungskommission schickte die I-26 zur Überarbeitung, gleichzeitig erging jedoch der Beschluss, eine Serie von 25 Flugzeugen für Truppenversuche zu bauen. Die erste Charge von zehn I-26 ging im September 1940 ans 11. Jagdfliegerregiment in Kubinka. Parallel zu der staatlichen und der Truppenerprobung liefen die Vorbereitungen für den Serienbau im Moskauer Flugzeugwerk Nr. 301 und im Saratower Werk Nr. 292. Es lag in der Natur der Sache, dass eine Menge Änderungen am unreifen Entwurf damit einhergingen. So erfuhren die Ölkühlanlage gleich sieben und die Druckluftanlage vier größere Veränderungen nacheinander.

Jak-1-Fertigung 1940–1944

Werk	1940	1941	1942	1943	1944	Gesamt
Nr. 301 (Moskau)	48	121	- -	- -	- -	**169**
Nr. 292 (Saratow)	16	1212	3474	2720	1128	**8550**
Nr. 47 (Leningrad)	- -	- -	2	- -	- -	**- -**
Gesamt	**64**	**1333**	**3476**	**2720**	**1128**	**8719**

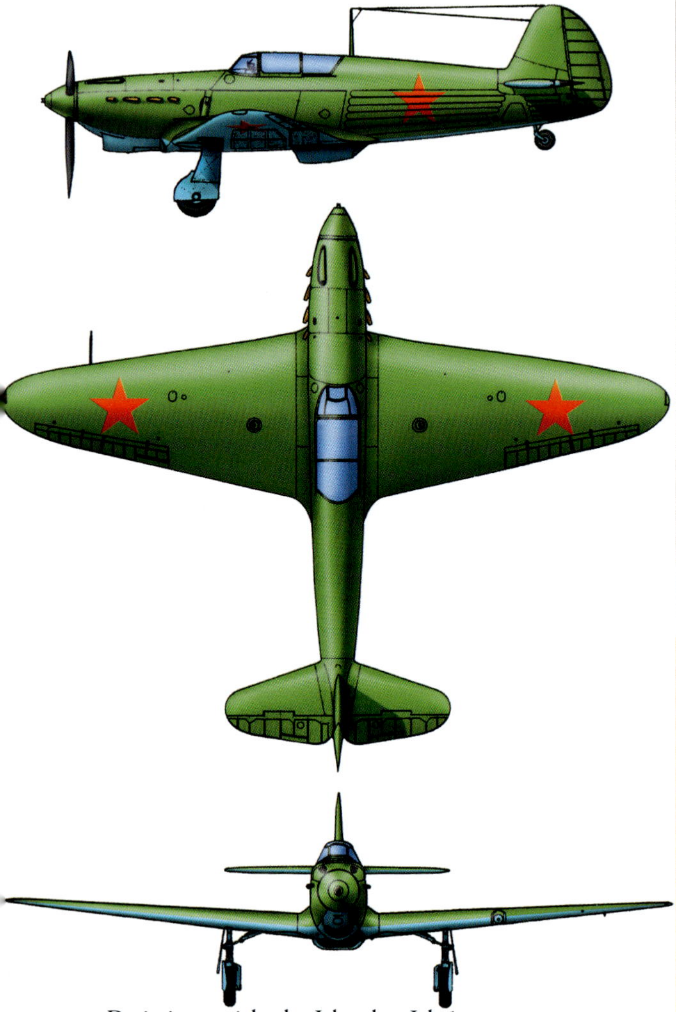

Dreiseitenansicht der Jakowlew Jak-1.

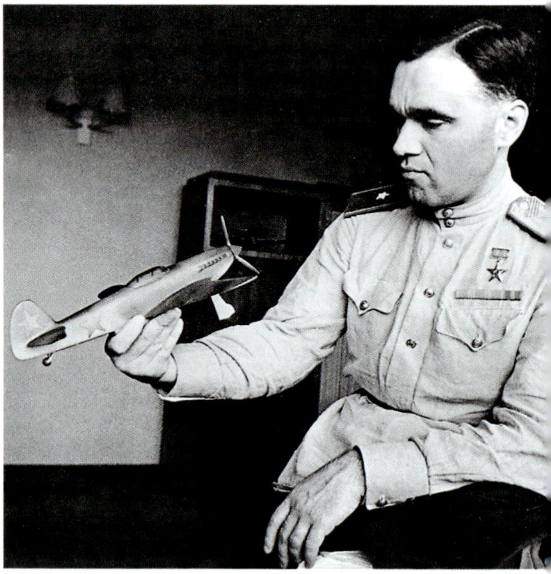

Flugzeugkonstrukteur Alexander Sergejewitsch Jakowlew (1906–1989).

Technische Angaben Jak-1	
Bauausführung	Jak-1
Spannweite, m	10,00
Länge, m	8,48
Höhe, m	
Flügelfläche, m²	17,15
Masse (kg)	
Rüstmasse	2445
Abflugmasse	2950
Motortyp	1 x M-105PA
Leistung, PS	1050
Höchstgeschwindigkeit, km/h	
in Bodennähe	472
in der Höhe	569
Praktische Reichweite, km	650
Steiggeschwindigkeit, m/min	877
Gipfelhöhe, m	10.000
Besatzung	1
Bewaffnung	1 x 20 mm SchWAK-MK, 2 x 7,62 mm SchKAS-MG

Die Motorhaube wurde zweimal verändert und der Luftverdichter AK-30 durch den stärkeren AK-50 ersetzt. Auch das Fahrwerk wurde modifiziert und eine Wartungsluke in den Rumpf geschnitten, damit man besser an die Kühlanlage des Motors herankam. Alles in allem kam es vom 1. Februar bis 1. Oktober 1940 zu sage-und-schreibe 306 Entwurfsänderungen und 3950 Änderungen in den Bauplänen. Vom 9. Juni 1940 bis zum 1. Januar 1941 erfolgten insgesamt 7460 Änderungen der Zeichnungsunterlagen.

Dessen ungeachtet entstanden bis zum 22. Juni 1941 bereits 412 Jagdflugzeuge I-26, die seit Dezember 1940 die offizielle Bezeichnung Jak-1 trugen.

Die Jak-1 konnte, geflogen von erfahrenen Piloten, der deutschen Bf 109 F im Luftkampf durchaus paroli bieten, zumal sie in bestimmten Höhenbereichen und im Horizontalflug etwas schneller beschleunigte. Deshalb versuchten sowjetische Piloten, dem Gegner Luftkämpfe unter ihren Bedingungen aufzuzwingen. Letztlich hielten sich aber Jak-1 und

Bf 109 in ihren Leistungen durchaus die Waage. Jede Seite versuchte, die Vorteile ihrer Maschinen zu nutzen. Als Begleitjäger für Bomber machte sich die Jak-1 bald unverzichtbar. Ihr größter Vorteil war aber ihre numerische Überzahl, was auch für alle anderen sowjetischen Jäger galt.

Jakowlew Jak-1 aus einer der ersten Bauserien.

In die ab 1942 gebaute Jakowlew Jak-1B flossen die mit der Jak-1 gesammelten Erfahrungen ein. Sie erhielt eine günstigere Stromlinienform, einen stärkeren Motor und eine 12,7-mm-Rohrbewaffnung.

Jakowlew Jak-7

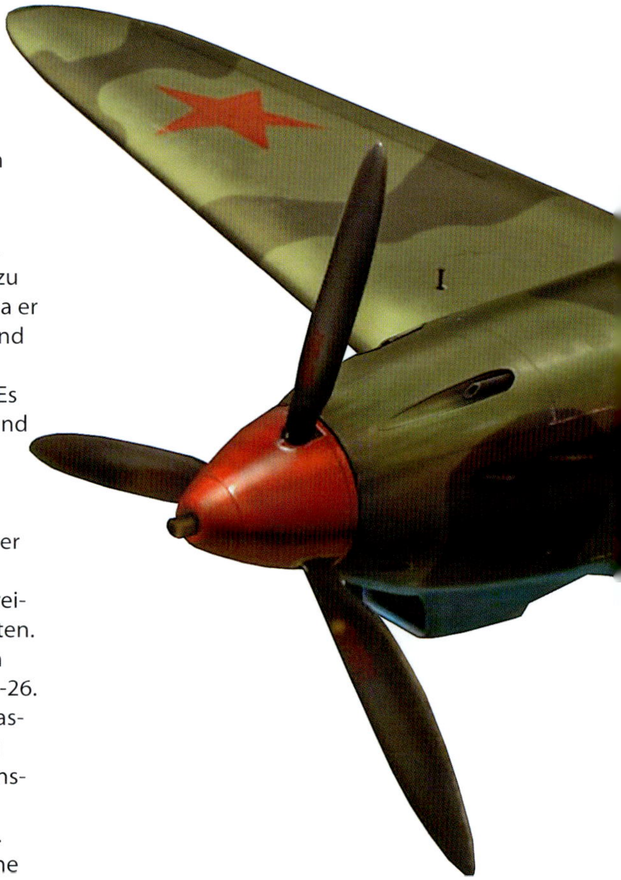

Die Ausstattung der sowjetischen Jagdwaffe mit neuen schnellen Maschinen mit flüssigkeitsgekühlten Triebwerken in den frühen 1940er-Jahren erforderte die Schaffung eines Schulflugzeugs zur Ausbildung und Umschulung vieler tausend Piloten. Daher fiel am 4. März 1940 der Beschluss, einen zweisitzigen Trainer mit Doppelsteuerung zu entwickeln. Der Auftrag ging an A. S. Jakowlew, da er bereits Erfahrung in der Herstellung von Schul- und Sportflugzeugen hatte. Jakowlew entschied sich, die I-26 als Grundlage für die UTI-26 zu nehmen. Es enstanden die beiden Versuchsmuster UTI-26-1 und UTI-26-2. Wie die I-26 erhielt auch die UTI-26 den flüssigkeitsgekühlten M-105P mit einer Leistung von 1050 PS in 4000 m Höhe, der eine metallene Dreiblattschraube WISch-61P mit 3 m Durchmesser antrieb.

Die Plätze von Schüler und Lehrer waren hintereinander angeordnet – Schüler vorn, Ausbilder hinten. Die Ausstattung des vorderen Cockpits entsprach sinnvoller Weise im Wesentlichen der Kanzel der I-26. Beide Plätze umschloss eine gemeinsame Plexiglashaube mit zwei Schiebedächern. Die Bewaffnung bestand aus zwei SchKAS-MG mit einem Munitionsvorrat von 500 Schuss.

Die Werkserprobung der UTI-26-1 fand vom 23. Juli bis 25. August 1940 statt, der sich die staatliche Prüfung vom 28. August bis 19. September anschloss. Letztere endete mit der Empfehlung zur Serienfertigung und zur Übernahme als Schulflugzeug zur Umschulung aller Reserve-Jagdfliegerregimenter; ganz egal, ob diese künftig die Jak-1, LaGG-3 oder MiG-3 flogen. Bei der vom 25. Januar bis 17. September 1940 entworfenen und gebauten UTI-26-2 handelte es sich um eine verbesserte Ausführung der UTI-26-1. Der Prototyp bestand vom 16. September bis 12. Dezember 1940 die Werks- und vom 1. Januar bis 14. Februar 1941 die staatliche Erprobung. Offiziell hieß die UTI-26-2 nun Jak-7 UTI; auch sie wurde den Luftstreitkräften zur Annahme und zum Serienbau empfohlen. Die Fertigung übernahm das Moskauer Flugzeugwerk Nr. 301, das 1941 insgesamt 186 Jak-7 UTI baute.

Mit Kriegsausbruch stieg der Bedarf an Jagdflugzeugen stark an. Die im Flugzeugwerk Nr. 301 arbeitende Ingenieursgruppe des Konstruktionsbüros A. S. Jakowlew unter Leitung von K.W. Sinelschtschikow schlug vor, die Jak-7 UTI in einen Jak-7-Kampfjäger umzuwandeln. Basierend auf der Serienausführung der Jak-7 UTI nahmen die Ingenieure dazu folgende Änderungen bzw. Ergänzungen vor:

- Rückenpanzer im hinteren Kanzelteil,
- Einbau eines MG mit Schusskamera;
- Einbau selbstdichtender Kraftstofftanks;
- Einbau einer Gasanlage mit Kohlendioxidflasche zum Ausdrücken explosionsfähiger Gase aus den Kraftstoffbehältern;
- Einbau einer SchWAK-Motorkanone mit 120 Schuss Munition, zweier SchKAS-MG mit 1500 Schuss und sechs Abschussrosten für RS-82-Raketen (drei je Flügel).

Der hintere Kanzelteil und das Spornrad blieben unverändert, so dass sich die einsitzige Jak-7 äußerlich kaum von der doppelsitzigen Jak-7 UTI unterschied.

Jakowlew Jak-7.

Im Vergleich zur Jak-1 hatte sie folgende Vorteile: Die Anordnung der Fahrwerksräder nahm in idealer Weise die Flugmasse auf; ein abnehmbares Triebwerksgerüst ermöglichte auch den Einbau eines anderen Motortyps. Der zweite (nicht ausgerüstete) Kanzelplatz ließ sich zum Transport von technischem Personal, Passagieren, Munition oder Fracht verwenden, etwa wenn es um Verlegungen auf andere Plätze ging.

Die Initiative der Ingenieure fiel auf fruchtbaren Boden: zwei GKO-Beschlüsse vom 14. und 23. August 1941 und zwei Aufträge des NKAP vom 14. und 26. August 1941 führten zum Start des Serienbaus in den Flugzeugwerken Nr. 301 (Moskau) und Nr. 153 (Nowosibirsk). 1942 wurde die Produktion auf das Moskauer Flugzeugwerk Nr. 82 erweitert.

Während der Massenfertigung wurden folgende Ausführungen der Jak-7 entwickelt und gebaut: Jak-7A (1942) mit verbesserter Stromlinienform und Funkausstattung.

Jak-7 UTI- und Jak-7-Fertigung 1941–1944

Modell	Werk	1941	1942	1043	1944	Gesamt
Jak-7 UTI	Nr. 301 (Moskau)	186	--	--	--	**186**
Jak-7	Nr. 153 (Nowosibirsk)	21	2211	2656	--	**6213**
	Nr. 82 (Moskau)	--	215	640	465	
	Nr. 21 (Gorki)	--	**5**	--	--	
Gesamt		**207**	**2431**	**3296**	**465**	**6399**

Jakowlew Jak-7B abgestellt auf einem Flugplatz.

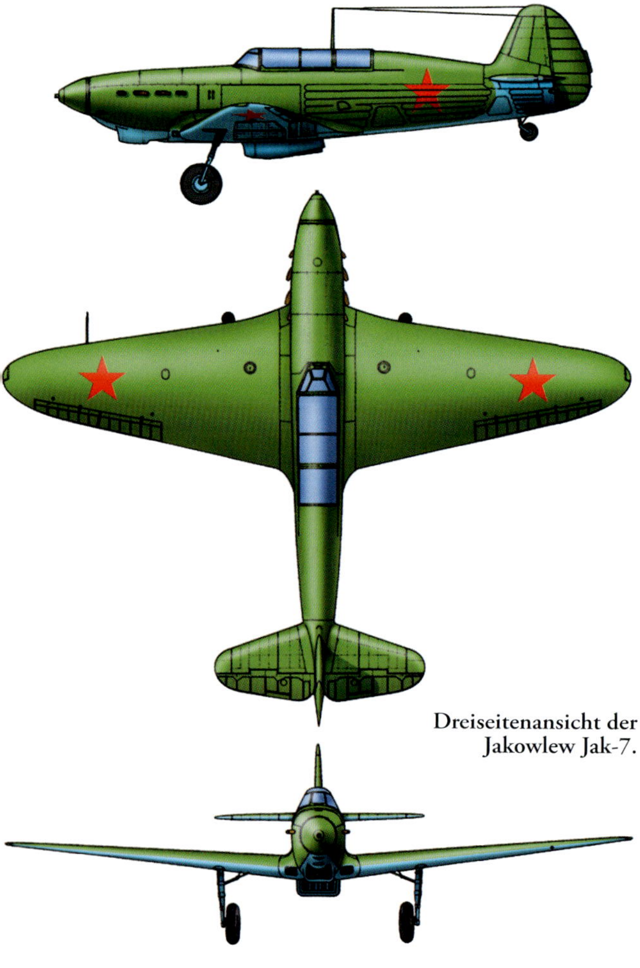

Dreiseitenansicht der Jakowlew Jak-7.

- Jak-7B (1942) mit verbesserter Aerodynamik und stärkerer Bewaffnung: die 7,62-mm-SchKAS-MG wurden durch 12,7-mm-UBS-MG ersetzt. Ab August 1942 ersetzte der stärkere M-105F-Motor den bisherigen M-105 PL.
- Jak-7-37 mit 37-mm-Kanone Sch-37 (Kleinserie). Diente als Prototyp bei der Entwicklung der Jak-9T.
- Jak-7W Schulflugzeug ohne Bewaffnung.

Technische Angaben Jak-7	
Bauausführung	Jak-7B
Spannweite, m	10,00
Länge, m	8,50
Höhe, m	2,75
Flügelfläche, m^2	17,15
Masse (kg)	
Rüstmasse	2490
Abflugmasse	3010
Motortyp	1 x M-105PF
Leistung, PS	1180
Höchstgeschwindigkeit, km/h	
in Bodennähe	514
in der Höhe	570
Praktische Reichweite, km	645
Steiggeschwindigkeit, m/min	862
Gipfelhöhe, m	9900
Besatzung	1
Bewaffnung	1 x 20 mm SchWAK-MK (120 Schuss) 2 x 12,7 mm UBS-MG (400 Schuss: linkes MG 260, rechtes 140) 6 x RS-82-Raketen oder 2 x Bomben (25–100 kg).

Jak-7 mit laufenden Motoren bereit zum Start auf einem Feldflugplatz.

- Jak-7DI (Fernjäger) mit M-105PF-Motor; eine Modifikation der Jak-7B.

Die Jak-7B wurde im Juni 1942 mit dem Ziel genehmigt, die Produktion zu vereinfachen und gleichzeitig die flugtaktischen Eigenschaften zu verbessern und damit das Einsatzspektrum zu erweitern.

Die Jak-7, in den ersten Kriegsmonaten als erzwungene Improvisation entstanden, entwickelte sich zu einem Jäger mit ausgezeichnetem Potenzial. Der Einbau des neuen M-105PF-Motors bei der Jak-7B erbrachte einen deutlichen Geschwindigkeitszuwachs in niederen und mittleren Höhen. Vor allem aber verbesserten sich die Steiggeschwindigkeit und die Manövrierfähigkeit in der vertikalen Ebene erheblich, obwohl die Jak-7B auch damit die Werte der Bf 109 F-4 und G-2 nicht erreichte. Im horizontalen Bereich zeigte sich die Jak-7B aber wendiger. Unter den in Massen produzierten sowjetischen Jägern verfügte die Jak-7B über die stärkste Bewaffnung. Sie stellte 1942 das beste sowjetische Jagdflugzeug dar und bildete die Grundlage für weitere Jakowlew-Jäger.

Flugschüler beim Einsteigen in die Kanzel eines Schulflugzeugs Jak-7W.

Jakowlew Jak-9

Bei vertikalen Manövern und im Steigen »stank« die Jak-7 gegenüber der deutschen Messerschmitt Bf-109 F und G regelrecht ab. Da ein leistungsstärkerer Motor in naher Zukunft nicht zu erwarten war, versuchten die Konstrukteure, die Flugeigenschaften der Jak-7 durch Gewichtsverringerung der Flugzeugzelle zu verbessern. Als Grundlage diente die Jak-7DI. Zunächst wurden einige Holz- durch Metallteile ersetzt, was die verbesserte Versorgung der Rüstungsindustrie (dank alliierter Hilfslieferungen) mit Aluminium und hochwertigen Stählen ermöglichte. Stahl- und Aluminiumholme sowie die Verwendung von Alu-Flügelrippen reduzierten das Gewicht der Flächen um 150 kg. Ein vergrößerter Rumpf erlaubte hingegen den Einbau größerer Kraftstofftanks. Dafür baute man eines der beiden 12,7-mm-UBS-MG aus. Zur Verbesserung der Pilotensicht diente eine neue Kanzelhaube aus schusssicherem Glas vorn und hinten mit Schiebedach.

Der Prototyp stieg am 26. Juni 1942 erstmals in die Luft und das Flugzeugwerk Nr. 153 Nowosibirsk nahm im Oktober die Serienproduktion der nunmehrigen Jak-9 auf. Später stiegen das Werk Nr. 166 in Omsk und das Werk Nr. 82 in Moskau in die Fertigung ein. Die Omsker bauten schließlich bis zu 20 Jak-9 pro Tag. Kein Wunder, dass sich die Jak-9 bis Mitte 1944 zum meistgeflogenen russischen Jagdflugzeug mauserte – von ihr standen mehr im Einsatz, als von allen anderen Jägertypen zusammen. Sie ersetzte größtenteils die Jak-1 und Jak-7.

Die Produktion der Jak-9 setzte sich bis 1948 fort. Insgesamt wurden 16.769 Flugzeuge dieses Typs in 22 Ausführungen gebaut, 15 davon in Serie. Hier die wichtigsten:

- Jak-9M mit einer um 400 mm nach hinten verlegten Kanzel. 1944 zur Vereinheitlichung der Rümpfe aller Jak-9-Varianten des Jak-9 und zur Beschleunigung der Fertigung entwickelt.

Jakowlew Jak-9.

- Jak-9D. Langstreckenjäger mit einem Fassungsvermögen von 650 l Kraftstoff und 1330 km Reichweite.
- Jak-9DD. Langstreckenjäger mit einem Fassungsvermögen von 880 l Kraftstoff und 2200 km Reichweite. Im August 1944 unternahm eine Gruppe von zwölf Jak-9DD einen 1330-km-Flug von Beltsi nach Bari (Italien).

Jak-9-Fertigung 1942–1944

Modell	Werk	1942	1943	1944	1945	Gesamt
Jak-9 WK-105PF	Nr. 153 (Nowosibirsk)	59	1761	5808	2721	10.349
	Nr. 166 (Omsk)	--	721	481	--	1202
Jak-9U WK-107A	Nr. 153 (Nowosibirsk)	--	--	--	838	838
	Nr. 82 (Moskau)	--	--	373	444	817
	Nr. 153 (Nowosibirsk)	--	--	50	--	50
	Nr. 166 (Omsk)	--	11	1119	1084	2214
Gesamt		59	2493	7831	5087	15.470

- Jak-9T. Panzerjäger mit 37-mm-Kanone NS-37 und 12,7-mm-MG UBS.
- Jak-9B. Jagdbomber mit Bombenschacht hinter dem Cockpit. Er nahm bis zu 400 kg Bomben (Kaliber bis zu 100 kg) auf.
- Jak-9K. Panzerjäger wie Jak-9T, aber mit 45-mm-Kanone NS-45.
- Jak-9R. Aufklärungsflugzeug mit Fotoausrüstung. Bei vielen Jak-9R wurde das 12,7-mm-UBS-MG entfernt.
- Jak-9 MPWO. Abfang- und Begleitjäger für Kampfflugzeuge mit Nachtflugausrüstung.
- Jak-9P (Kanone) mit verstärkter Bewaffnung: Ersatz des 12,7-mm-UBS-MG durch eine 20-mm-SchWAK-MK.
- Jak-9U mit WK-105PF2-Motor mit einer Nennleistung von 1240 PS. In 3850 m Höhe entwickelte der Jäger eine Geschwindigkeit von 620 km/h.

Technische Angaben Jak-9	
Bauausführung	Jak-9
Spannweite, m	9,74
Länge, m	8,50
Höhe, m	3,00
Flügelfläche, m²	17,15
Masse (kg)	
Rüstmasse	2277
Abflugmasse	2873
Motortyp	1 x Klimow WK-105PF
Leistung, PS	1180
Höchstgeschwindigkeit, km/h	
in Bodennähe	520
in der Höhe	599
Praktische Reichweite, km	875
Steiggeschwindigkeit, m/min	820
Gipfelhöhe, m	11.100
Besatzung	1
Bewaffnung	1 x 20 mm SchWAK-MK (120 Schuss) 1 x 12,7 mm UBS-MG (200 Schuss)

Jak-9T – die Ausführung als Panzerjäger mit 37-mm-Kanone NS-37.

Dreiseitenansicht der Jakowlew Jak-9.

Wie die Erfahrungen aus Luftgefechten zeigten, war die Jak-9 sowohl im vertikalen als auch im horizontalen Bereich sehr wendig und dabei leicht und angenehm zu fliegen. Damit hatte sie anderen sowjetischen Jägern einiges voraus und auch Feindjäger mussten sich vor ihr in Acht nehmen. Als Mankos bemängelten Piloten die unzureichende Rohrbewaffnung und die zu geringe Treibstoffkapazität, was natürlich nicht für die stärker bewaffneten und mit größeren Tanks versehenen Ausführungen galt.

Jakowlew Jak-3

Alexander Sergejewitsch Jakowlew schrieb in seinen Memoiren »Ziel des Lebens«, ihm sei Anfang Dezember 1942 die Idee gekommen, ein »perfektes Flugzeug« zu schaffen, das sämtliche Hauptmerkmale eines guten Jägers in idealer Weise in sich vereinen solle. Die erste Hürde legte ihm der nicht ausreichend leistungsstarke M-105PF-Motor in den Weg, weshalb Jakowlew alles daran setzte, sein neues Flugzeug so leicht wie möglich zu gestalten. Als Ausgangsmodell nahm er die Jak-1, deren sämtliche Baugruppen er auf die Möglichkeit der Gewichtsersparnis prüfen ließ – was natürlich nicht zu Lasten der Festigkeit gehen durfte. Zunächst wurde die Flügelfläche von 17,5 m² auf 14,5 m² verkleinert und die schweren Holz- durch Aluminiumholme ersetzt. Die Heckfläche wurde ebenfalls reduziert und das Flugzeug nur mit der notwendigsten Ausrüstung versehen. Alles, was für den Einsatz nicht unbedingt erforderlich war, flog raus. Die Funkausrüstung mit mastloser Antenne aber wurde obligatorisch. Radikale Verbesserungen erfuhr die Aerodynamik. Alles, was aus dem Rumpf vorstand, wurde gekappt und die Kanzelhaube erhielt eine strömungsgünstigere Form. Der Ölkühler kam in den Flügel, der Wasserkühler verschwand im Rumpf und das Spornrad ließ sich nun einziehen. Die so modifizierte Jak-1M mit Motor M-105PF absolvierte am 28. Februar 1943 ihren Erstflug. Die Ergebnisse waren ermutigend: Im

Technische Angaben Jak-3	
Bauausführung	Jak-3
Spannweite, m	9,20
Länge, m	8,50
Höhe, m	2,42
Flügelfläche, m²	14,85
Masse (kg)	
Rüstmasse	2123
Abflugmasse	2692
Motortyp	1 x WK-105PF2
Leistung, PS	1240
Höchstgeschwindigkeit, km/h	
in Bodennähe	567
in der Höhe	646
Praktische Reichweite, km	648
Steiggeschwindigkeit, m/min	1111
Gipfelhöhe, m	10.400
Besatzung	1
Bewaffnung	1 x 20 mm SchWAK-MK 2 x 12,7 mm UBS-MG

Dreiseitenansicht der Jakowlew Jak-3.

Vergleich zur Serienausführung erreichte die Jak-1M einen Geschwindigkeitszuwachs von 40 km/h am Boden und von 60 km/h in der Höhe.

Im September 1943 folgte ein zweiter Prototyp mit verstärktem M-105PF-Motor (WK-105PF2), der die Steigleistung im gesamten Höhenbereich verbesserte. Die Maschine durchlief vom 20. bis 30. September 1943 die Werks- und die anschließende staatliche Erprobung vom 6. bis 15. Oktober 1943 mit Erfolg. Vergleichflüge und fingierte Luftkämpfe mit anderen Jagdflugzeugen zeigten, dass das neue Modell keinen Vergleich mit eigenen wie feindlichen Jägern zu scheuen brauchte, zumindest was Spitzengeschwindigkeit (außer La-5FN mit Höhenlader), Steiggeschwindigkeit und das Operieren in 5000 m Höhe anging.

Mit GKO-Beschluss vom 26. Oktober 1943 wurde die Jak-1M in Jak-3 umbenannt und unter dieser Bezeichnung in den Flugzeugwerken Nr. 31 (Tiflis, Tbilissi) und Nr. 292 (Saratow) in Serie genommen.

Die Truppenerprobung erfolgte im Juli 1944 mit 41 Jak-3 beim 91. Jagdfliegerregiment. Dieser Verband nahm an der Offensive der 1. Ukrainischen Front gegen die deutsche Heeresgruppe Nordukraine bei Lemberg teil. In drei Wochen schossen die Jak-3 dabei 23 feindliche Flugzeuge (3 Ju 87, 14 Bf 109 G, 6 Fw 190 A) bei zwei Eigenverlusten ab. Drei weitere Jak-3 fielen deutscher Flak zum Opfer, konnten aber noch hinter den eigenen Linien landen.

Im Sommer 1944 wurden immer mehr Piloten auf die Jak-3 geschult. Darunter auch der Kommandeur der 240. Jagddivision, der spätere Marschall der Luftstreitkräfte G. W. Simin. Er beschrieb den Jäger so: »Es war zweifellos der beste aller ›Jaks‹, im Allgemeinen der beste Jäger, den ich je geflogen bin. Das Flugzeug wurde für den Luftkampf entwickelt. Nur dafür. Einfach, bequem, gehorsam, unprätentiös, sehr wendig, mit hoher Geschwindigkeit. Ich war erfreut. Es war ein Flugzeug, von dem man zu Beginn des Krieges nur hätte träumen können. Wäre es drei Jahre früher erschienen, hätten wir gegen die deutsche Luftwaffe ganz anders dagestanden, keine so hohen Verluste erlitten und viel schneller die Luftherrschaft erlangt.«

Jakowlew Jak-3.

Die Jak-3 war recht ausbaufähig. Auf ihrer Grundlage entstand eine Reihe von Modifikationen, die die weitere Entwicklung der sowjetischen Luftfahrt beeinflussten:

- Jak-3 WK-107A. Eine Nachkriegsausführung der Jak-3 in Ganzmetallbauweise mit WK-107A-Motor. 1945–1946 wurden 48 Flugzeuge hergestellt.
- Jak-3 WK-108. Prototyp vom September 1944 mit WK-108-Motor, der eine Geschwindigkeit von 754 km/h erreichte.
- Jak-3P mit B-20M-Motorkanone und zwei synchronen B-20S-MG. Produziert in Saratow und Tiflis von Frühjahr 1945 bis Sommer 1946.
- Jak-3PD. Prototyp eines Höhenabfangjägers mit M-105PW-Motor. Am 26. Juli 1945 erzielte er in 11.000 m Höhe eine Geschwindigkeit von 710 km/h und erreichte am 6. Juli eine Höhe von 13.300 m.
- Jak-3RD (Jak-3R). Versuchflugzeug von 1944 mit flüssigkeitsgekühltem Motor RD-1 im Heck.
- Jak-3T. Versuchsjäger vom Mai 1945 mit 37-mm-Motorkanone NS-37 und zwei synchronen 20-mm-Kanonen B-20S.

Jak-3-Fertigung 1944–1946					
Modell	Werk	1944	1945	1946	Gesamt
Jak-3 WK-105PF2	Nr. 31 (Tiflis)	498	462	- -	**990**
	Nr. 292 (Saratow)	1682	1918	240	**3840**
Jak-3 WK-107A	Nr. 31 (Tiflis)	- -	- -	48	48
Gesamt		**2180**	**2380**	**288**	**4848**

- Jak-3U. Versuchsjäger mit luftgekühltem Motor ASch-82FN. Hergestellt im Frühjahr 1945 im Flugzeugwerk № 153 in Nowosibirsk. Er bestand die Tests, ging aber wegen des Kriegsendes nicht in Serie.
- Jak-3 UTI. Trainer-Prototyp Jak-11 mit Doppelkabine, luftgekühltem ASch-21-Motor und vergrößerter Spannweite.
- Jak-RD-10. Prototyp der Jak-15 vom Sommer 1946 mit Strahltriebwerk RD-10 im Rumpfbug.

Eine Jak-3 und ihr Flugzeugführer.

Im »Regiment Normandie-Njemen« flogen auf sowjetischer Seite kämpfende De-Gaulle-»Freifranzosen« die Jak-3. Man beachte das französische Hoheitsabzeichen am Rumpf.

Petljakow Pe-3

In der Nacht vom 21. auf den 22. Juli fand der erste deutsche Luftangriff auf Moskau statt. Eine Gruppe von 127 Kampfflugzeugen bombardierte in vier Wellen verschiedene Ziele auf dem Territorium der Stadt. Am 23. Juli und 10. August wurden die nächtlichen Luftangriffe mit einer geringeren Zahl Flugzeugen wiederholt, die allesamt nur verhältnismäßig geringe Schäden anrichteten und auf heftige Flakabwehr trafen. Auch die Verluste der Angreifer blieben gering. Jedenfalls hatte Moskau Vorkehrungen getroffen und und an Flugabwehrgeschützen herrschte kein Mangel. Nach Angaben des britischen Journalisten und Augenzeugen Alexander Werth gab es ein „gewaltiges Flakfeuer". Anders sah es bei der Luftverteidigung Moskaus durch Jäger aus, die im Grunde versagte. Die Maschinen der Moskauer Schutzverbände kamen an den Gegner kaum heran, geschweige denn gelang es ihnen, diesen beim Abflug einzuholen.

In dieser Situation wäre der Einsatz von Nachtjägern mit großer Reichweite und langer Stehzeit am effektivsten gewesen, doch die gab es nicht. Dabei war ein solcher Abfangjäger bereits 1939 im Gefängnis-ZKB-29 des NKWD von der Brigade des W. M. Petljakow entwickelt worden. Während der Erprobung zeigte der Prototyp gute Flugeigenschaften, aber es wurde beschlossen, ihn in einen Sturzbomber umzuwandeln, der die Bezeichnung Pe-2 erhielt. Nach dem deutschen Luftangriff vom 22. Juli besann man sich höheren Ortes eines Anderen und am 2. August 1941 erhielt die Brigade Petljakow den Auftrag, auf Basis der Pe-2 einen Nachtjäger zu entwickeln – und zwar bis zum 6. August 1941. Eine nahezu unlösbare Aufgabe für Petljakow und seine Ingenieure. Aber wenn sie es nicht schafften, drohten schlimme persönliche Folgen. Die Entwickler

Dreiseitenansicht der Petljakow Pe-3.

Pe-3-Fertigung 1941–1944						
Modell	Werk	1941	1942	1943	1944	Gesamt
Pe-3	Nr. 39 (Irkutsk)	196	--	--	--	196
Pe-3bis	Nr. 39 (Irkutsk)	--	--	13	19	32
Gesamt		196	--	13	19	228

Die zweimotorige Petljakow Pe-3 wurde als Langstrecken-Abfangjäger eingesetzt.

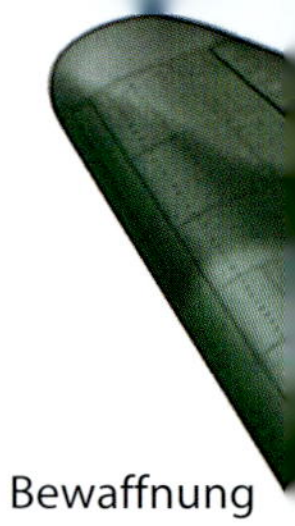

beschäftigen sich daher gar nicht erst groß mit der Erstellung von Konstruktionszeichnungen, sondern begannen sozusagen gleich an der dafür vorgesehenen Serien-Pe-2 herumzuschrauben. Ohnehin konnten sie nur minimale Änderungen vornehmen, da aus Gründen der Produktionsvereinfachung die meisten Teile mit dem Pe-2-Sturzbomber übereinstimmen mussten. Zum Hauptziel hatten sich die Konstrukteure die Erhöhung der Reichweite durch Vergrößerung der Kraftstoffkapazität und eine Vereinfachung der Konstruktion gesetzt. Auch die Bewaffnung musste sich gemäß der neuen Aufgabe ändern.

Der Einbau zusätzlicher Tanks, einer in den Bombenschacht und zwei am Platz des Bordschützen, erhöhte die Kraftstoffmenge um 700 Liter. Die elektrische Bombenabwurfanlage entfiel ebenso wie die Sturzflugbremsen unter den Flächen und die unteren Maschinengewehre. Das Bomber-Funkgerät RSB-bis wich einem Jäger-Funkgerät REI-4. Das Ergebnis der Arbeiten war eine Reichweitensteigerung auf 2150 km und eine Erhöhung der Geschwindigkeit auf 530 km/h in 5000 m Höhe. Die Rohrbewaffnung erfuhr eine mäßige Verstärkung durch ein 12,7-mm-BK-Maschinengewehr im Bug und ein 7,62-mm-SchKAS-MG im Heck. Infolgedessen verfügte das Flugzeug über eine offensive Bewaffnung von zwei BK-Maschinengewehren (150 Schuss pro Lauf) und einem SchKAS (750 Schuss). Die Abwehrbewaffnung bestand aus zwei SchKAS-Maschinengewehren, von denen eines vom Navigator bedient und das andere fest installiert wurde. Erstaunlicher Weise blieb ein Teil der Abwurfbewaffnung auch im Jäger erhalten, und zwar zwei MDZ-40-Halterungen für Bomben bis zu 500 kg; außerdem sechs Schienen zum Abfeuern von RS-132-Raketen.

Technische Angaben Pe-3	
Bauausführung	Pe-3bis
Spannweite, m	17,13
Länge, m	12,67
Höhe, m	3,93
Flügelfläche, m^2	40,80
Masse (kg)	
Rüstmasse	5815
Abflugmasse	7870
Kraftstoffmenge, l	2078
Motortyp	2 x M-105RA
Leistung, PS	2 x 1050
Höchstgeschwindigkeit, km/h	
in Bodennähe	438
in der Höhe	530
Praktische Reichweite, km	2000
Gipfelhöhe, m	8800
Besatzung	2
Bewaffnung	1 x 20 mmSchWAK-MK 2 x 12,7 mm UBS-MG Abwehrbewaffnung: 1 x 12,7 mm UBK-MG 1 x 7,62 mm SchKAS-MG Bombenlast: 2 x 250 kg (Rumpf), 2 x 100 kg (Flächen)

Das Flugzeug ging sofort in die Erprobung und danach als Pe-3 nahtlos in die Serienfertigung beim Irkutsker Flugzeugwerk Nr. 39. Ende September 1941 liefen die ersten Serien-Pe-3 den Jagdfliegerregimentern der Luftverteidigung Moskaus zu.

Diese setzten die Pe-3 auf verschiedene Weise ein – im rottenweisen Sperrflug, in der Staffel beim Angriff auf Feindverbände oder als einzelne »fliegende Lauerposten«, die sich nähernde Feindverbände oder Einzelflugzeuge melden sollten. Einen ersten Luftsieg mit Pe-3 errang Oberleutnant Fortow vom 95. Jagdfliegerregiment am 3. Oktober 1941 mit dem Abschuss einer Ju 88.

Die Pe-3 war dem deutschen Zerstörer Messerschmitt Bf 110 C mit zwei Motoren DB 601 A in Aussehen, Technik und Leistung recht ähnlich (böse Zungen sprechen von Abkupfern). Bei nahezu gleicher Reichweite, Bodengeschwindigkeit (445 km/h) und Steigzeit auf 5000 m (5–9 min) war die Messerschmitt 1350 kg leichter und wendiger (Vollkreis in 1000 m Höhe in 30 s; Pe-3 in 35 s).

Die Bugbewaffnung von vier MG 17 und zwei MG FF in der Nase der Bf 110 lieferte die anderthalbfache Feuerdichte der Pe-3. In der Höhe war das sowjetische Flugzeug etwas schneller als das deutsche – jedenfalls bis Herbst 1941, als der leistungsstärkere DB 601 E die Bf 110 C zur schnelleren Bf 110 E machte.

Basierend auf den Einsatzerfahrungen mit der Pe-3 entwickelte Petljakow im Konstruktionsbüro des Flugzeugwerks Nr. 39 die verbesserte Version Pe-3bis mit folgenden Unterschieden zur Pe-3:

- Wegfall der Bugverglasung an der Rumpfnase;
- die BK-Maschinengewehre wichen zwei UBS-MG (250 Schuss pro Lauf) und eine SchWAK-Kanone mit 250 Schuss Munition wurde im Bug installiert.
- Anstelle des festen SchKAS-MG erhielt der Bordschütze ein UBT-Maschinengewehr in Ringlafette, Munitionsvorrat 180 Schuss;

Petljakow Pe-3.

- Flügel mit automatischen Klappen;
- Kürzere Kanzelhaube mit Schiebedach;
- Die Stickstoffanlage wurde durch eine Anlage zum Befüllen der Kraftstoffbehälter mit gekühlten Motorabgasen ersetzt.
- Alle Cockpitfenster erhielten Vorhänge als Schutz gegen Blendung von Scheinwerfern;
- Luftschrauben und Frontscheibe erhielten eine Enteisungsanlage.
- Verstärkung der Panzerung durch den Einbau von 4–6,5 mm dicken Panzerplatten vor dem Flugzeugführer und einer 13-mm-Panzerplatte hinter dem Sitz. Dadurch stieg das Gewicht der Panzerung auf 148 kg und das Gesamtgewicht der Pe-3bis um 180 kg (im Vergleich zur Pe-3). Die Geschwindigkeit in der Höhe nahm um etwa 527 km/h ab, stieg aber in Bodennähe auf 448 km/h.

Automatische Klappen vereinfachten die Landung für den Piloten etwas.

Die Pe-3bis entstand nur in geringer Stückzahl. Von 1943–1944 baute das Werk Nr. 39 lediglich 32 Abfangjäger dieses Typs. Wie die Pe-3 wurde auch die Pe-3bis als Aufklärer und Schlachtflugzeug eingesetzt. Ende Sommer 1944 befanden sich noch etwa 30 Pe-3 und Pe-3bis im Einsatz bei der sowjetischen Luftwaffe.

Beresnjak-Issajew BI-1

Im Frühjahr 1941 begannen A. J. Beresnjak und A. M. Issajew vom Konstruktionsbüro W. F. Bolchowitinow (KB-293) mit den Arbeiten an einem Abfangjäger, den das von L. S. Duschkin entwickelte Flüssigkeits-Raketentriebwerk antreiben sollte. Dieses sollte dem Jäger eine horizontale Spitzengeschwindigkeit von bis zu 800 km/h verleihen, und seine Steiggeschwindigkeit würde die besten Jagdflugzeuge mit Kolbenmotoren um das Zehnfache übertreffen! Der größte Nachteil des Raketentriebwerks war sein hoher Treibstoffverbrauch, der die Flugdauer erheblich einschränkte. Deshalb sah man die Verwendung als Objektschutzjäger vor: die Maschine stieg erst bei Annäherung feindlicher Flugzeuge an das zu beschützende Objekt auf, erreichte die Feindmaschinen aufgrund seiner hohen Geschwindigkeit rasch und bekämpfte sie, um nach Verbrennen des Treibstoffs wie ein Segelflugzeug wieder zu landen.

Einen vorläufigen Entwurf des Abfangjägers legte Bolchowitinow Anfang Juli 1941 dem Volkskommissariat der Luftfahrtindustrie vor, als die Gefahr von Luftangriffen auf Moskau immer wahrscheinlicher wurde. Aus diesem Grund erhielt das Projekt Vorrang: Anfang August ordnete eine Weisung des Verteidigungsausschusses (GKO) an, den Abfangjäger innerhalb von nur 35 Tagen zu bauen. Das gesamte KB-293 musste dazu in eine Kaserne umziehen, wo es rund um die Uhr arbeitete. Parallel zur Erstellung detaillierter Konstruktionszeichnungen erfolgte die Fertigung. Nur so konnte das Flugzeug einen Monat und zehn Tage nach Erteilung des Auftrags bereits zu ersten Versuchen bereitstehen. Es erhielt die Bezeichnung BI (Beresnjak-Issajew), obwohl offizielle Dokumenten häufig vom „BI-Flugzeug, entworfen von Generalmajor Genosse Bolchotinow " sprachen.

Das BI-Flugzeug entstand als Eindecker in Holzbauweise. Die geraden trapezförmigen Flügel waren ebenso wie das Heck mit Sperrholz beplankt. Der Rumpf war in Schalenbauweise mit Stoffbespannung ausgeführt. Den Piloten schützte eine vordere und eine hintere 5,5-mm-Panzerung. Die Waffen – zwei 20-mm-SchWAK-Kanonen mit 45 Schuss Munition – wurden in der Schnauze auf einer Holzlafette untergebracht. Im Unterteil der ausladenden Nase befanden sich zwei Druckluft- und zwei Petroleumzylinder. Hinter dem Cockpit lagerten Behälter mit Salpetersäure und Pressluft. Das Einkammer-Raketentriebwerk D-1A-1100 kam im hinteren Teil des Rumpfes unter. Als Treibstoff diente Traktor-Kerosin und konzentrierte 96–98-prozentige Salpetersäure als Oxidationsmittel, die dem Triebwerk unter Druckluft aus Pressluftflaschen (4,2 kg Oxidationsmittel pro 1 kg Kerosin) zugeführt wurde. Der Verbrauch lag bei 6 kg Kerosin und Säure pro Sekunde. Den gesamten Treibstoffvorrat von 705 kg verbrauchte der Raketenmotor in knapp zwei Minuten.

Der Flugzeugrumpf wurde im ZAGI-Windkanal getestet. Da das Triebwerk noch nicht lieferbar war, fanden Flugversuche im Segelschlepp einer Pe-2 statt. So ließen sich die Flugeigenschaften der BI bei niedrigen Geschwindigkeiten erproben. Die Schleppversuche bestätigten die Berechnungen bezüglich Flugstabilität und Steuerbarkeit.

Die Verlegung des Konstruktionsbüros Nr. 293 hinter den Ural ins Dorf Dilimbai (60 km westlich Swerdlowsk) unterbrach die Versuche im Oktober 1941. Am neuen Standort machte man sich an die Verfeinerung des Triebwerks und den Einbau ins Flugzeug. Am 25. April 1942 fanden auf dem Flugplatz Kolzsow weitere Flugversuche statt und am 15. Mai 1942 startete die BI-1 mit G. J. Bachtschiwandschi am Steuer erstmals mit Raketentriebwerk. Der Flug dauerte 3 Minuten und 9 Sekunden, wobei

Beresnjak-Issajew BI-1.

die BI-I eine Spitzengeschwindigkeit von 800 km/h und in Bodennähe eine Steigrate von bis zu 82 m/s erreichte. Der deutsche Raketenjäger Messerschmitt Me 163 mit Triebwerk hatte, nachdem er von einer Schleppmaschine auf Höhe gebracht worden war, bereits am 2. Oktober 1941 als erstes Flugzeug überhaupt eine Geschwindigkeit von über 1000 km/h erreicht (ein Rekord, der bis 1947 bestehen blieb), startete aus eigener Kraft aber erst im Juni 1943. Insofern gilt die BI-1 als erstes militärisches Raketenflugzeug, das aus eigener Kraft startete und flog.

Der erfolgreiche Erstflug gab grünes Licht für die Herstellung von zwei weiteren Prototypen für Flugversuche. 30 weitere Zellen dienten zu militärischen Tests und zur Waffenerprobung. Im Januar 1943 nahmen die Versuchsflüge ihren Fortgang und zeitigten folgende Ergebnisse:

- Maximale Fluggeschwindigkeit 675 km/h;
- Steiggeschwindigkeit 82 m/s;
- Flughöhe 4000 m;
- Flugzeit 6 Min. 22 s;
- Laufzeit des Triebwerks 84 s.

Am 27. März 1943 führte Versuchspilot G. J. Bachtschiwandschi den siebten Flug mit dem dritten Prototyp durch. Auftragsgemäß sollte er im Horizontalflug in 2000 m Höhe die Maschine auf eine Geschwindigkeit von 750–800 km/h bringen. Nach Beobachtern am Boden aus verlief der Flug normal, bis das Triebwerk nach 78 Sekunden Laufzeit ausfiel. Das Flugzeug kippte über die Nase in den Sturzflug und „landete" im Winkel von 50° auf dem Boden. Der Pilot starb. In Untersuchungen stellte sich heraus, dass die BI-1 die Neigung zeigte, bei hohen Geschwindigkeiten plötzlich die Nase nach unten zu nehmen, was mit den ungepfeilten Tragflächen in Zusammenhang stand. Der Pilot war dagegen machtlos.

Infolge dieser Katastrophe erging für die BI-1 ein Fertigungsstopp; Testflüge mit den bereits vorhandenen Vorserienmustern wurden jedoch bis 1945 fortgesetzt. Diese, vor allem aber die Nutzung erbeuteter deutscher Spitzentechnologie, trugen in hohem Maße zur Entwicklung der sowjetischen Strahlflugzeuge nach dem Krieg bei.

Die von einem Flüssigkeits-Raketentriebwerk angetriebene Beresnjak-Issajew BI-1 war als Objektschutzjäger vorgesehen und konnte auf einem Rad- oder Kufenfahrwerk starten und landen.

Technische Angaben BI-1	
Bauausführung	BI-1
Spannweite, m	6,48
Länge, m	6,40
Höhe, m	2,06
Flügelfläche, m^2	7,00
Masse, kg	
Rüstmasse	790
Abflugmasse	1683
Antrieb	1 x Raketentriebwerk LRE D-1A
Schub, kg	1100
Höchstgeschwindigkeit, km/h	
in Bodennähe	800
in der Höhe	1020
Flugdauer, min	15
Max. Steiggeschwindigkeit, m/min	82
Gipfelhöhe, m	10.000
Besatzung	1
Bewaffnung	2 x 20 mm SchWAK-MK

Dreiseitenansicht der Beresnjak-Issajew BI-1.

Die Entwickler der BI-1: Alexander Jakowlewitsch Beresnjak r. (1912–1974) und Alexei Michailowitsch Issajew l. (1908–1971).

SCHLACHTFLUGZEUGE

Die sowjetischen Luftstreitkräfte verfügten über jede Menge Schlachtflugzeuge, die sie zu verschiedensten taktischen Angriffszwecken meist im Tiefflug gegen Land- und Seeziele einsetzten. In den späten 1930er-Jahren wurden die Verbände mit Schlachtflugzeugen der Typen R-5Sch-, R-5LSch- und R-Z ausgestattet, die auf dem Aufklärer und Leichtbomber R-5 beruhten. Die Erfahrungen des Spanischen Bürgerkrieges 1936–1939 und des sowjetisch-finnischen Winterkrieges 1939–1940 zeigten ihre hohe Anfälligkeit gegen Bodenbeschuss, hauptsächlich weil wirksamer Panzerschutz fehlte. Dies änderste sich mit dem Erscheinen der Il-2 kurz vor Ausbruch des »Großen Vaterländischen Krieges«, bei der sich zuverlässiger Panzerschutz mit starker Bewaffnung optimal verband. In der letzten Kriegsphase erschien noch die Il-10, die sich durch höhere Geschwindigkeit, nochmals verbesserten Panzerschutz und verstärkte Bewaffnung auszeichnete. Dazu zählten neben Maschinengewehren und Maschinenkanonen Spreng- und Splitterbomben bis zu 100 kg sowie ungelenkte Raketen der Kaliber 82 und 132 mm.

Die sowjetische Schlachfliegerwaffe gliederte sich in Schlachtfliegerregimenter und -divisionen. Im Sommer 1942 stellte die Reserve des Oberkommandos ein Schlachtfliegerkorps auf, das die Fliegerarmeen an Frontschwerpunkten unterstützen sollte. Während des 2. Weltkriegs verfügten im Grunde nur die Sowjets über eine vollwertige Schlachtfliegerei mit einer hohen Zahl an Verbänden gepanzerter Schlachtflugzeuge. Die deutsche Schlachtfliegerei gewann in der zweiten Kriegshälfte an Bedeutung – neue Schlachtflugzeuge erschienen an der Front und 1943 wurden die Stuka- in Schlachtgeschwader umgewandelt. Sie war vor allem in der Panzerbekämpfung sehr erfolgreich, konnten aber rein zahlenmäßig bei weitem nicht mit den Sowjets mithalten. So wurde das sowjetische Hauptschlachtflugzeug, die Iljuschin Il-2, in nicht weniger als 36.000 Einheiten gebaut – das meistgebaute Militärflugzeug in der Geschichte der Luftfahrt. Die Il-2 war an allen größeren Schlachten beteiligt und an allen Frontabschnitten präsent, auch noch bei den Kämpfen gegen die Japaner im Sommer 1945. Dies bezahlte sie mit hohen Verlusten: von 1941 bis 1945 fielen nach sowjetischen Angaben allein 11.448 Il-2 feindlicher Waffenwirkung zum Opfer – was der deutschen Boden- und Luftabwehr nicht das schlechteste Zeugnis ausstellt. Darüber hinaus wurden mehr als 11.000 Flugzeuge als Ausfälle abgeschrieben (Abstürze, Unfälle, Beschädigung, Verschleiß). Ebenfalls nach sowjetischen Angaben fielen vom Fliegenden Personal der Schlachtfliegerverbände 12.054 Personen, darunter 7837 Piloten, 221 Beobachter und 3996 Bordschützen.

Einsitziges Schlachtflugzeug ZKB-57 (Il-2) auf Kufenfahrwerk.

Iljuschin BSch-2 (ZKB-55/ZKB-57)

Die negativen Erfahrungen mit ungepanzerten Erdangriffsflugzeugen in Spanien brachte die Sowjets auf den Trichter, für die Luftnahunterstützung auf dem Gefechtsfeld ein spezielles Schlachtflugzeug zu entwerfen, das in geringer Höhe operieren konnte und neben starker Offensiv- und Defensivbewaffnung über wirksamen Panzerschutz verfügte.

Am 27. Januar 1938 erhielt S. W. Iljuschin den Auftrag zur Entwicklung eines solchen Erdangriffsflugzeuges. Er schickte an die oberste Führungsriege – Stalin, Molotow, Woroschilow, Kaganowitsch – und den Befehlshaber der Luftstreitkräfte, A. D. Loktionow, ein Schreiben folgenden Inhalts: »Unter der tiefgestaffelten Fliegerabwehr des modernen Schlachtfelds und ihrer enormen Feuerkraft (die sich auf Schlachtflugzeuge konzentrieren wird), werden Schlachtflugzeuge hohe Verluste erleiden. Unsere im Bau befindlichen Schlachtflugzeugtypen... weisen eine große Verwundbarkeit auf, da kein einziges wichtiges Element geschützt ist: Besatzung, Motor, Öl- und Kühlanlage, Abwurfwaffeneinrichtung. Dies kann die Angriffsfähigkeit unserer Schlachtflugzeuge erheblich einschränken. Daher besteht heute die Notwendigkeit, ein gepanzertes Schlachtflugzeug oder – mit anderen Worten – einen fliegenden Panzer zu schaffen, bei dem alle wichtigen Teile geschützt sind. Als ich die Notwendigkeit eines solchen Flugzeugs erkannte, arbeitete ich bereits mehrere Monate an der Lösung dieses schwierigen Problems, das zur Entwicklung eines gepanzerten Schlachtflugzeugs führte... Um dieses herausragende Flugzeug schaffen zu können, das die Angriffsfähigkeit unserer Schlachtflieger unermesslich erhöht und sie in die Lage versetzt, dem Feind ohne Eigenverluste oder unter sehr geringen Verlusten vernichtende Schläge zu versetzen, bitte ich Sie, mich anzuweisen, das Flugzeug für staatliche Tests im November 1938 freizugeben. Die Aufgabe, ein gepanzertes Schlachtflugzeug zu bauen, ist äußerst schwierig und birgt ein großes technisches Risiko, aber mit Enthusiasmus und vollem Vertrauen in den Erfolg werde ich diese Angelegenheit angehen.«

Gemäß den technischen Spezifikationen im Anhang zum Schreiben Iljuschins handelte es sich um ein zweisitziges Angriffsflugzeug mit AM-34FRN-Motor, das in Bodennähe eine Spitzengeschwindigkeit von 385– 400 km/h entwickelte. Die Angriffsbewaffnung bestand aus vier SchKAS-MG in den Flächen und die Abwehrbewaffnung aus einem SchKAS-MG in einem Waffentürmchen im Kanzelheck. Die Bombenlast betrug 200 kg. Besatzung, Motor, Kraftstoff- und Ölanlage waren zuverlässig durch Panzerung geschützt.

Die »Großkopfeten« nickten Iljuschins Anfrage gnädig ab, und am 5. Mai 1938 wurde die Entwicklung seines Flugzeugs, das die Bezeichnung BSch-2 (Bronirowanny Schturmowik, gepanzertes Schlachtflugzeug) erhielt, in den Plan für den Bau experimenteller Flugzeuge für 1938–1939 aufgenommen. Des Weiteren sollte Iljuschin unmittelbar drei Prototypen für staatliche Versuche bereitstellen: den ersten im Dezember 1938, den zweiten im März und den dritten im Mai 1939.

Am 3. Januar 1939 legte der wackere Konstrukteur der Hauptdirektion der Luftstreitkräfte (sprich: dem Oberkommando) einen vorläufigen Entwurf der BSch-2 (Fabrikbezeichnung ZKB-55) vor. Am 26. Januar genehmigte die Erprobungskommission den Entwurf. Da der AM-34FRN-Motor aber mittlerweile nicht mehr gebaut wurde, stattete Iljuschin seine Maschine mit dem neuen leistungsstärkeren, aber noch unerprobten AM-35 aus. Der Erstflug des Prototypen ZKB-55 Nr. 1 fand am 2. Oktober 1939 statt. Er dauerte nur 10 Minuten, dann überhitzte der Motor. Am 30. Dezember folgte ZKB-55 Nr. 2. Die

Iljuschin BSch-2.

Werkserprobung zog sich bis zum 26. März 1940 hin, was hauptsächlich an Problemen mit dem Motor lag. Erst am 31. März 1938 ließ das Forschungsinstitut der Luftstreitkräfte die ZKB-55 Nr. 2 zur staatlichen Erprobung zu. Nichtsdestoweniger stellten sich bald schwerwiegende Mängel heraus, hier die wichtigsten:

- Zu niedrige Geschwindigkeit (bodennah 350 km/h, an der Höhengrenze 422 km/h);
- ungenügende Reichweite (618 km);
- schlechte Sicht nach vorn;
- unzureichende Längsstabilität;
- schlechte Manövrierfähigkeit und Steuerbarkeit aufgrund des hohen Gewichts;
- mangelnde Betriebssicherheit des AM-35-Motors;
- kritische Waffeninstallationen.

Am 7. Mai 1940 prüfte der Technische Rat des Luftwaffenforschungsinstituts den Bericht. Er nahm die festgestellten Mängel zur Kenntnis, bewertete das Flugzeugs aber dennoch positiv: »Das Modell BSch-2 AM-35 stellt den einzigen gut gepanzerten Flugzeugtyp mit ausreichend starker Bomben-Bewaffnung dar. Es bietet Aussicht für eine Weiterentwicklung hinsichtlich der Steigerung der Flugleistung, Reichweite und einer Verstärkung der Rohrwaffen. In dieser Hinsicht ist das Flugzeug BSch-2 AM-35 von besonderem Interesse für den Einsatz als Kurzstrecken-Angriffsbomber bei den sowjetischen Luftstreitkräften.«

Da das Hauptmanko in der unbefriedigenden Leistung des AM-35-Motors lag, sollte die BSch-2/ZKB-55 nun ein AM-38-Triebwerk erhalten. Es überstand die 50-Stunden-Dauerlaufzeit während der Versuche vom 6. bis 10. August 1940 erfolgreich und wurde am 12. September im Werk Nr. 39 in einen BSch-2-Prototypen eingebaut. Iljuschin aber dachte weiter. Da der neue Motor zwar leistungsstärker war, Geschwindigkeit und Wendigkeit verbesserte, aber auch einen größeren Durst entwickelte und damit die Reichweite deutlich verringerte, entschloss sich

Schlachtflugzeug-Prototyp ZKB-55.

der Konstrukteur zum Bau einer einsitzigen Variante ohne Bordschützen. Diese sollte dafür einen zusätzlichen Kraftstofftank und am Heck eine stärkere Panzerung erhalten. Das so modifizierte Modell erhielt die Werksbezeichnung ZKB-57. Es absolvierte am 12. Oktober 1940 seinen Erstflug. Im Dezember erhielt es die neue Bezeichnung Il-2 und ging bald in Serie.

Technische Angaben ZKB-57	
Bauausführung	ZKB-57
Spannweite, m	14,60
Länge, m	11,60
Höhe, m	4,17
Flügelfläche, m^2	38,50
Masse (kg)	
Rüstmasse	3792
Abflugmasse	4988
Motortyp	1 x Mikulin AM-38
Leistung, PS	1500
Höchstgeschwindigkeit, km/h	
in Bodennähe	423
in der Höhe	437
Praktische Reichweite, km	850
Steiggeschwindigkeit, m/min	588
Gipfelhöhe, m	8500
Besatzung	1
Bewaffnung	4 x 7,62 mm SchKAS-MG 1 x 7,62 mm SchKAS-MG (Heck) bis zu 400 kg Bomben (600 kg Überlast)

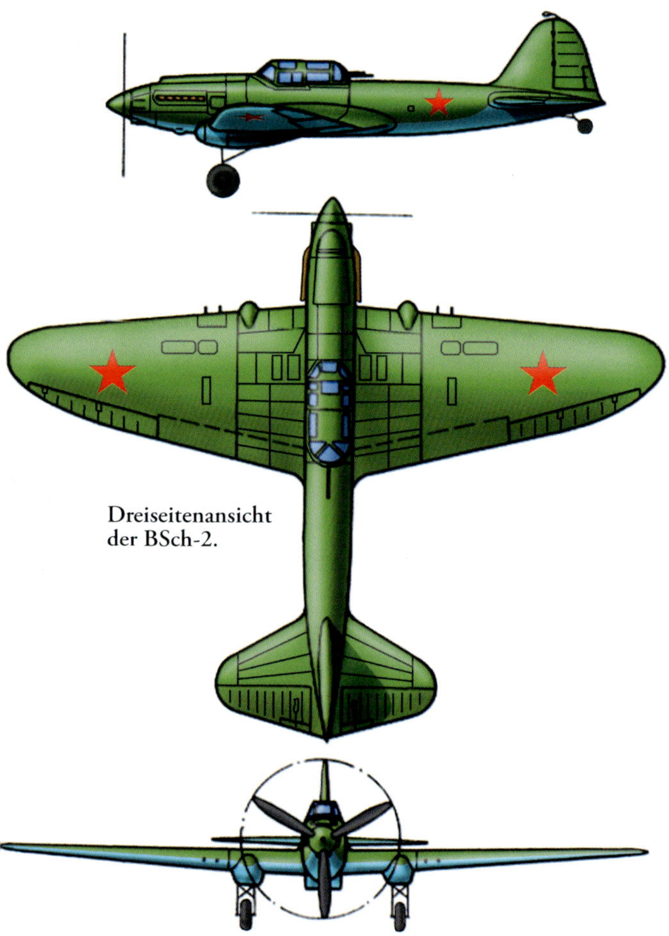

Dreiseitenansicht der BSch-2.

Flugzeugkonstrukteur Sergei Wladimirowitsch Iljuschin (1894–1977).

Iljuschin Il-2

Die staatliche Erprobung der Il-2 begann am 28. Februar 1941 und schloss am 20. März erfolgreich ab. Die Il-2 entstand in Gemischtbauweise und ein charakteristisches Merkmal stellte die „gepanzerte Box" des Rumpfes dar, die Pilot, Motor, Kraftstoff- und Ölbehälter zuverlässig schützte. Der 990 kg schwere Panzerkasten bildete zugleich einen Teil des Tragrahmens. Ein hölzernes Heckteil schloss sich an, während das Leitwerk an sich aus Duraluminium mit stoffbespannten Rudern und Querrudern bestand. Die Flügelmittelteile bestanden ebenfalls aus Duraluminium und verfügten über Gondelverkleidungen sowie Schächte für das Einziehfahrwerk. Die Flügel bauten auf zwei Hauptholmen aus Holz auf und erhielten eine Sperrholzbeplankung. Gegen Ende des Krieges baute man sie aus Duraluminium. Die Il-2 unterschied sich von der BSch-2 AM-35 nicht nur durch ihren AM-38-Motor, sondern auch in folgenden Merkmalen:

- Verbesserte Sicht nach vorn;
- besserte Längsstabilität und Steuerbarkeit;

Technische Angaben Il-2	
Bauausführung	Il-2
Spannweite, m	14,60
Länge, m	11,60
Höhe, m	4,17
Flügelfläche, m^2	38,50
Masse (kg)	
Rüstmasse	4525
Abflugmasse	6060
Motortyp	1 x Mikulin AM-38
Leistung, PS	
Nennleistung	1575
Startleistung	1665
Höchstgeschwindigkeit, km/h	
in Bodennähe	370
in der Höhe	411
Praktische Reichweite, km	685
Steiggeschwindigkeit, m/min	417
Gipfelhöhe, m	6000
Besatzung	2
Bewaffnung	2 x 20 mm SchWAKMK (210 Schuss je Rohr) 2 x 7,62 mm SchKAS-MG (750 Schuss je Rohr 1 x 12,7 mm UBT-Heck-MG (280 Schuss) 8 x RS-82 und 400 kg Bomben (Überlast 600 kg).

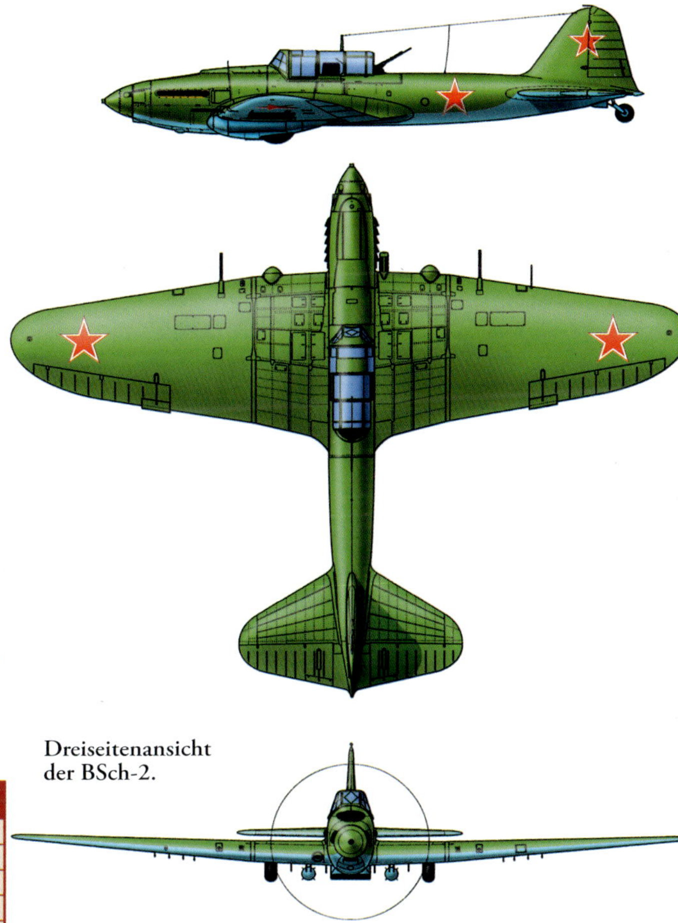

Dreiseitenansicht der BSch-2.

- den erweiterten Panzerkasten;
- das Visier PBP-15 zum Schießen mit Rohr- und Raketenwaffen, das auch für Bombenwürfe im Tiefflug vorgesehen war;
- der Bordschützenplatz wurde zugunsten eines zusätzlichen 155-kg-Kraftstofftank eingespart, der die Tankkapazität auf 470 kg erweiterte.

Bei 5310 kg Startmasse, bis zu 400 kg Bomben in inneren Bombenschächten, zwei SchWAK-Kanonen mit 420 Schuss und zwei SchKAS-MG mit 1500 Schuss erreichte die Il-2 bei der staatlichen Erprobung in Bodennähe eine Höchstgeschwindigkeit von 433 km/h und von 450 km/h in 2460 m Höhe. Im Vergleich zur BSch-2 ließ sich sich einfacher beherrschen, bot bessere Sicht und praktischere Visiermöglichkeiten. Noch vor Abschluss der staatlichen Tests wurde die Il-2 gemäß den NKAP-Weisungen vom 7. Januar und 14. Februar 1941 in vier Flugzeugwerken gleichzeitig in Serie gebracht. Den Panzerkasten bauten fünf andere Fabriken. Die erste Serien-Il-2

verließ das Woronescher Werk Nr. 18 Anfang März 1941 und absolvierte am 10. März den Erstflug. Die zweite Maschine war Ende März fertig. Im April stieg die Produktionsrate im Werk Nr. 18 schrittweise an. Im Mai produzierte es 74 Flugzeuge und in den ersten 20 Junitagen weitere 159. Bis Kriegsbeginn stießen alle Werke insgesamt 249 Il-2 aus und übergaben den Luftstreitkräften etwas mehr als 170 Flugzeuge. Bis zum 22. Juni 1941 erreichte nur das 4. Schlachtfliegerregiment (4. SchAP) das vollständige Soll von 63 Il-2. Der Rest ging in Losen von drei bis acht Flugzeugen an verschiedene Regimenter in den vier westlichen Militärbezirken. Angesichts dieser Zerstreuung stellte die Il-2 keine wirkliche Verstärkung der Kampfkraft dar.

Was das 4. Schlachtfliegerregiment anging, erlebte es seinen ersten Gefechtseinsatz am 27. Juni 1941, als es eine deutsche Kolonne bei Bobruisk angriff. In den folgenden Tagen flog es Bombenangriffe auf deutsche Truppenkonzentrationen an Brücken und Flussübergängen der Beresina. So griff es am 2. Juli 1941 neun Beresina-Übergänge an. Diese eine Gefechtswoche im Raum Bobruisk kostete das Regiment jedoch erhebliche Verluste an Männern und Maschinen. 20 Piloten wurden getötet und nur 19 einsatzfähige Flugzeuge (von 56 am 27. Juni) blieben übrig. Diese starteten am 4. Juli zu mehreren Angriffen auf den Flugplatz Bobruisk, wo sie, wie es heißt, „etwa 30" deutsche Flugzeuge zerstörten. Bis zum 10. Juli schrumpfte der Bestand auf etwa ein Dutzend Il-2 zusammen. Am 20. August wurde das 4. SchAP, oder was davon übrig geblieben war, aus dem Einsatz gezogen und zur Auffrischung nach Woronesch verlegt.

Bis Juli 1941 waren verschiedene Verbände mit Il-2-Schlachtflugzeugen ausgerüstet worden. Zum Beispiel verfügte das 430. SchAP über 22 Il-2. Der aus Versuchspiloten aufgestellte Verband sollte sozusagen die Einsatzerprobung der Il-2 vornehmen und geeignete Angriffstaktiken entwickeln. Am 10. Juli erhielt das an der (sowj.) Südwestfront stehende 74. SchAP zwanzig Il-2 und am 12. Juli schulte das 61. SchAP im Raum Smolensk-Jelna auf das Muster um. Es erhielt bis zum 24. Juli jedoch nur vier (von sollmäßig 28) Maschinen, und diese waren nicht einsatzfähig.

Die hohen Verluste an Il-2 erklären sich nicht zuletzt aus der Wirksamkeit der deutschen Erdabwehr sowie der deutschen Jagdflieger. Letztere nutzten die fehlende Heck-Abwehrbewaffnung der Il-2 aus, flogen von hinten an und eröffneten das Feuer. Deshalb begannen verschiedene sowjetische Einheiten, einsitzige Schlachtflugzeuge in Zweisitzer umzuwandeln, wobei der hintere Mann zum Bordschützen wurde und ein Maschinengewehr bekam. Diese Initiative der Frontpiloten kam Stalin zu Ohren. Ende Februar 1942 ließ er S. W. Iljuschin im Kreml vorreiten und forderte ihn auf, „der Front sofort ein Zweisitzer-Flugzeug zu verschaffen". Ein Führerbefehl – das Konstruktionsbüro Iljuschin ließ alles stehen und liegen und machte sich sofort an die Arbeit. In nur einer Woche standen die Pläne für den geforderten Zweisitzer. Am 1. März 1942 unterzeichnete Iljuschin die Bauzeichnungen und schickte sie an die Flugzeugwerke.

Am 30. Oktober 1942 startete eine in offiziellem Auftag entstandene zweisitzige Il-2 erstmals zum Feindflug. Der Bordschütze verfügte über ein schweres, nach hinten gerichtetes 12,7-mm-UBT-MG. Es gelang ihm, den Angriff eines feindlichen Jägers abzuwehren, der bereits das Feuer auf die Il-2 eröffnet hatte. Die Fronterprobung der Zweisitzer-Il-2 deckte aber auch die Schwächen des Panzerschutzes für den Bordschützen auf. Während der Gefechtserprobung wurden acht Bordschützen getötet oder verwundet, wobei die Piloten mit einer Ausnahme unverletzt blieben. Das heißt, auf einen verletzten oder getöteten Il-2-Flugzeugführer kamen acht getötete oder verwundete Bordschützen. An diesem Verhältnis sollte sich während des Krieges wenig ändern.

Iljuschin Il-2.

Die schweren Verluste an Il-2 wollte man durch Steigerung des Ausstoßes ausgleichen. Durch die Verlagerung nach Osten Ende 1941 hatten viele NKAP-Werke jedoch Startschwierigkeiten. Manchmal wurden Maschinen in Werksgebäuden installiert und in Betrieb genommen, denen noch das Dach fehlte. Das Staatliche Verteidigungskomittee (GKO) sah sich veranlasst, die Direktoren an die Umsetzung der Vorgaben zu erinnern. Beispielsweise ist ein Telegramm bekannt, das der GKO-Vorsitzende Stalin den Direktoren M. B. Schenkman und A. T. Tretjakow der nach Kuibyschew verlagerten Flugzeugwerke Nr. 18 und Nr. 1 schickte:

»Sie haben unser Land und unsere Rote Armee im Stich gelassen. Sie haben die Il-2 Produktion bis jetzt nicht anlaufen lassen. Die Il-2-Flugzeuge werden von unserer Roten Armee aber wie die Luft zum Atmen benötigt. Wenn Genosse Schenkman eine Il-2 pro Tag und Genosse Tretjakow ein oder zwei MiG -3 pro Tag herstellt, gleicht dies einer Verspottung der Roten Armee .... Wenn das Werk Nr. 18 glaubt, so weitermachen zu können, ist dies ein schwerer Fehler, der hart bestraft werden wird.
Ich fordere Sie auf, die Geduld der Regierung nicht überzustrapazieren und den Ausstoß an Il-2-Flugzeuge zu erhöhen. Dies ist die letzte Warnung. Nr. P553 – Stalin.«

Diese und ähnliche Aufforderungen fruchteten und führten zu den gewünschten Ergebnissen: Der Il-2-Ausstoß nahm stark zu und das Muster wurde bald zum meistgebauten Flugzeug des 2. Weltkriegs.

Im Zuge der Massenproduktion wurde das Muster laufend verbessert. Unter Berücksichtigung der Bedürfnisse des Bordschützen vergrößerte das Konstruktionsbüro die Schusswinkel des Heck-MG nach den Seiten, oben und unten.

Die Geschwindigkeit des Zweisitzers nahm im Vergleich zum Einsitzer leicht ab. Daher bekam die Il-2 ab Januar 1943 den stärkeren AM-38F-Motor. Am Vorabend der von der Roten Armee erwarteten deutschen Offensive bei Kursk erhielt die zweisitzige Il-2 im Frühjahr 1943 zur Erhöhung der Feuerkraft zwei der neuen von A. E. Nudelman geschaffenen 37-mm-Kanone NS-37 mit einem Munitionsvorrat von je 50 Schuss. So konnte die Il-2 auch gepanzerte Fahrzeuge mit Erfolg bekämpfen. Nach Berichten in Gefangenschaft geratener deutscher Soldaten sollen

Die zweisitzige Ausführung der Il-2 wurde zum Standard-Schlachtflugzeug der Roten Armee.

Flugzeugführer und Bordschütze einer Il-2. Man beachte das 12,7-mm-Maschinengewehr UB als Heckbewaffnung, das Schiebedach des Piloten und die Klapphaube des Bordschützen.

die »Tiefflieger mit großen Kanonen« recht erfolgreich gewesen sein. Neben der Rohr- wurde die Raketenbewaffnung durch Einführung der 132-mm-Rakete RS-132 verbessert. Hohlladungsbomben PTAB wurden nach deutschem Vorbild zu einem neuen, wirksamen Mittel der Panzerbekämpfung.

Die Ausbildung der Il-2-Besatzungen fand auf 13 Feldflugplätzen der 1. Reservebrigade statt, die jeden Monat über 1000 Piloten durchschleuste. Dies ermöglichte die monatliche Aufstellung von bis zu 20 neuen Schlachtfliegerregimentern

Il-2-Einsitzer beim Betanken auf einem Feldflugplatz.

Il-2-Fertigung 1941–1945						
Werk	1941	1942	1943	1944	1945	Gesamt
Nr. 381 (Leningrad)	27	243	--	--	--	**270**
Nr. 1 (Moskau)	5	2991	4257	3719	957	11.929
Nr. 18 (Woronesch, Kuibyschew)	1510	3942	4702	3971	1090	**15.215**
Nr. 30 (Dubna, Moskau)	--	1053	2234	3377	2401	**9065**
Gesamt	1542	**8229**	**11.193**	**11.067**	**4448**	**36.479**

Iljuschin Il-10

Im Frühjahr 1942 störten Il-2-Staffeln die Versorgungsflüge deutscher Ju-52-Transportflugzeuge in den Kessel von Demjansk, dessen eingeschlossene Besatzung vom 8. Februar bis zum 21. April 1942 unter widrigsten Bedingungen allen sowjetischen Angriffen standhielt. Der Kessel wurde ausschließlich aus der Luft versorgt. Während der Kämpfe in und um Stalingrad ab Spätsommer 1942 traten Il-2 gegen He-111-Bomber und Ju-52-Transportflugzeuge in Aktion. Aus den Erfahrungen dieser Einsätze beschloss das Staatliche Verteidigungskomitee im Mai 1943, ein zweisitziges Schlachtflugzeug/Panzerjäger auf Basis der Il-2 schaffen zu lassen, wozu das Konstruktionbüro Iljuschin den Auftrag erhielt. Im Juli 1943 präsentierte Iljuschin die Il-2I für die staatliche Erprobung. Noch handelte es sich um einen Einsitzer, der sich von der Il-2 hauptsächlich durch seine verstärkte Flügelstruktur unterschied. SchKAS-Maschinengewehre, der interne Bombenschacht und die Halterungen für Raketen entfielen. Obwohl die Il-2I in 1300 m Höhe lediglich eine Höchstgeschwindigkeit von 415 km/h entwickelte, taugte sie theoretisch zur Bekämpfung der Kampfflugzeuge Ju 87 „Stuka" und He 111. Für Luftkämpfe gegen deutsche Jagdflugzeuge reichte die Geschwindigkeit der Il-2I jedoch nicht aus. Auf Grundlage der Testergebnisse entschloss sich das Staatliche Verteidigungskomitee zur Schaffung eines einsitzigen gepanzerten Jagdflugzeugs mit einer geschätzten Spitzengeschwindigkeit von 600 km/h und hoher Wendigkeit, das in niederen bis mittleren Höhen gegen die neue Bf 109 G-2 und die Fw 190 A-4 bestehen konnte. Diese Il-1 sollte den neuen flüssigkeitsgekühlten Motor AM-42 mit einer Startleistung von 2000 PS erhalten. Wie bei der Il-2I schützten Panzerungen Kanzel, Motor, Kühl- und Schmierstoffanlagen. Fast zeitgleich mit der Entwicklung des Il-1-Jägers begann Iljuschin in Eigeninitiative mit der Entwicklung einer zweisit-

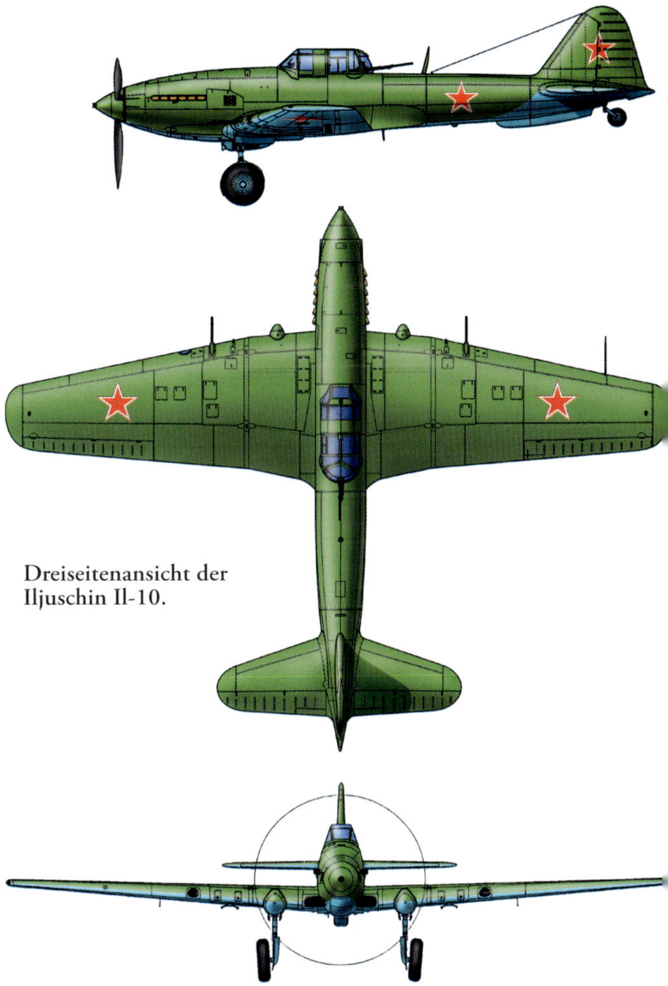

Dreiseitenansicht der Iljuschin Il-10.

Technische Angaben Il-10	
Bauausführung	Il-10
Spannweite, m	13,40
Länge, m	12,12
Höhe, m	4,18
Flügelfläche, m²	30,00
Masse (kg)	
Rüstmasse	4650
Abflugmasse	6300
Motortyp	1 x Mikulin AM-42
Leistung, PS	
Nennleistung	1750
Startleistung	2000
Höchstgeschwindigkeit, km/h	
in Bodennähe	507
in der Höhe	551
Reisegeschwindigkeit, km/h	436
Praktische Reichweite, km	800
Steiggeschwindigkeit, m/min	625
Gipfelhöhe, m	7250
Besatzung	2
Bewaffnung	2 x 23 mm MK WJA-23 oder NS-23 (Flächen) 2 x 7,62 mm SchKAS-MG 1 x 20 mm MK UB-20 oder 12,7 mm MG UBS 8 x 8 RS-82 oder RS-132 400 kg Bomben (2 x FAB-100 in Schächten, 2 x FAB-100 extern) 600 kg Bomben (2 x FAB-50 in Schächten, 2 x FAB-250 extern)

Schlachtflugzeug Iljuschin Il-10.

zigen Schlachtflugzeug-Version Il-1. Die Rohr- und Bombenbewaffnung entsprach der Il-2. Da die Front eher des Schlachtflugzeugs als des gepanzerten Jägers bedurfte, legte Iljuschin den Schwerpunkt auf Ersteres und zog in der Entwicklung sozusagen am Jäger vorbei. Dieser absolvierte seinen Erstflug am 19. Mai 1944 und entwickelte bei Werksversuchen eine Höchstgeschwindigkeit von 580 km/h in 3250 m Höhe, womit er der Bf 109 G-2 und der Fw 190 A-4 in Höhen bis 4000 m zumindest leistungsmäßig nicht unterlegen war. Dennoch ging die Il-1 nicht in die staatliche Erprobung – die sowjetische Jagdwaffe hatte Mitte 1944 die Luftherrschaft erlangt, so dass kein Bedarf mehr an ihr bestand.

Anders lagen die Verhältnisse beim gleichnamigen Schlachtflugzeug Il-1. Nachdem der AM-42-Motor zur Verfügung stand und eingebaut werden konnte, startete es am 18. April 1944 unter der neuen Bezeichnung Il-10 zum Erstflug. Die zweisitzige Il-10 behielt alle grundlegenden Konstruktionsmerkmale des einsitzigen Jägers bei, entstand jedoch in Ganzmetallbauweise. Die Bewaffnung bestand aus zwei 23-mm-Kanonen Wolkow-Jarzew WJa-23 mit einem Gesamtmunitionsvorrat von 300 Schuss und zwei SchKAS-MG mit 1500 Schuss. Die Rohrwaffen wurden außerhalb des Luftschraubenkreises in die Flächenwurzeln montiert. Die übliche Bombenlast betrug 400 kg, ließ sich aber bis auf 600 kg erweitern. Anstelle der vier Bombenschächte der Il-2 traten zwei für 100-kg-Bomben in den verdickten Flügelmittelteilen rechts und links des Rumpfes. Kleinere 50-kg-Bomben ließen sich ebenfalls in den Schächten unterbringen. Außerdem ließen sich 250-kg-Bomben als Außenlasten mitführen. Unter den Flächen befanden sich außerdem vier Startschienen für Raketen.

Die verstärkte Heckbewaffnung bestand aus einem beweglich in WU-9-Lafette gelagerten 12,7-mm-MG des Typs UBS mit 150 Schuss. Die Streichwinkel betrugen 50° nach oben, 18° nach unten, seitlich rechts 45° und links 55°. Nach beschleunigten Werksversuchen durchlief die Il-10 die nur zwei Wochen dauernde staatliche Erprobung, die am 9. Juni 1944 endete.

Die Il-10 zeigte hervorragende Flugeigenschaften

Das gepanzerte Jagdflugzeug Il-1 ging nicht in Serie.

und erreichte im Horizontalflug in 2800 m Höhe eine Spitzengeschwindigkeit von 551 km/h – fast 150 km/h mehr als die Il-2. In Höhen bis 2000 m war die Il-10 nur 10–15 km/h langsamer als die einsitzigen deutschen Jäger Bf 109 G-2 und Fw 190 A-4.

Am 23. August 1944 genehmigte das Staatliche Verteidigungskomitee den Serienbau in den Flugzeugwerken Nr. 1 und Nr. 18. Die erste Serien-Il-10 wurde im Oktober 1944 in Dienst gestellt. Sie ging zusammen mit weiteren Exemplaren an das 108. Garde-Schlachtfliegerregiment, das die Fronterprobung durchführte. Die Besatzungen erkannten schnell die Vorteile der Il-10 gegenüber der Il-2:

a) Die höhere Geschwindigkeit und Wendigkeit erlaubten ihre Verwendung als Begleitschutzjäger und zum Luftkampf;
b) der erhöhte Panzerschutz verbesserte die Überlebensfähigkeit der Besatzung;
c) die Einfachheit der Bedienung und Wartung beschleunigte die Umschulung und Einführung in den Frontverbänden.

Die Il-10 wurde in verschiedenen Ausführungen bis 1954 gebaut. Insgesamt entstanden an die 5000 Exemplare, davon 2371 während des Krieges.

Il-10-Fertigung 1944–1945

Werk	1944	1945	Gesamt
Nr. 18 (Kuibyschew)	43	1435	**1478**
Nr. 1 (Kuibyschew)	--	893	893
Gesamt	43	2328	**2371**

1942 baute das Werk Nr. 1 außerdem 227 Schulflugzeuge UTI-10.

Die Iljuschin Il-10 ging den Schlachtfliegerverbänden erst ab Spätsommer 1944 zu.

KAMPFFLUGZEUGE

Der Hauptzweck von Kampfflugzeugen oder Bombern liegt in der Zerstörung von Land- und Seezielen durch Abwurfmunition. In der UdSSR stand die Entwicklung von Bombenflugzeugen ständig im Mittelpunkt des Interesses der bolschewistischen Staatsführung. In den 1930er-Jahren erreichte der Bomber-Anteil innerhalb der sowjetischen Luftstreitkräfte bereits 43 %. Die Verbände flogen die schweren Bomber TB-1 und TB-3, zu denen es weltweit keinen Vergleich gab; Schnellbomber SB- und leichte R-5. In den späten 1930er-Jahren unterteilte die Rote Armee ihre Bomberflotte in Kurzstrecken- und Langstreckenbomber (Fernbomber). Vor Beginn des 2. Weltkriegs erfolgte die Umrüstung auf die neuen Modelle Pe-8 (Fernbomber), Pe-2 (Sturzbomber) und Su-2 (leichter Bomber). Zu Beginn des deutsch-sowjetischen Kriegeserlitt die sowjetische Bomberwaffe schwere Verluste. Zur Schließung der Lücken schlüpften teilweise Jagd- und Schlachtflugzeuge in die Bomberrolle. Nächtliche Störaktionen führten Schuldoppeldecker U-2 (Po-2) und Transportflugzeuge Li-2 aus. 1943 war die Bomberkrise überwunden. Der Sturzbomber Pe-2 entstand in immer größeren Stückzahlen und der ausgezeichnete Kurzstreckenbomber Su-2 erweiterte die Modellpalette. Außerdem leisteten die USA erhebliche Unterstützung und schickten der Roten Armee im Zuge von Lend-Lease über 3600 A-20 »Boston«- und B-25 »Mitchell«-Bomber.

Während des Krieges bestand die Hauptaufgabe sowjetischer Bomber in der Unterstützung der Bodentruppen in Defensive und Offensive. Bis zu 45 % der Einsätze waren taktischer Natur. Operative und strategische Operationen zielten auf gegnerische Flugplätze, Reserven, Verbindungslinien sowie militärische, industrielle und administrative Zentren im Hinterland. Das Rückgrat der sowjetischen Bomberluftfahrt bildeten taktische „Frontbomber", die in zahllosen Gefechten und Schlachten zum Einsatz kamen. Oft heißt es, der Ausgang des Krieges sei auf den Schlachtfeldern entschieden worden, tatsächlich aber entschieden ihn die industriellen Kapazitäten der Großmächte USA und UdSSR. Die Anzahl der Langstrecken- oder Fernbomber blieb auf sowjetischer Seite im Gegensatz zu den USA und Großbritannien gering. Zum einen konnten die Sowjets die Zerschlagung der deutschen Industrie, die Vernichtung der Städte und die Terrorisierung der Zivilbevölkerung getrost den Amerikanern und Briten überlassen, zum anderen spielten sich in der UdSSR die größten Landschlachten des Krieges ab. Und dazu war es notwendig, die Hauptanstrengungen auf die Produktion von Schlachtflugzeugen, taktischen Bombern und Jägern zu legen, welche die Bodentruppen unterstützten und die Luftherrschaft erringen sollten.

Die Entwicklung der taktischen Bomber zielte hauptsächlich auf die Erhöhung von Bombenlast, Reichweite und Überlebensfähigkeit. Viel Mühe wurde des Weiteren auf die Verbesserung der Aerodynamik, Entwicklung neuer Motoren sowie auf die Vereinfachung der Fertigung gelegt.

Unter dem Rumpf konnte die TB-3 Pkw und sogar leichte Panzer transportieren. Der Bugschütze stand ziemlich frei und allen Widrigkeiten ausgesetzt.

Schwerer Bomber Tupolew TB-3

Am 22. Juni 1941 verfügten die Luftstreitkräfte der Roten Armee über 516 und die Seestreitkräfte über 25 schwere TB-3-Bomber (TB = Tjascholy Bombardirowschtschik, schweres Bombenflugzeug). Die TB-3 war eine konsequente Weiterentwicklung des Vorgängermodells TB-1. Für beide zeichnete das Konstruktionbüro A. N. Tupolew verantwortlich. Mit der Entwicklung der TB-3 begann es im Mai 1926. Die Luftwaffenkommission der Roten Armee genehmigte den Prototyp am 21. März 1930 und der Erstflug fand am 22. Dezember des Jahres statt. Die Versuche wurden bis zum 20. Februar 1931 mit folgender Bewertung abgeschlossen: »... ein völlig moderner Bomber auf dem Niveau der besten ausländischen Flugzeuge.« Der Auftrag zur Serienproduktion erging an das Flugzeugwerk Nr. 22 in Fili bei Moskau. Bis zum 28. April 1932 waren zehn TB-3 gebaut, die man bei der Militärparade zum 1. Mai 1932 der Öffentlichkeit vorführte. Im Herbst 1932 stieg das Moskauer Flugzeugwerk Nr. 39 in die Fertigung ein. Es stellte die erste TB-3 im Dezember 1932 fertig, der bis Anfang 1933 vier weitere folgten. Beide Fabriken erfüllten ein Übersoll und übergaben der Roten Armee anno 1932 ganze 160 statt der geplanten 100 TB-3. Ein kleines Los von fünf Maschinen steuerte das Werk Nr. 18 in Woronesch bei.

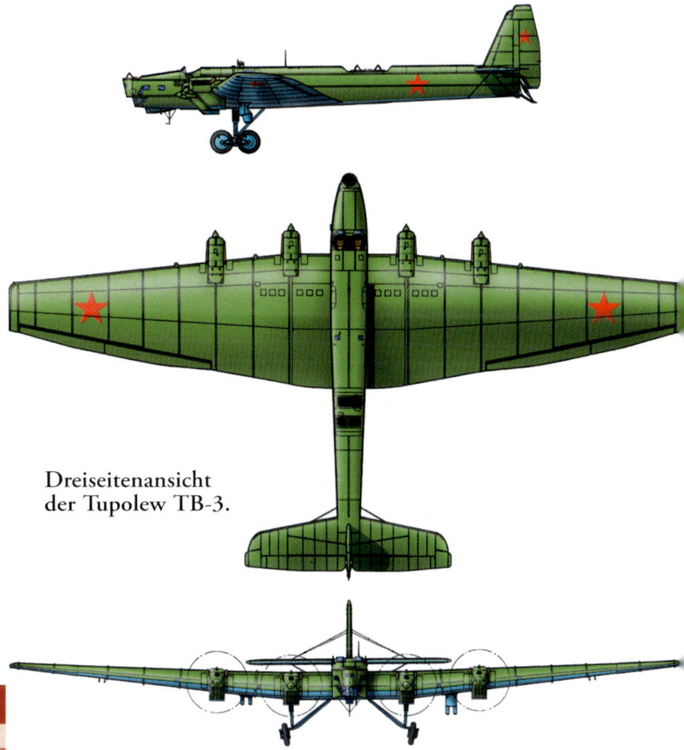

Dreiseitenansicht der Tupolew TB-3.

Technische Angaben TB-3	
Bauausführung	TB-3-4AM
Spannweite, m	41,80
Länge, m	25,180
Höhe, m	8,5
Flügelfläche, m²	234,50
Rüstmasse, kg	12.585
Abflugmasse, kg	18.877
Motortyp	4 x AM-34FRN
Leistung, PS	4 x 900
Höchstgeschwindigkeit, km/h	
in Bodennähe	245
in der Höhe	300
Reisegeschwindigkeit, km/h	182
Praktische Reichweite, km	2000
Maximale Steiggeschwindigkeit, m/min	75
Gipfelhöhe, m	8000
Besatzung	4
Bewaffnung	4 x 7,62 mm DA-MG 3000 kg Bomben

Während der Serienproduktion entstanden verschiedene Ausführungen der TB-3:

- TB-3-4M-17F – das erste seriell modifizierte Muster, nach dem etwa die Hälfte der TB-3 entstand.
- TB-3-4M-34 – mit AM-34-Motoren und verbesserter Ölkühlanlage. Etwa 100 Flugzeuge.
- TB-3-4M-34R – mit AM-34R-Motoren mit Getriebe. Erhöhte Effizienz und Flugleistung. Etwa 200 Flugzeuge.

TB-3-Fertigung 1932–1938

Werk	1932	1933	1934	1935	1936	1937	1938	Gesamt
Nr. 2 (Fili)	155	270	126	74	115	22	1	**763**
Nr. 18 (Woronesch)	--	--	5	--	--	1	--	
Nr. 39 (Moskau)	5	37	8	--	--	--	--	**50**
Gesamt								**819**

- TB-3-4AM-34RD – mit erhöhter Reichweite, vereinfachtem Rumpf und Fahwerksbremsen.
- TB-3-4AM-34RN – mit AM-34RN-Motoren, Vierblatt-Propellern (Innenmotoren) und Zweiblatt-Propellern (Außenmotoren). Alte MG-Modelle durch neue SchKAS ersetzt. Erweiterte Spitzengeschwindigkeit und Gipfelhöhe.
- TB-3-4AM-3FRN/FRNW – mit AM-34FRN/FRNW-Motoren mit erhöhter Leistung. Verbesserte Aerodynamik, Propeller, Fahrwerk mit Bremse. Höchstgeschwindigkeit über 300 km/h.
- TB-3D – mit Dieselmotoren AN-1.
- G-2 – Transporterversion mit M-17- und M-34-Motoren.
- ANT-6-4M-34R Awia-Arktis. Nur 5 Exemplare gebaut. Einsatz bei der Nordpol-Expedition 1937.

1935 wurden 36 Bomberstaffeln ganz oder teilweise mit TB-3-Bombern ausgerüstet. Nach Soll sollte jede Staffel zwölf TB-3 und drei R-5 als Schulflugzeuge erhalten. Vier TB-3-Staffeln bildeten eine schwere Bomberbrigade (49 TB-3), zu der noch eine I-16-Begleitjägerstaffel (12 Flugzeuge) für Langstrecken-Eskorten (siehe unten) und Aufklärung sowie eine I-15-Jagdstaffel (31 Flugzeuge) zum Schutz der Flugplätze bzw. für die Nahbegleitung gehörten. Mit dieser »harmonischen Struktur« strategischer Bomberbrigaden leisteten die sowjetischen Luftstreitkräfte Pionierarbeit. Die Brigaden setzten sich bis zum Erreichen der Sollstärke aus nur zwei Staffeln zusammen.

Für den massiven Einsatz ihrer strategischen Bomber stellte die Rote Armee in den frühen 1930er-Jahren insgesamt fünf Bomberkorps (БАК; BAK) zu je zwei oder drei schweren Bomberbrigaden auf. Des Weiteren bündelte sie die Bomberkorps in Fliegerarmeen zur besonderen Verwendung (AON). Diese AON sollten im Kriegsfall Industriezentren und andere strategische Großziele im Hinterland des Gegners zerstören.

Die TB-3 erwies sich jedoch für andere Zwecke als besser geeignet. Während der in den 1930er-Jahren durchgeführten Großmanöver wurden sie beispielsweise zum massenweisen Absetzen von Fallschirmtruppen eingesetzt. Jede TB-3 nahm bis zu 35 Fallschirmjäger an Bord und konnte an externen Aufhängungen leichte Panzer, Fahrzeuge Kanonen oder Munition transportieren.

Interessant ist die Verwendung beim Projekt »ЗВЕНО« (Sweno = Kette, Schwarm) des Konstrukteurs W. S. Wachmistrow. Die TB-3 sollte dabei als Träger- und Mutterflugzeug für bis zu fünf Jagdflugzeuge dienen (diese Kombination hieß Sweno Awiamatka). Die Jagdflugzeuge sollten den Bomber bei Langstreckeneinsätzen über dem Zielgebiet schützen; d. h. sie wurden aufgrund ihrer geringeren Reichweite erst in Zielnähe »ausgeklinkt« und nach dem Einsatz in einem Rumpfgestell wieder eingefangen. Alternativ ließen sich Jäger so für Sonderaufgaben huckepack im Ohnehaltflug in weit entfernte Räume verbringen; etwa um dort als Sturzbomber gezielt Punktziele anzugreifen. Eine der zwölf Sweno-Optionen wurde von der Roten Armee übernommen. Sie bestand aus einem Trägerflugzeug TB-3 und zwei unter den Flächen hängenden I-16-Jägern, die als Begleitschützer und »Hochgeschwindigkeits-Sturzbomber« eingesetzt wurden.

Zu Kriegsbeginn 1941 galt die TB-3 als veraltet und wurde durch die neuen DB-3 und Jer-2 ersetzt. Aufgrund von Produktionsverzögerungen dieser Typen stand die TB-3 jedoch weiterhin bei vielen

Schwerer Bomber Tupolew TB-3.

schweren Bomberregimentern (ТБАП; TBAP) in Verwendung.

Am 22. Juni 1941 verfügten folgende Verbände der westlichen Militärbezirke über TB-3:

- 1. und 3. TBAP des 3. Langstrecken-Bomberkorps: 108 Flugzeuge, davon 94 einsatzbereit;
- 7. TBAP des 1. Langstrecken-Bomberkorps: 44 Flugzeuge, davon 18 einsatzbereit;
- 14. TBAP der 18. Bomberdivision (БАД; BAD): 39 Flugzeuge, davon 32 einsatzbereit.

Somit hatten die TB-3-Verbände der westlichen Militärbezirke eine doch recht beachtliche Einsatzstärke. Da es an Jagdschutz fehlte, gingen bis zum 30. Juni elf TB-3 verloren. Dramatisch verlief der Angriff des 14. TBAP am 10. Juli auf ein Ziel im Raum Schitomir. Über dem Zielgebiet wurden sie von zwei Bf 109 E angegriffen. Ein Jäger wurde sofort abgeschossen, der andere schaffte es aber, hintereinander sieben TB-3 abzuschießen!

Am 26. Juli 1941 wurden erstmals TB-3 nach »Звено-СПБ«-Verfahren (Sweno-SPB) eingesetzt, d. h. mit zwei bombentragenden, speziell umgerüsteten I-16 SPB. Sie zerstörten Öllager im rumänischen Schwarzmeerhafen Konstanza. Am 10. August folgte ein weiterer erfolgreicher Angriff nach diesem Verfahren auf eine strategisch wichtige Donaubrücke in Rumänien.

Die enormen Verluste der schweren Bomberregimenter suchte man durch die Verlegung von Verbänden aus Fernost auszugleichen. So erreichten bereits im Juli 1941 das 325. TBAP mit 22 TB-3 aus Flugschulen und das 250. TBAP mit 49 Flugzeugen aus Fernost die sowjetische Westfront. Im Herbst verlegte die 39. selbstständige Bomberstaffel mit zwölf TB-3-4M-17 aus dem sowjetisch-britisch

Eine Kette TB-3-Bomber im Flug. Man beachte die weit abstehenden Festfahrwerke.

Flugzeugkonstrukteur Andrei Nikolajewitsch Tupolew (1888–1972).

besetzten Iran. Ab 1942 wurde die TB-3 vor allem für nächtliche Bombeneinsätze verwendet, in denen sie sich nach entsprechender Neuausrüstung im Grunde besser bewährte als die modernere TB-7. So erhielten die Flugzeuge NKRW-3-Nachtsichtgeräte und AFA-19-Kameras, dazu UBT-Maschinengewehre in Kuppeln und Türmen. Von der Verwendung größerer TB-3-Formationen sah man mittlerweile ab. Meist starteten nur zwei bis drei Maschinen, die aber je nach Zielentfernung mehrere Einsätze pro Nacht flogen. Des Weiteren dienten die TB-3 1941/1942 als Absetzmaschinen bei Luftlandungen, die allesamt mit eher mäßigem Erfolg endeten. So setzten 24 TB-3 am 29. Juni 1941 bei Sluzk einige Hundert Fallschirmjäger ab – ein Einsatz, über den nur wenig bekannt wurde. Erfolgreicher war die TB-3 als Transporter von Nachschub, Fahrzeugen oder Treibstoff. Beispielsweise überführten am 3. Oktober 1941 40 TB-3 einige Dutzend leichte Schwimmpanzerkampfwagen T-38 nach Mzensk. Anschließend versorgten das 7. und 14. TBAP das belagerte Leningrad, und das 53. und 62. Regiment nahm mit Bomben- und Transportflügen an der Schlacht von Stalingrad teil. Noch bei Kursk im Sommer 1943 flogen die TB-3 des 7. Garde-TBAP. Die Verluste ließen nach, aber die Tage der TB-3 näherten sich aufgrund von Verschleiß und Ersatzteilmangel (vor allem für die Motoren M-17 und M-34) langsam ihrem Ende. Zuletzt flog sie nur noch beim 52. Garde-TBAP und ging im Herbst 1946 endgültig in Pension.

Schwerer Bomber Petljakow Pe-8 (TB-7)

Aus den Erfahrungen mit der TB-3 ließen sich taktische und technische Anforderungen für einen weiteren schweren Bomber ableiten, der für eine Vielzahl von Aufgaben auf verschiedenen Einsatzgebieten vorgesehen war. Er sollte die zwei- bis zweieinhalbfache Geschwindigkeit der TB-3 und eine Gipfelhöhe von 10.000 Metern erreichen sowie eine stärkere Abwehrbewaffnung gegen Feindjäger erhalten. Die Bombenlast blieb unverändert. Der Auftrag erging am 26. Juni 1934 an das Konstruktionsabteilung der Versuchsabteilung (KOSOS) von ZAGI. Diese beauftragte die Brigade W. M. Petljakow mit der Konstruktion des als ANT-42 bezeichneten Projekts. Am 2. Dezember 1935 stellte Petljakow das Modell der sowjetischen Luftwaffenführung vor und am 14. Dezember genehmigte das Volksverteidigungskommissariat den Entwurf. Das Moskauer Flugzeugwerk Nr. 156 stellte den ersten ANT-42-Prototyp bis zum 9. November 1936 fertig, der am 27. Dezember erstmals flog. Die Werkserprobung fand vom 25. Dezember 1936 bis zum 20. März 1937 auf dem Moskauer Zentralflugplatz statt. Die staatliche Erprobung setzte ab dem 11. August 1937 ein. Das Militär war begeistert: die ANT-42 hatte das Zeug, sämtliche taktischen und technischen Anforderungen zu erfüllen und zum ersten sowjetischen Schnellbomber zu werden. Es überrascht kaum, dass ihn die Luftstreitkräfte noch vor Abschluss der Erprobung und Ausführung von Verbesserungen als TB-7 übernahmen. 1942 erhielt der schwere TB-7-Bomber die neue Bezeichnung Pe-8.

Der Auftrag zum Serienbau erging an das Flugzeugwerk Nr. 124 in Kasan an der Wolga.

Dreiseitenansicht der Petljakow Pe-8.

Technische Angaben Pe-8	
Bauausführung	Pe-8
Spannweite, m	39,10
Länge, m	23,59
Höhe, m	6,20
Flügelfläche, m^2	188,68
Masse (kg)	
Rüstmasse	19.986
Abflugmasse	27.000
max. Startmasse	35.000
Motortyp	4 x Schwezow AM-35A
Leistung, PS	4 x 1350
Höchstgeschwindigkeit, km/h	
in Bodennähe	347
in der Höhe	443
Praktische Reichweite, km	3600
Steiggeschwindigkeit, m/min	352
Gipfelhöhe, m	9300
Besatzung	11
Bewaffnung	2 x 20 mm SchWAK-MK 2 x 12,7 mm UBT-MG 2 x 7,62 mm SchKAS-MG Bombenlast 4000 kg (Überlast 5000 kg)

TB-7/Pe-8-Fertigung 1940–1944						
Werk	1940	1941	1942	1943	1944	Gesamt
Nr. 24 (Kasan)	10	23	--	--	--	**33**
Nr. 22 (Fili, Kasan)	--	--	22	29	5	**56**
Gesamt	**10**	**23**	**22**	**29**	**5**	**89**

Die TB-7 war als viermotoriges Flugzeug in Ganzmetallbauweise mit Einziehfahrwerk konzipiert. Die Beplankung bestand aus profillosen Aluminiumplatten. Im Bug befanden sich ein kugelförmiger MG-Turm und die zweistöckige Besatzungskabine. Oben saßen Pilot und Copilot hintereinander; unten links der Funker und rechts der Bordingenieur, hinter dem ein freier Platz für einen Navigator eingerichtet war. Der hatte vor allem die Aufgabe des Bombenschützen zu erfüllen und kam dieser Funktion deshalb in einer verglasten, nach unten ragenden Gondel nach, die von den Besatzungen und sogar in einigen offiziellen Dokumenten sinniger Weise als »Bart« bezeichnet wurde. Diese Platzierung verschaffte dem Bombenschützen eine günstige Sicht nach unten mit guten Zielmöglichkeiten.

Die Flügel mit einer Spannweite von 39,01 m bestanden aus den Mittelteilen mit abnehmbaren Konsolen, während der Mittelteil des Rumpfes in Schalenbauweise entstand. Die Motoren waren ein Kapitel für sich. Angesichts des Fehlens geeigneter Höhenmotoren in der UdSSR kam man auf die Idee, eine komplexe Laderanlage einzubauen, deren Betrieb einen fünften Innenmotor erforderte. Diese Einheit befand sich im oberen Teil des Rumpfes direkt unter dem Mittelteil. Bei einem Flug am 11. August 1937 mit vier Motoren AM-34FRN und einem M-100-Ladermotor erreichte das Flugzeug in 8000 m Höhe eine Geschwindigkeit von 403 km/h und eine Gipfelhöhe von 10.800 m. In großer Höhe war die TB-7 schneller als alle anderen damaligen schweren Bombern und den besten Jägern ebenbürtig.

Doch nur ein Teil der Serienflugzeuge erhielt die Ladereinheit für Höhenflüge. Die Gewichtseinsparung erhöhte zwar die Geschwindigkeit auf 427 km/h, begrenzte aber die Gipfelhöhe auf maximal 9300 m. Während der Serienfertigung kamen auch Dieselmotoren M-40 und luftgekühlte Motoren ASch-82FN zum Einbau.

Die Abwehrbewaffnung in fünf bemannten Ständen ermöglichte die Rundumverteidigung des Flugzeugs: In der Nase wirkte ein Waffenturm mit Zwillings-SchKAS-MG und im zentralen Drehturm eine SchWAK-Maschinenkanone, in den beiden Motorgondelständen je ein schweres UBT-MG und im Heckturm ein weiteres SchKAS-MG. Die SchKAS-Maschinengewehre wurden später schrittweise durch schwere UBT-MG und SchWAK-Kanonen ersetzt.

Die mächtige Abwurflast umfasste insgesamt 4000 kg Bomben. Die meisten befanden sich in Schächten und Kassetten im Inneren, der Rest an Außenträgern. Bei der Beladung mit 40 FAB-100-Bomben wurden je vier Bomben gebündelt in Kassetten

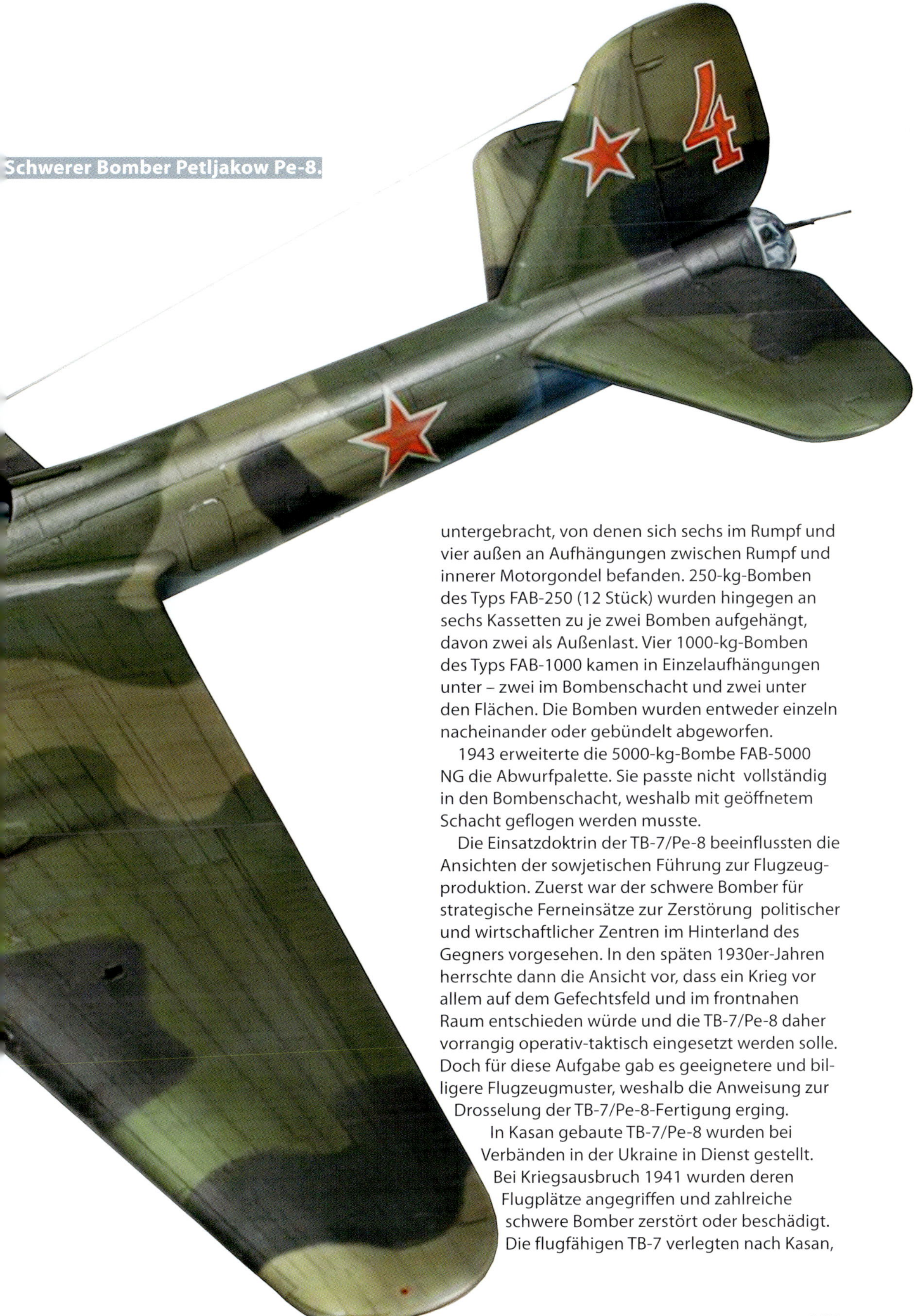

Schwerer Bomber Petljakow Pe-8.

untergebracht, von denen sich sechs im Rumpf und vier außen an Aufhängungen zwischen Rumpf und innerer Motorgondel befanden. 250-kg-Bomben des Typs FAB-250 (12 Stück) wurden hingegen an sechs Kassetten zu je zwei Bomben aufgehängt, davon zwei als Außenlast. Vier 1000-kg-Bomben des Typs FAB-1000 kamen in Einzelaufhängungen unter – zwei im Bombenschacht und zwei unter den Flächen. Die Bomben wurden entweder einzeln nacheinander oder gebündelt abgeworfen.

1943 erweiterte die 5000-kg-Bombe FAB-5000 NG die Abwurfpalette. Sie passte nicht vollständig in den Bombenschacht, weshalb mit geöffnetem Schacht geflogen werden musste.

Die Einsatzdoktrin der TB-7/Pe-8 beeinflussten die Ansichten der sowjetischen Führung zur Flugzeugproduktion. Zuerst war der schwere Bomber für strategische Ferneinsätze zur Zerstörung politischer und wirtschaftlicher Zentren im Hinterland des Gegners vorgesehen. In den späten 1930er-Jahren herrschte dann die Ansicht vor, dass ein Krieg vor allem auf dem Gefechtsfeld und im frontnahen Raum entschieden würde und die TB-7/Pe-8 daher vorrangig operativ-taktisch eingesetzt werden solle. Doch für diese Aufgabe gab es geeignetere und billigere Flugzeugmuster, weshalb die Anweisung zur Drosselung der TB-7/Pe-8-Fertigung erging.

In Kasan gebaute TB-7/Pe-8 wurden bei Verbänden in der Ukraine in Dienst gestellt. Bei Kriegsausbruch 1941 wurden deren Flugplätze angegriffen und zahlreiche schwere Bomber zerstört oder beschädigt. Die flugfähigen TB-7 verlegten nach Kasan,

Die Pe-8-Motoren wurden manchmal auf diese Weise angeworfen.

wo sie das 412. schwere Bomberregiment der 81. Fernbomberdivision bildeten. Die Feuertaufe des 412. Regiments fand am 10. August 1941 statt. Vom Flugplatz Puschkino bei Leningrad starteten zehn TB-7 zu einem Angriff auf Berlin. Obwohl sich dessen tatsächliche Wirkung eher in Grenzen hielt, war der Propagandaeffekt vor allem für die sowjetische Führung bedeutend. Von den zehn Maschinen kehrten nur zwei nach Puschkino zurück. Der Rest musste aus technischen Gründen bzw. aus Treibstoffmangel auf anderen russischen Plätzen notlanden oder fiel Flakfeuer zum Opfer – auch eigenem.

Im Frühjahr 1942 flog ausschließlich das 746. Bomberregiment, das zur 45. Bomberdivision gehörte, die Pe-8 im Ferneinsatz. Die Sollstärke betrug 15 Maschinen, von denen sich üblicher Weise fünf bis acht im Einsatz befanden. Als größter geschlossener

Flugzeugkonstrukteur Wladimir Michailowitsch Petljakow (1891–1942).

THE AEROPLANE 688 JUNE 19, 1942

The 145th Week of

THE WAR IN THE AIR

RUSSIAN PROGRESS.—The four-motor Russian bomber which brought M. Molotov to Scotland and later took him to Washington and back. Russian progress in design is obvious from the lines of this new bomber. It is armed with gun turrets in nose and stern and also in the rear of the large inner motor nacelles, each of which contains the radiators for a pair of motors and houses the retracted undercarriage.

Diese Petljakow Pe-8 flog den sowjetischen Außenminister Molotow im Mai 1942 nach Großbritannien. Auszug aus einer britischen Zeitschrift vom Juni 1942.

e-8-Verband bombardierten 24 Maschinen am . Februar 1944 die finnische Hauptstadt Helsinki. ast alle Kriegsflüge wurden nachts durchgeführt. ie Befehle kamen direkt vom Oberkommando der oten Armee.

Weitere Pe-8-Einsätze fanden 1944 bei der Somneroffensive gegen Finnland statt, die operativ am innisch-deutschen Widerstand scheiterte, aber poliisch zum Waffenstillstand mit den Finnen führte. In inigen Fällen wurden Pe-8 auch taktisch eingesetzt, twa während der Kursker Schlacht im Sommer 943. Trotz ihrer geringen Anzahl erreichte die TB-7/ e-8 eine vergleichsweise hohe Einsatzzahl: von 941–1944 war sie an 1509 Unternehmen beteiligt nd warf 5371 t Bomben sowie 51.264 Flugblätter b. Ende 1944 wurde sie aus den aktiven Verbänden ezogen, da das Flugzeug nicht von unbefestigten lugplätzen operieren konnte. Die 45. Bomberdivisin wurde mit amerikanischen B-25- und B-24-Bomern ausgerüstet.

Pe-8 wurden auch zu nichtmilitärischen Sonderzwecken verwendet. So brachte beispielsweise eine von Major E. K. Puusepp geflogene Pe-8 den sowjetischen Außenminister (»Volkskommissar für auswärtige Angelegenheiten«) Molotow am 19. Mai 1942 nach Großbritannien und von dort in die USA. Der Nachtfllug führte über mehrere deutschbesetzte Länder, ohne dass er von deutschen Jägern oder Flak gestört wurde.

Fernbomber Jermolajew Jer-2 (DB-240)

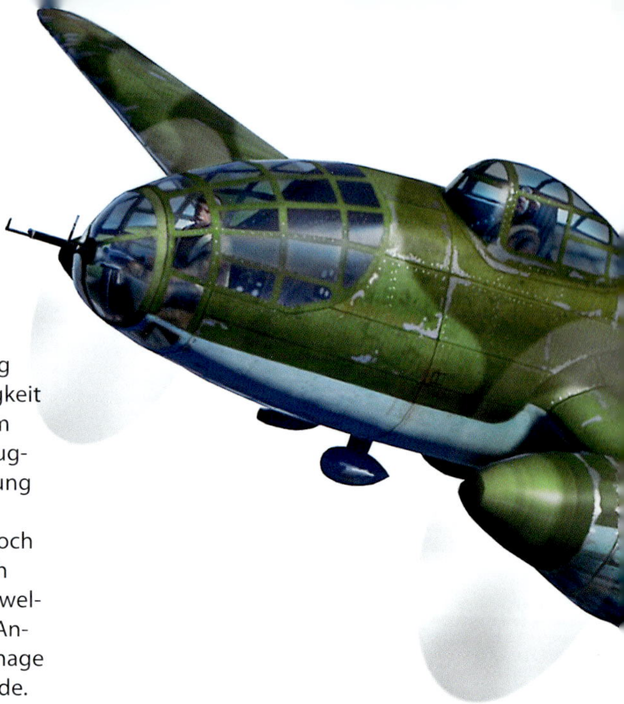

Im Herbst 1936 stellte die UdSSR auf der Pariser Luftfahrtschau das zwölfsitzige Verkehrsflugzeug „»Stahl-7« vor, das mit einer Spitzengeschwindigkeit von 450 km/h und einer Reichweite von 5000 km weltweite Aufmerksamkeit erregte. Es war im Flugzeugforschungsinstitut (СНИИ; SNII) unter Führung des in die UdSSR ausgewanderten italienischen Kommunisten R. L. Bartini entwickelt worden. Doch selbst eingefleischte Bolschewisten konnten sich während der großen stalinistischen Säuberungswelle nicht sicher fühlen und so steckte der NKWD Anfang 1938 auch Bartini wegen angeblicher Spionage in ein Lager, aus dem er erst 1947 entlassen wurde. Dessen ungeachtet wandten sich SNII-Konstrukteure mit dem Vorschlag an Stalin, auf Grundlage des Passagierflugzeugs »Stahl-7« einen Langstreckenbomber zu bauen. Der »große Vorsitzende« nickte den Vorschlag ab und bestimmte zur Umsetzung das Sonderentwicklungsbüro OKB-240 unter W. G. Jermolajew.

Der Konstruktionsauftrag für den Bomber, der die Bezeichnung DB-240 erhielt (DB = Dalni Bombardirowschtschik, Fernbomber) erging am 29. Juli 1939 und am 20. August prüfte die Kommission des Volkskommissariats für Verteidigung den Entwurf. Er fand ihre Zustimmung, zumal die DB-240 in Bezug auf Geschwindigkeit und Reichweite die in Serie hergestellte DB-3 und DB-3F übertraf. Zu den Vorzügen der DB-240 zählte ihr großes Innenvolumen, das den Einbau eines Bombenschachtes für vier 250-kg-Bomben ermöglichte. Der Erstflug des Prototypen fand am 14. Mai 1940 statt. Während der Werkstests führte das Flugzeug etwa 30 weitere Flüge durch, bei denen es mit 8800 kg Startmasse eine Spitzengeschwindigkeit von 473 km/h erreichte. Dies genügte für den Entscheid zur Serienproduktion im Werk Nr. 18 in Woronesch. Gemäß Weisung Nr. 236 vom 29. Mai 1940 beauftragte der Verteidigungsausschuss das Werk, bis Jahresende noch 70 und 1941 weitere 800 DB-240 zu bauen. Und dies noch vor der staatlichen und vor der Truppenerprobung!

Die viersitzige DB-240 war ein zweimotoriger Ganzmetall-Eindecker mit freitragenden Knickflügeln und freitragendem Leitwerk ähnlich der deutschen Junkers Ju 87 »Stuka«. Der Flugzeugführer saß in einer links von der Mittellinie angeordneten Schiebedach-Kanzel auf dem Rumpfdach, der Navigator kam seiner Aufgabe und der des Bombenschützen in der verglasten Nasenkuppel nach, die eine hervorragende Sicht nach unten und nach den Seiten bot. Rechts hinter ihm saß der Funker, der über ein Steuerbordfenster nach außen blickte. In der Rumpfmitte befanden sich der Bombenschacht und zwei Kraftstofftanks. Im Dach des Hinterrumpfes war eine kleine Dachkuppel für den Heckschützen angeordnet. Ein Gang führte zur Rumpfnase. Die Bespannung bestand aus 1–1,5 mm dicken, vernieteten Duraluminiumplatten. Die Flächen mit 21,64 m Spannweite setzten sich aus vier Baugruppen zusammen, deren erste am Übergang zu den Mittelflügeln (Knick) die beiden wassergekühlten M-105-Motoren mit Verstellpropellern WISch-22E aufnahmen. Der Kraftstoff war in insgesamt 14 Behältern untergebracht, je drei in den Flächen, sechs im Rumpf und zwei in den Motorgondeln. Stickstoff aus Flaschen diente zum Ausdrücken der Tanks und verhinderte entzündliche Gasgemische. Das Gesamtvolumen der Stickstoff-

Jer-2 (DB-240)-Fertigung 1941–1945						
Werk	1941	1942	1943	1945	1945	Gesamt
Nr. 18 (Woronesch)	71	--	--	--	--	71
Nr. 39 (Irkutsk)	--	--	2	148	241	391
Gesamt	71	--	2	148	241	462

Fernbomber Jermolajew Jer-2.

tanks betrug 5440 l. Die Abwurfwaffen kamen im Bombenschacht und an zwei externen Halterungen 19-20 unter. Letztere nahmen Bomben von 100 bis 1000 kg auf (FAB-100, FAB-250, FAB-500, FAB-1000, BRAB-220, BRAB-500, BRAB-1000, P-250 usw.). Der Bombenschacht ließ sich entweder mit zwei KD3-20-Kassettenhalterungen für vier FAB-250- oder FAB-500-Bomben oder mit vier KD2-240-Halterungen für zwölf FAB-50- oder FAB-100-Bomben bestücken. Außerdem mit vier ABK-240-Behältern für kleine Schütt- und Brandbomben (bis zu 15 kg). An den Außenhalterungen ließen sich ferner Vernebelungsanlagen WAP-500 oder UKHAP-500 befestigen, mit denen man während des Krieges Vernebelungsaktionen durchführte. Die maximale Bombenlast betrug 4000 kg (zwei FAB-1000 außen vier FAB-500 im Schacht). Als Bombenvisier aus mittleren und großen Höhen diente bei Tag die optische Visiereinrichtung OPB-2M, nachts und tagsüber aus niedrigen Höhen der NKPB-3-Nachtkollimator.

Die Abwehrbewaffnung bestand aus zwei SchKAS- und einem UBT-MG.

Mit der Fertigung der DB-240, auf Weisung des NKAP am 9. Dezember 1940 in Jer-2 (Jermolajew 2) umbenannt, wurde das Flugzeugwerk Nr. 18 in Woronesch beauftragt. 1941 entstanden hier 71 Flugzeuge mit M-105-Motoren. 1942 wurde das Werk nach Omsk verlagert, das dort aber keine Jer-2 mehr baute. Deren Fertigung nahm das nach Irkutsk evakuierte Moskauer Luftfahrtwerk Nr. 39 erst im Dezember 1943 wieder auf, und zwar mit Dieselmotoren M-30B (ASch-30B).

Im Juni 1941 wurde die Jer-2 bei den neu gebildeten Langstrecken-Bomberregimentern 420 und 421 in Dienst gestellt. Diese Verbände sollten strategische Angriffe im tiefen Rücken des Feindes fliegen, weshalb sie Piloten und Navigatoren erhielten, die während des sowjetisch-finnischen Winterkrieges bereits Erfahrung gesammelt hatten, sowie Zivilpiloten, die zum Kriegsdienst einberufen wurden.

In der Nacht des 11. August 1941 starteten drei Jer-2 des 420. Regiments zu ihrem ersten Kampfeinsatz mit Ziel Berlin. Nur eine Maschine kehrte zurück. In der Nacht vom 31. August zum 1. September bombardierten kleine Gruppen des 420. Regiments die ostpreußische Hauptstadt Königsberg. Im November führte das 421. Regiment sieben Fernangriffe durch. Im September 1941 waren beiden Verbänden Eisenbahnknotenpunkte als Ziele im besetzten Gebiet zugewiesen worden, darunter Orscha, Witebsk, Smolensk und Pleskau (Pskow). Vom 18. bis 20. September bombardierten alle einsatzfähigen Maschinen feindliche Truppenansammlungen bei Demjansk. Mit dem deutschen Vormarsch auf Moskau intensivierten sich verlustreiche Tagesangriffe. Bereits im Oktober 1941 musste das 420. Regiment zur Auffrischung zurückgezogen werden: in 154 Einsätzen hatte es 30 Flugzeuge

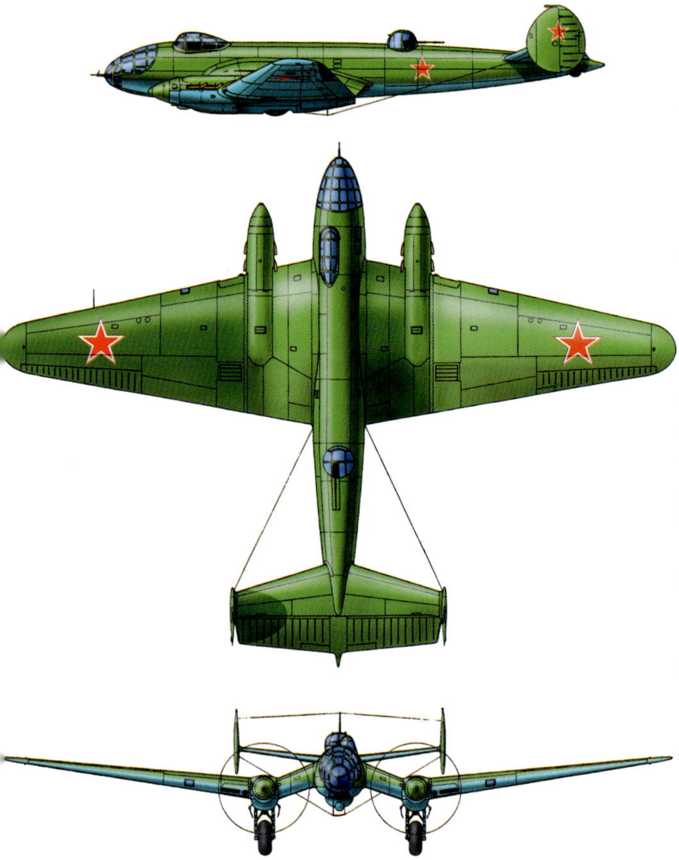

Dreiseitenansicht der Jermolajew Jer-2.

verloren. Die verbliebenen zehn einsatzfähigen Jer-2 gingen ans 421. Regiment. Bis zum 18. Oktober 1941 zählte Letzteres nur noch 14 Jer-2 (davon 9 einsatzfähig) im Bestand. Es wurde im Dezember 1941 als 747. Langstrecken-Bomberregiment geführt und operierte weiterhin im Großraum Moskau. Im Juli/August 1942 nahm es an den Abwehrkämpfen vor Stalingrad teil. Am 4. August 1942 verfügte es noch über zehn Jer-2. Der letzte Einsatz einer Jer-2-Dreierkette fand am 8. August 1943 statt.

Im Frühjahr 1944 wurde die Jer-2 mit dem neuen Asch-30B-Motor ausgeliefert. Die ersten Maschinen gingen an das 326. und 330. Fernbomberregiment. Die Auslieferung erfolgte aufgrund von Problemen mit den Motoren jedoch nur schleppend, auch im Betrieb machten diese laufend Schwierigkeiten. Als im Dezember 1944 die sieben Langstrecken-Bomberregimenter in der 18. Fliegerarmee zusammengefasst wurden, war keiner der Verbände vollständig mit Jer-2 ausgerüstet und voll einsatzbereit.

Anfang 1945 befanden sich dies meisten Jer-2 bei der 18. Bomberdivision (327., 328., 329. und 332. Bomberregiment), die als einzige vollständig mit diesem Flugzeugtyp ausgestattet war. Doch nur das 327. und das 329. Regiment wurden gefechtsmäßig eingesetzt. Die Verbände nahmen am 7. und 8. April 1945 an den massiven Tagesangriffen auf das hart verteidigte Königsberg teil und bombardierten dann die Seelower Höhen an der Oderfront. Insgesamt flogen sie 75 Kampfeinsätze. Zum Vergleich: die 18. Fliegerarmee brachte es im März 1945 auf 5126 Einsätze. Mit anderen Worten: der Beitrag der Jer-2 mit Asch-30B-Motoren war eher mariginal. Am Feldzug gegen Japan nahmen Jer-2 nicht mehr teil.

DB-240-Prototyp.

Jermolajew Jer-2 auf einem winterlichen Feldflugplatz.

Der in die UdSSR ausgewanderte italienische Flugzeugkonstrukteur Robert Ljudwigowitsch Bartini (1897–1974; eigentlich Roberto Oros di Bartini) war überzeugter Kommunist, durfte die Jahre 1938 bis 1947 nichtsdestoweniger unter Spionageverdacht in sowjetischer Lagerhaft verbringen.

Flugzeugkonstrukteur Wladimir Grigorjewitsch Jermolajew (1909–1944).

Technische Angaben Jer-2

Bauausführung	Jer-2 2M-105	Jer-2 2 AM-37	Jer-2 2Asch-30B
Spannweite, m	21,65	21,80	23,10
Länge, m	16,23	16,23	16, 65
Höhe, m	4,82	4,82	4,82
Flügelfläche, m^2	72,10	72,10	79,10
Masse (kg)			
Rüstmasse	k. A.	8872	10.820
Abflugmasse	12.000	12.340	14.825
max. Startmasse	13.460	14.500	18.415
Motortyp	2 x M-105	2 x AM-37	2 x Asch-30B
Leistung, PS	2 x 1100	2 x 1400	2 x 1500
Höchstgeschwindigkeit, km/h			
in Bodennähe	395	407	-
in der Höhe	445	519	415
Reisegeschwindigkeit, km/h	3 90	437	330
Praktische Reichweite, km	4100	2540	5300
Steiggeschwindigkeit, m/min	330	455	
Gipfelhöhe, m	7700	7700	7500
Besatzung	4	4	5
Bewaffnung	2 x 7,62 mm MG, 1 x 12,7 mm MG Bombenlast 1000 kg, max. 3000 kg	3 x 12,7 mm MG Bombenlast 1000 kg, max. 3000 kg	1 x 20 mm SchWAK-MK, 2 x 12,7 mm MG Bombenlast 1000 kg, max. 5000 kg

Fernbomber Iljuschin DB-3

Fernbomber Iljuschin DB-3.

Im Oktober 1933 genehmigte die Hauptverwaltung Luftfahrtindustrie den Iljuschin-Entwurf eines Bombers mit zwei lizenzgefertigten französischen Motoren des Typs Gnome-Rhône Mistral Major 14Rdrs (sowjetische Bezeichnung M-85). Das Flugzeug erhielt die Bezeichnung ZKB-26, Dokumente der Luftstreitkräfte bezeichneten es manchmal als WW-2 2K-14 (Nahkampf-Bomber Nr. 2 2K-14) oder als SB-39 (Schnellbomber des Flugzeugwerks Nr. 39; SB = Skorostnoi Bombardirowschtschik). Jenes Flugzeugwerk Nr. 39 begann im Juni 1934 mit dem Bau eines Prototypen ZKB-26, den es am 1. Juli 1935 zu Werksversuchen auf den Moskauer Zentralflughafen lieferte. Dort zeigte das Flugzeug recht ansprechende Flugleistungen, gute Manövrierfähigkeit und Steuerbarkeit. Trotzdem fiel ZKB-26 einer kurzfristigen Streichung zum Opfer, als in den im Oktober 1934 einsetzenden Werksversuchen Tupolews Schnellbomber SB die ZKB-26 überflügelte. S. W. Iljuschin gab sich dennoch nicht geschlagen und schlug vor, sein Flugzeug in einen Fernbomber umzuwandeln. Der Prototyp dieser Neuversion mit der Bezeichnung ZKB-30 flog erstmals am 31. März 1936. Im Unterschied zur ZKB-26 in Gemischtbauweise (Holzrumpf und Metallflügel) handelte es sich bei der ZKB-30 um ein Ganzmetallflugzeug, das im Gegensatz zur SB auch über externe Bombenaufhängungen verfügte und eine größere Palette an Bombentypen aufnehmen konnte – von den kleinen P-40 und FAB-50 bis zur mächtigen FAB-1000. Die Abwurfmunitionen ließen sich in unterschiedlichen Kombinationen laden. Auch die Verteidigungsfähigkeit der ZKB-30 übertraf mit drei vorgesehenen 7,62-mm-SchKAS-Maschinengewehren jene der SB; wovon zunächst zwei eingebaut wurden – eines im Bug (Navigator) und eines in einer Dachkuppel im Mittelrumpf. Die Kuppel ragte im Flug nur leicht über den Rumpf, ließ sich aber zum Einsatz des MG weiter ausfahren. Der Munitionsvorrat betrug 2500 Schuss.

Im Juni 1936 begann die Werkserprobung der ZKB-30. Sie verlief zufriedenstellend, und bereits Ende August 1936 wurde das Modell von den Luftstreitkräften unter der Bezeichnung DB-3 übernommen. Die DB-3 war Tupolews SB zwar in der Höchstgeschwindigkeit um 8,5 km/h und in der Gipfelhöhe um 500 m unterlegen, konnte aber mit fast der doppelten Reichweite und der fast fünffachen Kampfbeladung punkten. Außerdem verfügte die DB-3 über geräumigere Kabinen, die nicht nur der Besatzung größeren Komfort boten, sondern auch eine Mitnahme von Bodenpersonal, Werkzeugen und Ersatzteilen bei Verlegungen erlaubten. Die Prüfer lobten überdies die einfache Handhabung: „Das Flugzeug DB-3 ist sehr leicht zu starten und zu landen. Es lässt sich unkompliziert fliegen und verhält sich bei Flugmanövern stabil."

Die Serienfertigung der DB-3 begann Anfang 1937 im Moskauer Flugzeugwerk Nr. 39. Noch im Frühjahr lieferte es das erste Baulos aus, das zur Truppenerprobung an die 23. Bomberbrigade ging. Außer im Werk Nr. 39 wurde die DB-3 in den Flugzeugwerken

DB-3- und DB-3T-Fertigung 1937–1941

	Werk	1937	1938	1939	1940	1941	Gesamt
DB-3	Nr. 18 (Woronesch)	12	204	555	--	--	
	Nr. 39 (Moskau)	33	68	279	--	--	
	Nr. 126 (Komsomolsk am Amur)	--	30	125	100	25	1431
DB-3T	Nr. 39 (Moskau)	--	97	--	--	--	97
Gesamt	--	45	399	959	100	25	1528

Nr. 18 (Woronesch) und Nr. 126 (Komsomolsk am Amur) gebaut. Der aus ihr abgeleitete Torpedobomber DB-3T entstand ausschließlich in Moskau.

In der Serienproduktion wurden die M-85-Motoren zu 850 PS bald durch 960 PS leistende M-86 oder 950 PS leistende M-87-Aggregate ersetzt. Die Ende der 1930er-Jahre eingeführte DB-3 erhielten hauptsächlich die im Fernen Osten (Sibirien) stationierten Fernbomberregimenter. Im Sommer 1939 wurden 24 Bomber mit sowjetischen Besatzungen nach China geschickt, wo die DB-3 ihre Feuertaufe bei Angriffen auf Ziele tief im Rücken der Japaner erlebte. Als erfolgreichste Operation gilt der Angriff auf den japanischen Marinefliegerstützpunkt Hankou in Wuhan am 3. Oktober 1939, wo an die 50 japanische Flugzeuge am Boden zerstört oder beschädigt worden sein sollen. Von Februar bis Mai 1940 wurden die 24 DB-3 schrittweise an die Chinesen übergeben, die sie bis Anfang 1942 als Bomber und bis September 1943 als Schulflugzeuge einsetzten.

Die erste größere Bewährungsprobe für die DB-3 stellte jedoch der sowjetisch-finnische Winterkrieg von 1939/40 dar. Am ersten Angriffstag, dem 30. November 1939, bombardierten DB-3 des 1. Minen- und Torpedoregiments (MTAP) der Baltischen Flotte den Hafen von Helsinki, die Küstenbatterien auf der Insel Hanko sowie weitere Ziele. Das 6., 21. und 53. Fernbomberregiment (ДБАП, DBAP) beteiligte sich ab dem 20. Dezember an Bombenangriffen in Finnland. Im Dezember 1939 befanden sich insgesamt 180 DB-3 im Einsatz an der so genannten Nordwestfront. Aufgrund der Luftüberlegenheit der sowjetischen Fliegerkräfte operierten die DB-3 fast ausschließlich am Tag. Nur das 85. Regiment, das über die erfahrensten Besatzungen verfügte, führte mit seinen DB-3 und SB nächtliche Bombardierungen durch. Die mitgeführten Abwurflasten lagen in der Regel bei 1000–1100 kg je Maschine. Im Februar 1940 trat die DB-3 mit Massenangriffen in Erscheinung: am 14. Februar bombardierten 95

Technische Angaben DB-3	
Bauausführung	DB-3B
Spannweite, m	21,44
Länge, m	14,22
Höhe, m	4,19
Flügelfläche, m²	65,60
Masse (kg)	
Rüstmasse	5030
Abflugmasse	7745
max. Startmasse	9450
Motortyp	2 x M-87A
Leistung, PS	2 x 950
Höchstgeschwindigkeit, km/h	
in der Höhe	439
in Bodennähe	345
Reisegeschwindigkeit, km/h	320
Praktische Reichweite, km	3800
Gipfelhöhe, m	9600
Besatzung	3
Bewaffnung	3 x 7,62 mm SchKAS-MG (2500 Schuss) Bombenlast 1000 kg, max. 2500 kg

Flugzeuge Wyborg, am 17. Februar griffen 132 DB-3 den Eisenbahnknotenpunkt Antarea an. Die Gesamtverluste des Krieges von 1939/40 beliefen sich auf 74 DB-3 (einschließlich technischer Ausfälle); DB-3 der

Dreiseitenansicht der Iljuschin DB-3.

DB-3-Besatzung bei der Einsatzbesprechung.

Marineflieger nicht einberechnet. Diese Zahl sowie die sehr hohen sowjetischen Gesamtverluste in der Luft und am Boden zeigen, dass die Sowjets ihren Überfall auf Finnland teuer bezahlen mussten.

Am 22. Juni 1941 lagen in den westlichen Militärbezirken etwa 550 DB-3; überwiegend mit M-87-Motoren und in geringer Stückzahl mit M-86- und M-85-Triebwerken motorisiert. Zusammen mit den DB-3F (Il-4) bildeten sie die Grundlage der Fernbomberwaffe (fünf Korps, vier im europäischen Teil der UdSSR, drei selbstständige Divisionen in der Ukraine und Transkaukasien, ein Regiment in Transbaikalien). Die Marinefliegerei (Minen- und Torpedoregimenter) verfügte am 1. April 1941 über 243 DB-3-Flugzeuge.

Schon in den ersten beiden Kriegstagen 1941 griffen Fernbomberregimenter mit Königsberg, Tilsit und Danzig Ziele in Ostdeutschland sowie Krakau in Polen an, des Weiteren Kolonnen und Truppenmassierungen unmittelbar hinter der Front. Letztere wurden aus lediglich 400 m Angriffshöhe hauptsächlich mit 100-kg-Bomben durchgeführt. Am 28. und 30. Juni griffen DB-3 zusammen mit anderen Flugzeugen in Gruppen von 20 bis 25 Maschinen die Beresina-Übergänge an. Sie erlitten erhebliche Verluste durch deutsche Jäger, da sie meist ohne Begleitschutz flogen. Die Verlegung von Verbänden von jenseits des Urals konnte die Verluste nicht ausgleichen. Daher erhielten die Fernbomberverbände am 3. Juli Befehl, Angriffe nur noch nachts durchzuführen. Bis Anfang August fanden die Einsätze jedoch bis zu 70 % tagsüber statt. Infolgedessen waren bis Ende Juli nur noch 75 DB-3 einsatzfähig, etwas mehr als ein Regiment. Im Herbst 1941 flogen DB-3 in weiter abnehmender Zahl. Zum Zeitpunkt der Gründung des Fernbomberkorps des Oberkommandos АДД (ADD) im März 1942 waren die DB-3 an der Front praktisch nicht mehr vorhanden.

Wie erwähnt, flogen auch DB-3 der Marine Luftnahunterstützung und erlitten durch deutsche Jagdflieger und Bodenabwehr nicht minder hohe Verluste: In den ersten beiden Kriegsmonaten verloren Minen- und Torpedoregimenter im Ostseeraum und am Schwarzen Meer 82 Flugzeuge, d. h. über die Hälfte ihrer Vorkriegsstärke.

Der einzige Torpedoflug in der Ostsee ereignete sich am 12. Juli 1941, als 24 DB-3T vor der lettischen Küste einen größeren Geleitzug suchten, den sie aber nicht fanden. Am 13. Juli wurde der Konvoi mit Kurs Riga jedoch entdeckt und von 27 DB-3

Ein ZKB-30-Prototyp.

bombardiert. Dabei wurden zwei Transportschiffe versenkt und acht beschädigt. Marine-DB-3 flogen auch Mineneinsätze. Bis Ende 1942 waren bei den westlichen Flotten fast keine DB-3T mehr vorhanden, obwohl Anfang 1944 in der Ostsee wieder drei solcher Maschinen zum Einsatz kamen. Ältere DB-3 fanden im Feldzug gegen Japan 1945 breite Verwendung.

Die Iljuschin DB-3 bildete zusammen mit der DB-3F ab Ende 1939 das Rückgrat der sowjetischen Fernbomberflotte und erlebte ihren Ersteinsatz 1939 in China sowie während des sowjetisch-finnischen Winterkrieges 1939/40, wo sie mit Flächenbombardierungen in Erscheinung trat. Die finnische Luftabwehr fügte den DB-3-Staffeln schwere Verluste zu.

Fernbomber Iljuschin Il-4 (DB-3F)

Am 17. Juli 1939 legte Volksverteidigungskommissar Woroschilow Stalin und Molotow eine Note „Zur Entwicklung der Flugzeugwerke der NKAP" vor. Das Schreiben sah eine Erhöhung der Kapazität bestehender Werke sowie den Bau vier neuer Flugzeugfabriken vor, die 1941 insgesamt folgende Stückzahlen produzieren sollten: 10.400 Bomber, 13.000 Jäger, 5800 Aufklärungs- und Schlachtflugzeuge, alles in allem 29.200 Stück ohne Marineflugzeuge. Darüber hinaus betonte Woroschilow, diese Kapazitäten könnten den Bedarf der Luftstreitkräfte für 1941 nicht vollständig decken! Die Zahlen sind auch unter dem Gesichtspunkt bemerkenswert, dass die oberste sowjetische Führung mittelfristig einen Krieg gegen Deutschland plante. Letztlich sah allein der Produktionsplan für 1941 die 8,5-fache Zahl aller deutschen Flugzeuge vor, die dann am 22. Juni am Angriff auf die UdSSR teilnahmen. Allein das Werk Nr. 39 sollte die DB-3-Jahresproduktion von 600 auf 1000 Maschinen steigern. Darüber hinaus waren in Taschkent und Kuibyschew neue Werke mit einem Jahresausstoß von 1500 bzw. 1000 DB-3 geplant.

Als Wermutstropfen stellte sich jedoch die veraltete Konstruktion der DB-3 heraus, die auf den technologischen Anforderungen der 1930er-Jahre beruhte und eine große Zahl Stahlrohre, gebogene Blechteile und kleinere geschweißte Baugruppen verwendete, die nur »an Ort und Stelle« mit Blindnieten montiert und kaum vorgefertigt werden konnten. Konstruktion und Arbeitsverfahren standen der verlangten hohen Produktionssteigerung also im Weg. Es bedurfte eines radikalen technologischen Wandels, der eine Umkonstruktion des Flugzeugs in Hinblick auf die verwendeten Werkstoffe und Herstellungsverfahren voraussetzte.

Das Konstruktionbüro Iljuschin hatte sich bereits unmittelbar nach Einführung an die Modernisierung der DB-3 gemacht. Zunächst wurde die Flugzeugzelle gemäß den modernen Produktions-Anforderungen des in der UdSSR in Lizenz gebauten Transportflugzeugs DS-3 (Li-2) geändert und Verfahren wie Stanzen, Gießen und Sprengnieten eingeführt. Des Weiteren wurden knappe Werkstoffe durch Holzbauteile ersetzt. Dadurch ergaben sich folgende äußere Unterschiede zwischen moderner und älterer Flugzeugzelle:

- Verlängerte Rumpfnase mit erweiterter Verglasung;
- Vergrößerung Flügelfläche um 1,1 m^2;
- Verkleinerung der Querruder und Vergrößerung der Landeklappen;
- Neue Triebwerksgondeln.

So ließ sich die Serienfertigung der DB-3 vereinfachen und die Bauzeiten verkürzen: statt bisher 30.301 Arbeitsstunden betrug der geschätzte Zeitaufwand nur noch 14.331; weniger als die Hälfte. Im Zuge der Vereinfachung wurden viele Anlagen verbessert. Die freitragenden versiegelten Kraftstoffbehälter in den Flächen wichen »weichen« Tanks mit Gasbefüllung zum Ausdrücken explosionsgefährlicher Gase. Bei der Abwehrbewaffnung ersetzten Ultra-SchKAS-MG mit erhöhter Feuerfolge (2800 S/min) die bisherigen SchKAS-Maschinengewehre. Der Einbau eines Autopiloten AWP-12 sorgte für eine selbststätige Stabilisierung beim Rollen, Gieren und Nicken. Als neue Motoren gelangten M-88-Triebwer-

Fernbomber Iljuschin Il-4.

DB-3F/Il-4-Fertigung 1940–1945							
Werk	**1940**	**1941**	**1942**	**1943**	**1944**	**1945**	**Gesamt**
Nr. 23 (Moskau)	--	--	110	257	--	--	**367**
Nr. 39 (Moskau/Irkutsk)	198	44	53	698	118	--	**1111**
Nr. 126 (Komsomolsk am Amur)	--	360	695	658	597	485	**2795**
Nr. 18 (Woronesch)	808	328	--	--	--	--	**1136**
Gesamt	**1006**	**732**	**858**	**1613**	**715**	**485**	**5409**

ke mit Startleistung von je 1100 PS zum Einbau. Das modernisierte Flugzeug hieß nun DB-3F und starte am 21. Mai 1939 zum Erstflug. Da der M-88-Motor aber noch unausgereift war, wurden die staatlichen Tests mit den weniger leistungsstarken, aber zuverlässigen M-87B-Triebwerken durchgeführt. Maschinen mit M-97B liefen unter DB-3M. Am 31. August 1939 brachte es eine mit 1000 kg Bombenlast beladene DB-3M (übliche Startmasse 7660 kg) mit vollständiger Bewaffnung auf eine Höchstgeschwindigkeit von 445 km/h in 5400 m Höhe und eine Reichweite von 3500 km.

Die Serienproduktion verwendete zunächst sowohl M-87B- als auch M-88-Motoren (in zeitgenössischen Unterlagen oft als DB-3F bezeichnet). Erst im März 1942 bestand der Motor M-88A die erforderliche 50-Stunden-Laufprüfung und wurde fortan zum Haupttriebwerk des Flugzeugs. Mit GKO-Dekret Nr. 1498 vom 26. März 1942 erhielt die DB-3F die neue Bezeichnung Il-4.

Bereits im März 1940 begann die Auslieferung der DB-3F an Fernbomberregimenter der Roten Armee. Die Umschulung des Flugpersonals in den DB-3F-Verbänden fand erst im Mai bis Juni 1940 beim Zulauf in die Regimenter 8, 11, 12 und 42 statt. Bereits für die erste Jahreshälfte 1940 war die Errichtung von sieben Fernbomberregimentern mit DB-3F geplant und insgesamt sollten es bis Jahresende elf werden. Darüber hinaus erhielten einige Aufklärungsverbände die DB-3F, darunter das 167. Regiment in Rjasan. Den neu errichteten Verbänden sollten von Juli-Dezember 682 DB-3F zugehen. Am 15. März bestand ein Minus-Soll von 711 DB-3F (obwohl 866 Maschinen bei 21 Regimentern und zwei Reserveregimentern vorhanden waren). Aufgrund des Flugzeugmangels im Oktober 1940 verfügten viele Regimenter über keine einzige DB-3F. Am 20. Oktober 1940 listeten das 200. und das 203. Regiment sechs Flugzeuge auf (Soll: 62), das 221. Regiment 15 und das 223. Regiment sieben

Maschinen. Sieben Regimenter gingen leer aus! Nichtsdestoweniger gab es im Juli 1940 fast vollständig mit DB-3F ausgestattete Verbände. Dazu zählte z. B. das 8. Fernbomberregiment, das am 25. Juli sogar einen Überbestand von 72 DB-3F mit M-88-Motoren auswies. Neue Flugzeuge gingen an Einheiten in Moskau, Leningrad, im Nordkaukasus und anderen Regionen. In Fernost blieb die alte DB-3 bei vielen Fernbomberregimenten weiter in Verwendung.

Im Juni 1941 verfügten die Fernbomberformationen an der sowjetischen Westgrenze über 1332 Flugzeuge, darunter 1122 DB-3 und DB-3F. In der Nacht zum 23. Juni 1941 erteilte der Generalstab der Roten Armee den Bomberkorps (БАК; BAK) folgende Aufträge:

- 1. BAK: Angriff auf militärische Ziele bei Königsberg und Danzig; Unterstützung der Truppen der Nordwestfront.
- 2. BAK: Bombardieung von Zielen bei Lublin und Katowitz; Entlastung der Truppen der Südwestfront.
- 3. BAK: Angriff auf Ziele im Raum Warschau; Unterstützung der Truppen der Nordwestfront.
- Selbstständige 18. Division: Bombardierung militärischer Einrichtungen in Krakau; Unterstützung der Truppen der Südwestfront.

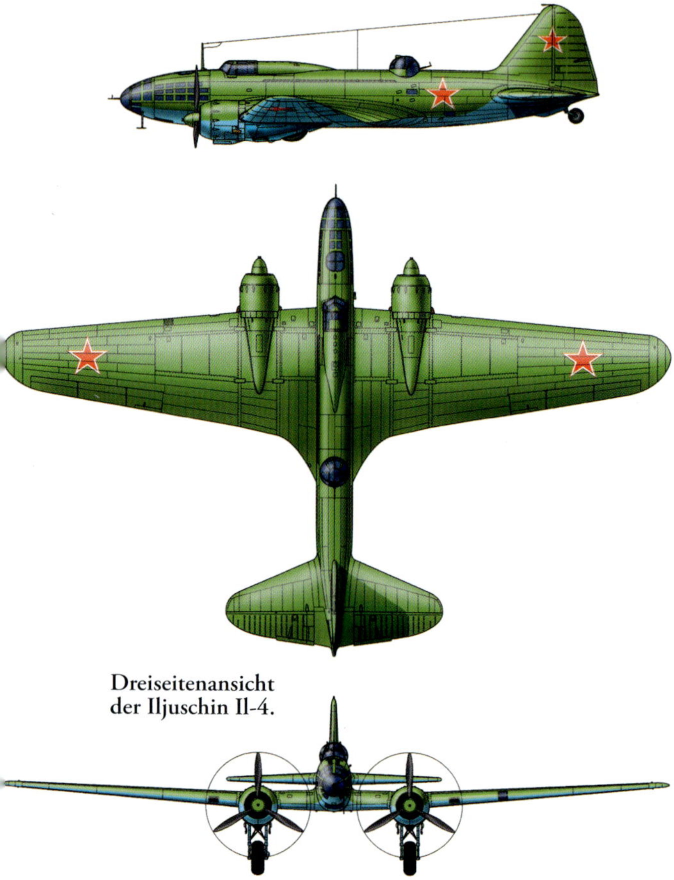

Dreiseitenansicht der Iljuschin Il-4.

Torpedobomber Iljuschin Il-4T mit Lufttorpedo 45-36AN.

Technische Angaben Il-4	
Bauausführung	Il-4
Spannweite, m	21,44
Länge, m	14,76
Höhe, m	4,10
Flügelfläche, m²	66,70
Masse (kg)	
Rüstmasse	6421
Abflugmasse	10.055
max. Startmasse	12.120
Motortyp	2 x M-88B
Leistung, PS	2 x 1100
Höchstgeschwindigkeit, km/h	
in Bodennähe	332
in der Höhe	398
Praktische Reichweite, km	4000
Maximale Steiggeschwindigkeit, m/min	264
Gipfelhöhe, m	8300
Besatzung	3–4
Bewaffnung	1 x 12,7 mm BT-MG 2 x 7,62 mm SchKAS-MG Bombenlast 1000 kg, max. 2500 kg

DB-3F-Prototyp.

Am 7. August griff ein Sondereinsatzverband aus 15 DB-3 des 1. Minen- und Torpedoregiments der Baltischen Flotte Berlin an. Bis zum 5. September führten sowjetische Piloten neun Einsätze gegen die deutsche Hauptstadt durch.

Die Angriffe auf Ziele tief hinter den feindlichen Linien übten keinen signifikanten Einfluss auf den Verlauf der Kämpfe aus und brachten nur Propagandaeffekte. Die Eigenverluste blieben dabei relativ gering, ganz im Gegensatz zu den Aktionen zur Unterstützung der Bodentruppen. Hier gab es katastrophale Verluste, zumal viele Angriffe bei Tag und ohne angemessene Vorbereitung sowie Jagdschutz durchgeführt wurden. Ende Juli 1941 verfügten die vier BAK zusammen über nur noch 75 einsatzfähige DB-3 und DB-3F. Anfang März 1942 wurden die Verbände der so genannten Fernbomber-Luftfahrt (ДБА; DBA) im Fernbomberkorps (АДД; ADD) gebündelt, aus der Front herausgezogen und direkt dem Oberkommando der Roten Armee unterstellt. Dank der Anstrenungen sowjetischer Flugzeugwerke verfügte das ADD Ende 1942 über etwa 1000 Il-4 (DB-3F). Im August und September 1942 griffen ADD-Bomber Königsberg, Danzig, Berlin, Budapest und Bukarest an. Diese strategischen Operationen fanden nachts statt, wie auch die taktischen und operativen Einsätze gegen Flugplätze, Eisenbahnknotenpunkte und Häfen. Il-4 Bomber flogen ferner als Aufklärer sowie als Truppen- und Nachschubtransporter. Am 8. Dezember 1944 wurde das ADD in die 18. Fliegerarmee umgewandelt, die wieder aus der Reserve des Oberkommandos trat. Die 18. Fliegerarmee bombardierte am 7. April 1945 mit 516 Flugzeugen die Festung Königsberg.

Während des Krieges absolvierte die sowjetische Fernbomberwaffe über 220.000 Einsätze, von denen 13.000 als strategisch eingestuft werden können, und verlor mehr als 10.000 Flugzeuge.

Iljuschin Il-4 im Flug.

Nachtbomber Lissunow Li-2 (PS-84)

Am 11. April 1936 erwarb die UdSSR von der amerikanischen Firma Douglas die Lizenz zum Nachbau des Verkehrsflugzeugs DC-3 (militärische Bezeichnung C-47). Außer der Lizenz erwarben die Sowjets auch 18 Maschinen DC-3, die die USA von November 1936 bis März 1939 in die UdSSR lieferte. Dort nahm das Flugzeugwerk Nr. 84 in Chimki bei Moskau die Lizenzfertigung unter Leitung des Sonderkonstruktionsbüros (SKB) W. M. Mjassischtschew auf. Nach der Verhaftung Mjassischtschews im Jahr 1938 übernahm A. A. Senkow das SKB. Das SKB-Team leistete ausgezeichnete Ingenieursarbeit. Es stellte sämtliche Größen von Zoll und Inch auf metrische Maße um, berechnete alle Strukturelemente nach sowjetischen Festigkeitsstandards neu und führte die Fertigung nach genormten Matritzenvorlagen ein. Dabei wurden die üblichen Arbeitszeichnungen durch flache Arbeits- und Kontrollschablonen ersetzt, so dass sich Teile und Geräte einheitlich, schnell und kostengünstig nach Vorlage herstellen ließen. Dies unterschied die sowjetische von den niederländischen und japanischen Fertigungsmethoden bei Fokker und Mitsubishi, denn auch Holland und Japan hatten DC-3-Lizenzen erworben. Fokker und Mitsubishi bauten die Flugzeuge aus Baugruppen und Einzelteilen zusammen, die aus den USA geliefert wurden.

Das Werk Nr. 84 stellte die erste Lizenzmaschine zum 7. November 1938 fertig; der Typ firmierte unter der Bezeichnung PS-84 (Passagierflugzeug des Werks Nr. 84). Vom 3. September bis 17. Dezember 1939 führte das sowjetische Forschungsinstitut für Zivilluftfahrt (GWF) die staatliche Erprobung durch. Noch vor dem erfolgreichen Abschluss der Tests erging der Beschluss zur Serienproduktion im Moskauer Werk Nr. 82, das bis Ende 1939 sechs PS-84 baute. Weitere zehn Maschinen lieferte das Flugzeugwerk Nr. 124 in Kasan. Bis zu seiner Evakuierung nach Taschkent im Herbst 1941 baute das Werk Nr. 84 über 230 PS-84.

Der zweimotorige Tiefdecker mit Einziehfahrwerk entstand in Ganzmetallbauweise, wobei Ruder und Querruder Stoffbespannungen erhielten. Der Rumpf mit Metallrahmen erhielt eine Beplankung aus Aluminiumblech und wies auf jeder Seite sieben rechteckige Fenster auf. Auf der Steuerbordseite befindet sich die Haupteingangstür, auf der linken Seite eine vordere Ladeluke und eine weitere Ladeluke für den hinteren Gepäckraum. Die Tragflächen setzten sich aus rechteckigen dreiholmigen Mittelflügeln und trapezförmigen Außenflügeln mit hydraulischen Landeklappen zusammen. Die Mittelflügel nahmen vier Kraftstoffbehälter und die beiden Motorgondeln auf. Die leicht geschwungenen Tragflächen-Vorderkanten sorgten für gute Längsstabilität. Die beiden Kolbenmotoren M-62 IR zu je 1000 PS brachten das Flugzeug auf eine Höchstgeschwindigkeit von 320 km/h. Die praktische Reichweite betrug 2500 km. Die PS-84-Besatzung setzte sich aus zwei Piloten, einem Funker und einer Flugbegleiterin zusammen. Am 13. Mai 1942 verfügten die sowjetische Zivilflotte (ГВФ GWF; Vorläufer der Aeroflot) über insgesamt 83 und die Luftstreitkräfte über 53 PS-84. Fast vier Fünftel waren in einem Sonderregiment konzent-

Technische Angaben Li-2	
Länge, m	19,65
Spannweite, m²	28,81
Motoren	2 x ASch-62IR
Leistung, PS	2 x 900
Startmasse, kg	11.700
Höchstgeschwindigkeit, km/h	295
Gipfelhöhe, m	4200
Reichweite, km	2150
Bewaffnung	4 x 7,62 mm SchKAS-MG (Turm-MG später durch 12,7 mm UBT-MG ersetzt) Bombenlast bis zu 4 x FAB-250 Nutzlast 4500 kg (oder 20 Personen)

Nachtbomber Lissunow Li-2.

riert, der Rest wurde dem Hauptquartier zugewiesen oder befand sich in Schuleinrichtungen. Weitere 26 PS-84 flogen für das Volkskommissariat für Luftfahrtindustrie (NKAP) Bauteile und Material zu den Fabriken.

Und so ergaben sich für die PS-84 schwerpunktmäßig drei Anwendungsbereiche: Frachttransporte für die Industrie (Maschinen der Zivilluftflotte und des NKAP), Versorgungsflüge an die Front und hinter die Front (spezielle Gruppen der Zivilluftflotte, die später in Regimenter und Divisionen umstrukturiert und in die Luftstreitkräfte eingegliedert wurden), sowie nächtliche Bombenflüge (die dann zur Hauptaufgabe des ADD wurden, aber auch GWF-Flugzeuge waren daran beteiligt).

Die Einsätze als Hilfsbomber waren auf den Mangel an »echten« Fernbombern zurückzuführen. Das NKAP erließ am 25. April 1942 die Weisung Nr. 318cc »Über den Einsatz von Flugzeugen PS-84 als Nachtbomber«. Im selben Monat wurde die erste zu einem Bomber umgebaute PS-84 getestet. Sie unterschied sich von der Zivilversion vor allem durch die unter dem Mittelteil montierten Aufhängungen für Bomben bis zu 1000 kg. Im Bereich des rechten Pilotensitzes wurde ein ESBR-3-Bombenauslösegerät sowie ein Bombenvisier NKPB-3 installiert. Die Trennwand zur Kanzel verstärkten 8 mm dicke Panzerplatten mit den Abmessungen 720 x 460 mm zum Schutz der Besatzung. Beim Bombenangriff fungierte der Navigator als Bombenschütze. Manchmal befand sich kein Copilot unter der Besatzung und der Navigator nahm von Anfang an den rechten Pilotensitz ein.

Im Unterschied zum Standard-Fernbomber Il-4 der Roten Armee konnte die PS-84-Crew unter geräumigeren Verhältnissen arbeiten. Die Kabine war dazu beheizt und verfügte über eine Toilette. Die Steuerung des Flugzeugs erleichterte der eingebaute Autopilot AWP-12.

Ein erster Einsatz als Bomber erfolgte in der Nacht zum 24. Juni 1942, als mehrere PS-84 des 103. Regiments der 1. Fliegerdivision des ADD den 25 km vor Kursk gelegenen Bahnhof Schigry angriffen. Am 17. September 1942 erhielt die Militärversion der PS-84 die Bezeichnung Li-2 nach B. P. Lissunow, dem Chefingenieurs des Flugzeugwerks Nr. 84 und Verantwortlichen für die Produktion des Flugzeugs.

In den meisten Fällen operierten Li-2-Bomber in kleinen Gruppen, die in kurzen Abständen das Zielgebiet anflogen. Das Leitflugzeug beleuchtete das Objekt mit SAB-Leuchtbomben. Jede Besatzung warf ihre Bomben unabhängig. Oft kehrten die Li-2 mit großen Löchern von Flaktreffern zurück, was ihre hervorragende Überlebensfähigkeit unterstrich.

Im November und Dezember 1942 wurden Li-2 erfolgreich bei den Kämpfen um Stalingrad eingesetzt. Von ihren Absprungplätzen näherten sie sich im Dunkeln der Wolga, wo Scheinwerfer am linken Ufer den Angriffsstreifen bezeichneten. Die Stadt war ja bereits zu neun Zehnteln von deutschen Truppen eingenommen und die sowjetischen Verteidiger hielten nur noch einen schmalen Streifen längs der Wolga. Nach Überfliegen dieses Streifens suchten

Li-2-Fertigung im Werk Nr. 84 1941–1945

Werk	1941	1942	1943	1944	9145	Gesamt
Nr. 84 (Taschkent)	135	386	641	617	458	2237

die Flugzeuge daher, ihre Abwurflasten zügig loszuwerden. Für die Stalingrad-Einsätze kurz hinter den Absprungplätzen konnte man zur üblichen Maximalladung von 1000 kg zusätzliche Lasten laden. Dazu gehörten etwa Kleinbomben, Handgranaten und Eisenteile, die man aus den Seitentüren auf deutsche Infanteriestellungen warf.

Li-2 des 102. ADD-Regiments waren auch an der Zerstörung wichtiger Don-Übergänge zur Störung des feindlichen Nachschubs beteiligt. In einem Fall flog die 62. Division auch einen Tageinsatz. Und zwar erhielt sie den Auftrag, den Flugplatz Pitomnik in Stalingrad zu bombardieren, um ein mögliches Ausfliegen von Generalfeldmarschall Paulus, Befehlshaber der 6. Armee, zu verhindern. Der Befehl wurde ausgeführt, aber der Verband verlor dabei fünf Flugzeuge durch die deutsche Flak. Während der Kämpfe um Stalingrad dienten Li-2 ferner zum Transport von Fracht und Verstärkungen sowie zum Ausfliegen von Verwundeten. Allein das 102. Regiment lieferte 800 t Fracht und 1448 Soldaten an die Front und brachte 5220 Verwundete zurück. Während der sowjetischen Gegenoffensive brachten Li-2-Transporter den auf Stalingrad zustoßenden Panzerspitzen teilweise Treibstoff.

Boris Pawlowitsch Lissunow (1898–1946), Chefingenieur des Flugzeugwerks Nr. 84 in Chimki, später Taschkent, gab der Li-2 ihren Namen.

Dreiseitenansicht der Lissunow Li-2.

Die Kampfeinsätze der Li-2 erwiesen rasch deren eingeschränkte Fähigkeiten als Bomber, was vor allem an der schlechten Sicht des Bombenschützen/Navigators nach unten und der Primitivität des verwendeten Visiers lag. Die ab 1943 in Serie gebaute Li-2NB (NB = Notschnoi Bombardirowschtschik, Nachtbomber) sollte diesem und anderen Mankos abhelfen. Die sechsköpfige Besatzung setzte sich aus den beiden Piloten, einem Navigator, einem Bordwart, einem Funker und einem Turmschützen zusammen. Hinter dem Flugzeugführer war der Platz des Navigators und hinter dem Copiloten (rechts) der Funkersitz angeordnet. Eine erweiterte Kanzelverglasung sollte die Sicht verbessern. Die Zielfindung und –bekämpfung verbesserten ein Bendix-Funkkompass MN-26C und ein ESBR-3-Bombenzielgerät. Das Funkgerät RSB-bis wich dem moderneren RSR-1, und das NKPB-4-Nachtsichtgerät dem leistungsfähigeren NKPB-7. Die maximale Abwurflast unter den Flächen blieb sich bei vier FAB-250-Bomben gleich. Die Abwehrbewaffnung der Li-2NB bestand zunächst aus vier SchKAS-Maschinengewehren, die sich auf Bug, obere Rumpfkuppel MW-3 (1200 Schuss) und zwei beidseitige Waffenstationen im Heck (500 Schuss) mit entsprechenden Luken und Lafetten verteilten. Dann ersetzte man den oberen MW-3-Turm mit 7,62-mm-SchKAS-MG durch einen UTK-1-Turm mit schwerem 12,7-mm-UBT-MG; die beiden SchKAS-MG in SchKU-1-Schwenklafetten an den Seiten blieben unverändert. Der UTK-1-Turm zeigte eine strömungsgünstigere Form und ließ sich im Flug leicht von Hand schwenken. Ein Begrenzer verhinderte Schüsse ins Leitwerk. Der Schütze bediente das Turm-MG stehend auf einem höhenverstellbaren Podest. Die beiden Heck-MG bemannten Funker und Bordwart bei der Annäherung feindlicher Jäger. Das SchKAS-Bug-MG entfiel. Einige Li-2NB erhielten je Fläche vier Schienen zum Abschuss von Raketen.

Während der Serienproduktion der Li-2NB wurde ein System zum Befüllen von Kraftstofftanks mit Neutralgas eingeführt, das die Brand- und

Passagierflugzeug PS-84 auf Kufenfahrwerk. Es handelte sich um eine sowjetische Lizenzfertigung der amerikanischen DC-3.

Explosionsgefahr verringerte, wenn Geschosse oder Splitter die Tankwandungen durchschlugen. Tragflächen-Vorderkanten und Leitwerk erhielten Vereisungsschutz.

Insgesamt fertigte das Werk Nr. 84 von 1941–1945 2237 Li-2 in verschiedenen Ausführungen, darunter Nachtbomber.

Im Sommer 1943 wurden an der Front bis zu 200 Li-2-Bomber eingesetzt. Anfang 1944 waren 266 Li-2 in zehn Bomberregimentern vorhanden, deren Anzahl sich Mitte 1944 auf 413 Flugzeuge steigerte. Am 10. Mai 1945 verfügte das ADD über 19 Li-2-Regimenter mit zusammen 593 Flugzeugen.

Der Langstrecken-Nachtbomber Li-2NB konnte sowohl Kampf- als auch Transporteinsätze durchführen. Hier beim Beladen mit Nachschubgütern, die ein Lkw GAS-AA heranbrachte.

Schnellbomber Tupolew SB

Zu Beginn des »Großen Vaterländischen Krieges« bildete die SB (Скоростной бомбардировщик; Skorostnoi Bombardirowschtschik = Schnellbomber) den taktischen Hauptbombertyp der Roten Armee. In den 1930er-Jahren galt sie als eines der besten Flugzeuge ihrer Klasse. Die SB entwarf eine Ingenieursbrigade unter Leitung von A.A. Archangelski im Konstruktionbüro Tupolew. Das Flugzeug firmierte unter der internen Bezeichnung ANT-40 (nach Andrei Nikolajewitsch Tupolew), in den taktischen und technischen Anforderungen der Luftwaffendirektion der Roten Armee aber unter Kurzstreckenbomber BB-2. In der Serie hieß das Muster dann schlicht »SB«. An die Konstrukteure erging der Auftrag zur Entwicklung eines zweimotorigen Ganzmetallbombers, der schneller als die Doppeldecker-Jäger der Zeit sein sollte – daher »Schnellbomber«.

Die Erstversion ANT-40-1 (SB-2 RTs) brachten zwei luftgekühlte Wright-Cyclone-Sternmotoren zu je 730 PS in die Luft; der Erstflug erfolgte am 7. Oktober 1934. Die ANT-40-1 entwickelte die für ihre Zeit hohe Geschwindigkeit von immerhin 325 km/h, aber das Militär gab der Zweitversion ANT-40-2 (SB 2 IS) mit zwei wassergekühlten Hispano-Suiza 12Y-Reihenmotoren zu je 760 PS den Vorzug, die am 30. Dezember 1934 erstmals startete. Bei den anschließenden Werksversuchen erreichte sie die herausragende Spitzengeschwindigkeit von 430 km/h in 4000 m Höhe. General Alksnis gab als Befehlshaber der sowjetischen Luftstreitkräfte am 14. Februar 1936 grünes Licht für die Serienfertigung, die sich aufgrund langwieriger Vorbereitungen im Moskauer Werk Nr. 22 bis ins Frühjahr 1935 verzögerte. Außerdem ging es darum, den Lizenzbau von Motoren Hispano-Suiza 12Y vollends in den Griff zu bekommen, was gelang. Unter der sowjetischen Bezeichnung M-100 wurden sie eingebaut und so konnten bereits 1936 die ersten 268 SB an die Bomberregimenter der Roten Armee ausgeliefert werden. 1937 trat das Flugzeugwerk Nr. 125 in Irkutsk als weiterer Hersteller in Erscheinung.

Von 1937 bis 1939 wurden 111 SB in sowjetischer Lizenz auch in Flugzeugfabriken der Tschechoslowakei gebaut (auch unter deutscher Regie nach 1938). Unter der Bezeichnung Avia B-71 waren sie u. a. als Aufklärer vorgesehen.

Bei der Tupolew SB handelte es sich um ein zweimotoriges Ganzmetallflugzeug mit Einziehfahrwerk; Besatzung drei Mann. Die tragenden Hauptbaugruppen bildeten der zentrale Rumpfteil sowie die Mittelflügel mit Motorgondeln. Daran waren die Vorderflügel; am Rumpf Bug und das Heck mit Leitwerk befestigt. Die Kuppel in der Rumpfnase beherbergte den Navigator, der gleichzeitig die Aufgabe des Bombenschützen wahrnahm. Weiter hinten oben auf dem Rumpfdach befand sich die Kanzel des Flugzeugführers und hinter dem mittigen Bombenschacht in Richtung Heck der Platz des Funkers und Heckschützen. Der Bombenschacht konnte Abwurfmunition bis maximal 500 kg aufnehmen, die alternativ als 250-kg-Bomben auch unter den Flächen nah am Rumpf Platz fand. Kleinere Bomben (unter 100 kg) brachte man in Kombination sowohl im Bombenschacht als auch und unter den Flächen unter. Das Aufhängen der Bomben erfolgte über zwei Winden an einem speziellen Rahmen, der sich abnehmen ließ.

Da sich die gesamte Bombenlast mit 500 bis 600 kg in der Nähe des Schwerpunkts befand, hatte der Abwurf keinen wesentlichen Einfluss auf die Stabilität und Steuerung des Flugzeugs. Zielen und Abwurf führte der Navigator/Bombenschütze mit Hilfe elektrischer und mechanischer Geräte aus. In der Pilotenkanzel befand sich eine doppelte mechanische Notabwurf-Vorrichtung.

Als Abwehrbewaffnung führte die SB drei 7,62-mm-SchKAS-Maschinengewehre; eines in der Rumpfnase beim Navigator und zwei am Platz des

Schnellbomber Tupolew SB.

Funkers/Bordschützen – ein MG diente zur Verteidigung nach oben und eines nach unten (sowie jeweils seitlich nach hinten). Im Reiseflug und wenn nicht mit feindlichen Jägern zu rechnen war, wurde das Bug-MG entfernt.

Von der SB entstanden folgende Ausführungen:

* SB 2M100A mit neuen Motorverkleidungen und fortschrittlichen MG-Lafetten; hergestellt ab Ende 1936.
* SB 2M103 (SB bis) mit stärkeren M-103-Motoren und vergrößerter Navigatorenkuppel mit zweiter Steuerung.
* SB bis2 mit geänderten Kühlern, strömungsgünstiger Flächenhaut, Rückenpanzerplatte für den Flugzeugführer und verstärktem Rumpfgerüst. Zuerst mit WISch-2- dann mit WISch-22-Verstellpropellern. Erhöhung der Bombenlast dank externer Bombenhalter auf 1600 kg. Einsatzradius 600 km; Höchstgeschwindigkeit 419 km/h. Ab 1940 neue MG-Türme. Hergestellt ab Sommer 1938.
* SB bis3 mit neuen tunnelartigen Wasserkühlern. Höchstgeschwindigkeit 445 km/h in 4500 m Höhe. Erprobt vom 1. November 1937 bis 17. Januar 1938; ging aufgrund von Unzuverlässigkeit der Kühler nicht in Serie.
* MMN-Hochgeschwindigkeitsbomber mit M-105-Motoren zu je 1050 PS und verkleinerter Flügelfläche. 1939 erprobt.
* PS-40: Die Passagierversion der ANT-40 für Aeroflot; 1938 gebaut.

Technische Angaben SB	
Bauausführung	SB-2bis
Spannweite, m	20,33
Länge, m	2,57
Höhe, m	3,48
Flügelfläche, m^2	56,00
Masse (kg)	
Rüstmasse	4768
Abflugmasse	7880
Motortyp	2 x M-103
Leistung, PS	2 x 960
Höchstgeschwindigkeit, km/h	450
Reisegeschwindigkeit, km/h	375
Praktische Reichweite, km	2300
Maximale Steiggeschwindigkeit, m/min	570
Gipfelhöhe, m	7800
Besatzung	3
Bewaffnung	6 x 7,62 mm SchKAS-MG Bombenlast 600 kg

ANT-40-Prototyp.

* PS-41: Ausführung der SB bis2 als Postflugzeug der Aeroflot mit äußeren Zusatztanks und 2450 kg Nutzlast.
* CSS: Schulflugzeug in Kleinserie. Den Navigatorplatz ersetzte eine Ausbilderkabine mit paralleler Steuerung und komplettem zweitem Instrumentensatz. Getestet im März 1938.

Die ersten Serien-SB wurden 1936 an die Bomberregimenter der Roten Armee ausgeliefert. Noch im selben Jahr fand die Feuertaufe in Spanien statt. Dank ihrer überlegenen Geschwindigkeit konnte die SB auf Jagdschutz verzichten. Die Bomber wurden zuerst von sowjetischen und dann spanischen Besatzungen bemannt und flogen wirkungsvolle Einsätze gegen Boden- und Seeziele - Truppenkonzentrationen, Flugplätze, Häfen, Transport- und Kriegsschiffe, aber auch gegen spanische Städte und ihre Bevölkerung. Es sind einige Fälle bezeugt, in denen SB sogar gegnerische Bomber abfingen und zerstreuten. Als wirkungsvolle deutsche Flugabwehrgeschütze (8,8 cm Flak) mit neuen Zielgeräten sowie Messerschmitt-Jäger Bf 109 B nach Spanien gelangten, nahmen die Verluste der SB-Bomber sprunghaft zu. Die Bf 109 B erreichte in 3500 m Höhe bis zu 425 km/h und konnte die SB bis in Höhen von 7000 m abfangen.

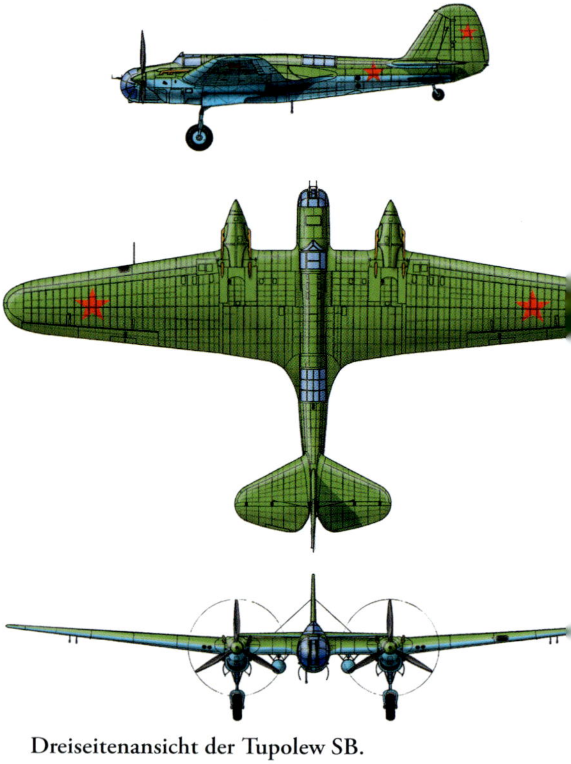

Dreiseitenansicht der Tupolew SB.

Tupolew SB im Einsatz bei den »Roten« in Spanien.

Der Bugabschnitt der Tupolew SB mit der Kuppel für den Navigator/Bombenschützen und der Rumpfdachkanzel für den Flugzeugführer.

Anfang 1938 schickte die UdSSR mehrere SB-Bomber zum Einsatz gegen die Japaner nach China. An den Kämpfen am Chalchin-Gol ab Mitte Mai 1939 nahmen 29 SB-Bomber teil und am sowjetisch-finnischen Winterkrieg 1939/40 noch mehr. 1941 war die SB eigentlich kein »Schnellbomber« mehr und technisch bereits veraltet. Dennoch stellten SB-Regimenter den Löwenanteil der mittleren Bomberverbände der sowjetischen Luft- und Seestreitkräfte und erlitten in den ersten Kriegsmonaten schwere Verluste, u. a. weil sie ohne Jagdschutz bei Tag eingesetzt wurden. Danach ließ man sie in der Regel nur noch Nachtangriffe oder Aufklärung fliegen. SB-Flugzeuge dienten auch als Verbindungs- und Schleppmaschinen für Lastensegler, die Truppen und Nachschub an die Front brachten.

SB-Fertigung 1936–1941

Werk	1936	1937	1938	1939	1940	1941	Gesamt
Nr. 22 (Moskau)	268	853	1250	1435	1820	69	**5695**
Nr. 125 (Irkutsk)	--	73	177	343	375	168	**1136**
Gesamt	**268**	**926**	**1427**	**1778**	**2195**	**237**	**6831**

Sturzbomber Archangelski Ar-2

Nur wenige Jahre nach seinem beeindruckenden Debüt in Spanien war der Schnellbomber SB technisch bereits veraltet. Das Militär bemängelte u. a. die jetzt unzureichende Fluggeschwindigkeit und die Unfähigkeit zu Sturzbombenangriffen. Zu den Versuchen, die Fluggeschwindigkeit zu erhöhen, zählte die Schaffung der SB-Variante MMN – eine Modifikation des „N"-Flugzeugs, wie die SB in der Werksdokumentation hieß. Es verfügte über zwei wassergekühlte Triebwerke M-105 mit Dreiblatt-Verstellluftschrauben WISch-22E. Von der Serien-SB unterschied es sich ferner durch die verringerte Flügelfläche, eine verbesserte Aerodynamik und die verstärkte Abwehrbewaffnung mit doppelten Bedienelementen in der Navigator-Kanzel. Bei der staatlichen Erprobung 1939 entwickelte es eine Geschwindigkeit von 458 km/h in 4200 m Höhe, eignete sich jedoch nicht zum Sturzbomber. Aus diesem Grund erhielt Konstrukteur A. A. Archangelski, der schon federführend an der Entwicklung der SB beteiligt gewesen war, den Auftrag, die MMN zum Sturzbomber SB-RK (SB mit Motorkühlern in den Flügeln) umzuwandeln. Der erste Prototyp stand im Oktober 1940 für Werkstests zur Verfügung. Er unterschied sich in folgenden Merkmalen von der MMN-Variante:

- Eine neugestaltete Rumpfnase mit vergrößerter Verglasungsfläche bot dem Naviator verbesserte Arbeitsbedingungen und ermöglichte die direkte Kommunikation mit dem Piloten. Hinzu kam eine zweite Steuerung mit klappbarem Steuerrad. Gleichzeitig wurde in der Pilotenkanzel der Flugzeugführersitz nach links und das Instrumentenbrett nach rechts verschoben, was die Sicht des Piloten durch die Navigatorkuppel während des Anflugs und Sturzflugs verbesserte.
- Als Visiere für Bombenwürfe aus dem Horizontalflug dienten das NKPB-3 (für Bombenangriffe in der Nacht und aus geringer Höhe) und ein OPB-1M; für den Sturzflug ein Sturzvisier PBP-1, das der Pilot bediente.
- Unter den Tragflächen wurden hydraulisch betätigte Sturzflugbremsen installiert (wie sie z. B. die deutschen Sturzbomber Ju 87 und Ju 88 aufwiesen), außerdem baute man nach Vorbild der Ju 87 eine Sturzflugautomatik ein, die das Flugzeug nach Auslösen der Bomben beim Abfangen unterstützte.

- Die Abwehrbewaffnung bestand aus drei SchKAS-Maschinengewehren.
- Im Vergleich zur SB und MMN erhöhte sich die Abwurflast: im Sturzangriff konnten bis zu vier FAB-250 (zwei unter den Flächen, zwei im Bombenschacht) oder drei FAB-500 (zwei außen und eine innen) geworfen werden. Im Horizontal- oder Hochangriff waren es bis zu drei FAB-500 oder sechs FAB-250 (vier außen und zwei innen) oder zwölf 100-kg-Bomben (vier außen und acht innen).

Die übliche Bombenlast wurde auf 1000 kg und die maximale Abwurflast auf 1500 kg erhöht. Bemer-

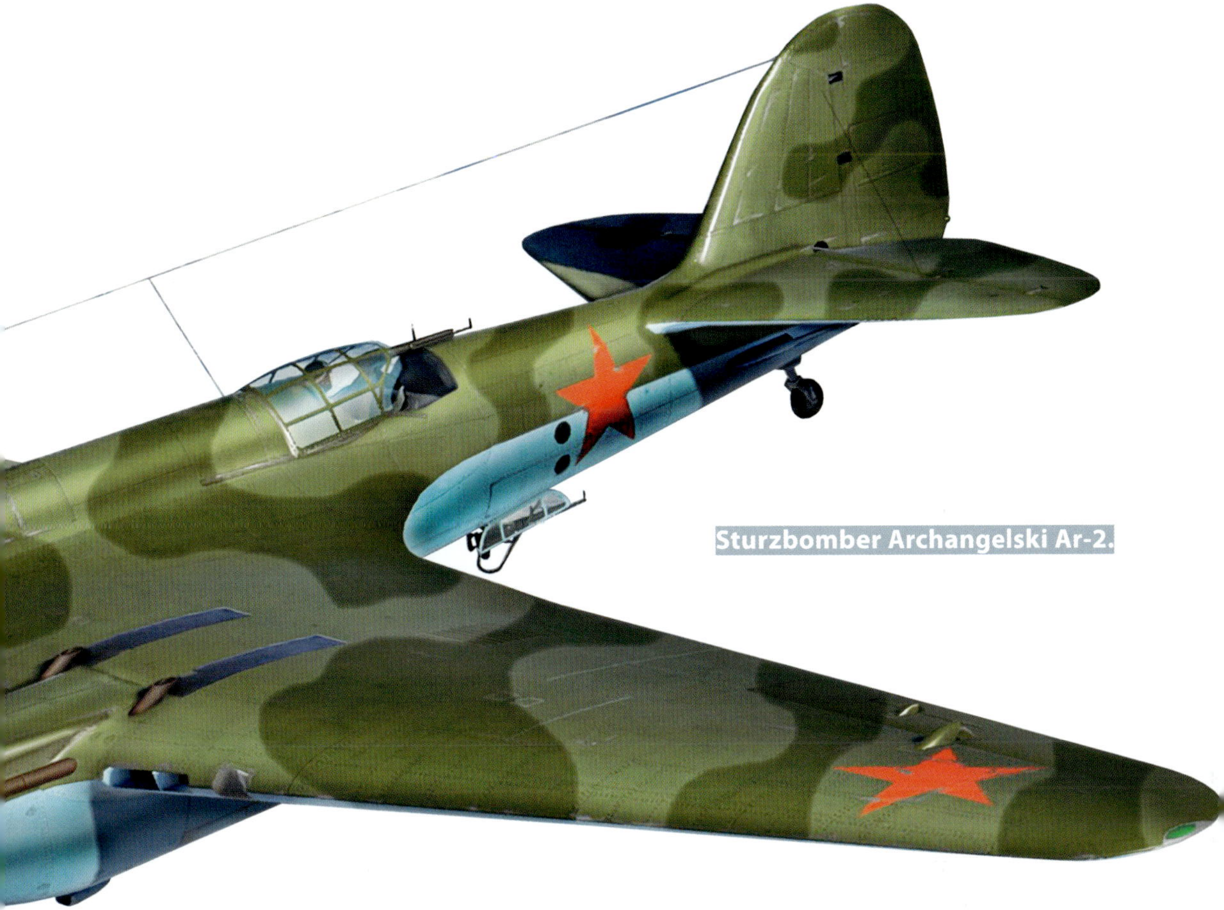

Sturzbomber Archangelski Ar-2.

kenswerter Weise ließen sich die 1500 kg Bomben wahlweise im Hoch- wie im Sturzangriff werfen. Beim Sturzangriff wurden Bomben sowohl aus dem Bombenschacht als auch von den vier vollständig in den Flächen versenkten Außenhalterungen geworfen. Man sollte diese Art Sturzangriff jedoch nicht mit dem in viel steileren Sturzwinkeln durchgeführten Angriffen des deutschen Sturzkampfbombers Ju 87 vergleichen, die kein anderes Flugzeug erreichte.

Das SB-RK-Flugzeug war außerdem für den Abwurf chemischer Waffen, von Brand- und Nebelmunition ausgelegt. Der Anbei von Startschienen für Raketen RS-82 und RS-132 war vorgesehen.

Gemäß NKAP-Weisung Nr. 704 erhielt das Muster am 9. Dezember 1940 die neue Bezeichnung Ar-2 (Archangelski 2). Im Januar 1941 schloss die Erprobung erfolgreich ab, in der das Flugzeug mit 6600 kg Flugmasse eine Höchstgeschwindigkeit von 475 km/h in 4700 m Höhe erreicht hatte. Die Steigzeit auf 5000 m betrug 7,1 Minuten, die Gipfelhöhe bei normaler Startmasse 10.000 m und mit 7100 kg einschließlich zweier FAB-250-Bomben als Außenlast 9000 m. Die Reichweite mit zwei FAB-250 betrug bei einer Reisegeschwindigkeit von 390 km/h in 5000 m Höhe 990 km und die Startstrecke mit 7100 kg 340 m.

Nach gängiger Tradition begann das Luftfahrtwerk Nr. 22 im Auftrag des NKAP lange vor Abschluss der

Unter den Flächen dicht am Rumpf konnte die Ar-4 vier 250-kg-Bomben mitführen.

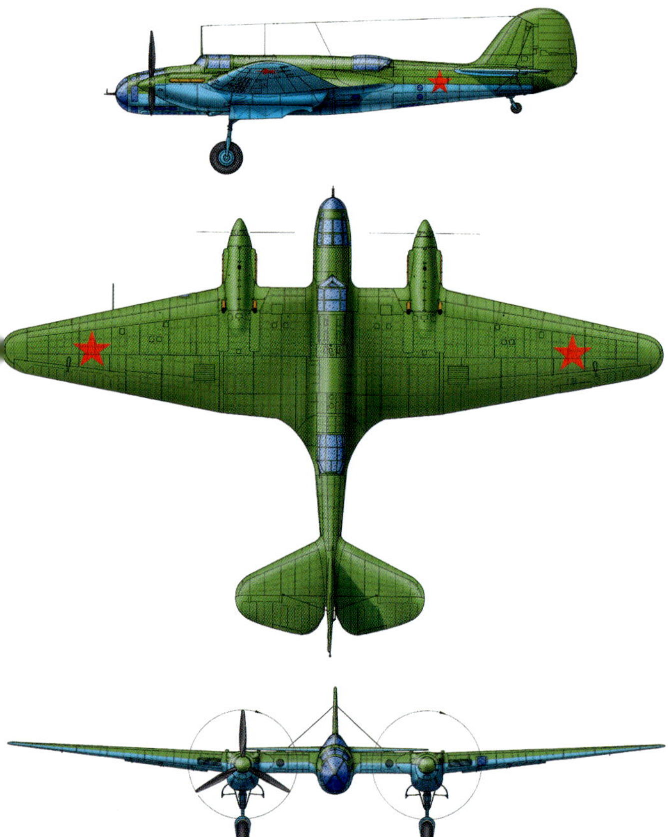

Dreiseitenansicht der Archangelski Ar-2.

staatlichen Erprobung mit den Vorbereitungen für die Serienfertigung. 1940 baute es 71 Ar-2 und 1941 weitere 196. Der Ausstoß erhöhte sich zwar stetig, aber der Erlass des Verteidigungsausschusses vom 11. Februar 1941 beendete den Serienbau. Dafür gab es triftige Gründe: Am 10. Mai 1940 war die staatliche Erprobung des PB-100-Sturzbombers (PB = Pikirjuschtschi Bombardirowschtschik, Sturzbomber) abgeschlossen worden, eines auf Grundlage des Höhenjägers 100 (WI-100) im ZKB-29 des NKWD von einer Gruppe inhaftierter Ingenieure unter Leitung von W. M. Petljakow entwickelten Kampfflugzeugs.

Flugzeugkonstrukteur Alexander Alexandrowitsch Archangelski (1892–1978).

Es erreichte hervorragende Geschwindigkeiten und stellte nach Entwurf, Technologie und Ausrüstung einen großen Wurf im sowjetischen Flugzeugbau dar. Am 23. Juni 1940 fiel der Beschluss, die PB-100 (ab Dezember 1940: Pe-2) in mehreren Flugzeugfabriken in Serie zu bauen, darunter im Werk Nr. 22, das die Ar-2 herstellte. Freilich gab es hitzige Debatten, ob es wirklich sinnvoll sei, im Werk Nr. 22 die Pe-2 statt der Ar-2 zu bauen, aber sie fruchteten angesichts der Überlegenheit des Pe-2-Entwurf nichts. Dabei konnte die Ar-2 ihren scheinbaren Hauptnachteil – die im Vergleich zur Pe-2 niedrigere Fluggeschwindigkeit – durch andere Vorteile durchaus aufwiegen, zu denen z. B. ihre hervorragende Start- und Landeeigenschaften gehörten. Noch bestehende Mängel in der Sturzkampftaktik ließen sich ebenso ausbügeln wie die Zusammenarbeit mit Begleitjägern oder die Abwehr feindlicher Flugzeuge. Dies war hauptsächlich eine Frage der Ausbildung. Überzeugende Beispiele lieferten gefechtsmäßig eingesetzte Ar-2, die trotz mittelmäßiger Flugleistung hohe Kampfeffektivität erzielten, hauptsächlich aufgrund geschickter Taktik und guter Zusammenarbeit mit Begleitjägern und Bodentruppen. Natürlich eine Frage der Erfahrung und Ausbildung – und die Ausbildung an der Ar-2 war einfacher als an der Pe-2.

Die im Werk Nr. 22 gebauten Ar-2-Sturzbomber gingen an Regimenter, die bereits die SB flogen. Im Chaos des Sommer und Herbstes 1941 konnte die Ar-2 ihre Qualitäten kaum unter Beweis stellen. Aufgrund mangelnden Jagdschutzes, unzureichender Ausbildung der Besatzungen, der Aufgabe oder der Zerstörung vieler Maschinen am Boden gingen die meisten Ar-2 bereits in den ersten Kriegsmonaten verloren. Nach offiziellen Angaben des Oberkommandos der sowjetischen Luftstreitkräfte beliefen sich die Ar-2-Verluste im Jahr 1941 aber lediglich auf 95 Maschinen.

Technische Angaben Ar-2	
Bauausführung	Ar-2
Spannweite, m	18,5
Länge, m	12,50
Höhe, m	3.56
Flügelfläche, m^2	48,20
Masse (kg)	
Rüstmasse	4516
Abflugmasse	6660
max. Startmasse	8150
Motortyp	2 x M-105R
Leistung, PS	2 x 1100
Höchstgeschwindigkeit, km/h	
in Bodennähe	443
in der Höhe	512
Reisegeschwindigkeit, km/h	475
Praktische Reichweite, km	1500
Steiggeschwindigkeit, m/min	765
Gipfelhöhe, m	10.500
Besatzung	3
Bewaffnung	4 x 7,62 mm SchKAS-MG Bombenlast bis 1600 kg

Der Hauptunterschied zwischen Archangelski Ar-2 und Tupolew SB lag im Einbau stärkerer Motoren und von Sturzflugbremsen unter den Flächen.

Kurzstreckenbomber Suchoi Su-2 (BB-1)

1929 führte die Rote Armee das Mehrzweckflugzeug R-5 in verschiedenen Ausführungen als leichter Bomber, Schlachtflugzeug und Aufklärer ein (siehe unten bei Polikarpow R-5). Ende der 1930er-Jahre galt der Doppeldecker als veraltet. Als Ersatz wurde 1936 ein Wettbewerb unter Beteiligung führender Konstruktionsbüros ausgeschrieben. Stalin verfolgte das Geschehen interessiert und schlug seine telegraphische Adresse »Iwanow« als Motto vor, indem er die Schaffung eines zuverlässigen und unprätentiösen Flugzeugs »nach Vorbild des einfachen russischen Soldaten Iwanow« forderte.

Unter den eingereichten Projekten stach der Entwurf P. O. Suchois hervor, denn er verwendete die neuesten Baumaterialien und technologischen Verfahren, die Suchoi anlässlich einer Dienstreise in die USA im Sommer 1936 bei den großen amerikanischen Flugzeugherstellern kennengelernt hatte. Dazu gehörten Duraluminiumprofile und hochfeste Aluminiumlegierungen. Viele Teile wurden durch Heiß- und Kaltprägen sowie durch Gießen hergestellt. Darüber hinaus beherrschten die Amerikaner das Sauerstoff-Wasserstoff-Schweißen und die Verarbeitung von Hartlegierungen.

Die im Flugzeugprojekt implementierten Konstruktionslösungen ermöglichten die weitgehende Verwendung vorgefertigter Baugruppen, die erst in der Endmontage zusammenfanden. Die Normung der Bauteile stellte ihre Austauschbarkeit sicher. All dies erhöhte den Grad der Mechanisierung der Produktionsprozesse, was für die Serienfertigung von entscheidender Bedeutung war. In der Entwurfsphase wurde das Flugzeug als ANT-51 bezeichnet. Der erste Prototyp, der am 25. August 1937 seinen Erstflug absolvierte, wurde als »S3-1« bezeichnet (sinnbildlich für »Stalins Aufgabe zuerst«). Vom 3. Februar bis 6. April 1939 fand die staatliche Erprobung des dritten Prototyps »S3-3« statt. Noch vor deren Abschluss entschied das Verteidigungskomitee Ende März, das Muster unter der Bezeichnung BB-1 (BB = Blischni Bombardirowschtschik, Kurzstreckenbomber) in Serie zu bringen. Militärische Tests der BB-1 fanden vom 10. Mai bis 20. Juni 1940 statt und im Dezember 1940 änderte sich die Bezeichnung in Su-2 (»Suchoi, 2. Modell«).

Bei der BB-1/Su-2 handelte es sich um einen einmotorigen zweisitzigen Tiefdecker in Gemischtbauweise: Rumpf und Kiel bestanden hauptsächlich aus Holz, Flügel und Heck aus Aluminium. Die Flügel setzten sich aus je einem Mittelflügel und zwei abnehmbaren Außenflügeln zusammen. Das dreirädrige Einziehfahrwerk (plus Spornrad) ließ sich für den Winterbetrieb mit Kufen ausstatten, weshalb jede Serienmaschine einen Satz Kufen erhielt. Die Kanzel verfügte über eine mittlere Schiebehaube und eine Doppelsteuerung. Dank dieser Entscheidung der Konstrukteure waren bei der Schulung des Flugpersonals keine speziellen Schulflugzeuge vonnöten, und bei Ausfall des Piloten konnte der Navigator/Bordschütze das Ruder übernehmen.

Die Su-2 brachte ein luftgekühlter 14-Zylinder-Sternmotor M-88B zu 1100 PS in die Luft. Verschiedene Maschinen erhielten den 1330 PS leistenden Motor M-82, mit dem sie am Boden eine Spitzengeschwindigkeit von 430 km/h und in der Höhe von bis zu 486 km/h erreichte. Die Rohrbewaffnung bestand aus vier starren 7,62-mm-SchKAS-MG in den Flächen und einem beweglichen SchKAS-MG-Zwilling für den Navigator/Bordschützen. Bis zu 400 kg Abwurflasten (Überlast 600 kg) ließen sich im

Kurzstreckenbomber Suchoi Su-2.

Bombenschacht unter der Kanzel sowie unter den Flächen mitführen. Dort befanden sich auch Startschienen für RS-82- oder RS-132-Raketen.

Drei Flugzeugwerke stellten die Su-2 in Serie her (siehe Tabelle unten).

Als erster Verband wurde das 135. Kurzstrecken-Bomberregiment vollständig mit Su-2-Bombern ausgerüstet, das 1940 die Truppenerprobung durchführte. Im Sommer 1941 waren von 82 Kurzstrecken-Bomberregimentern acht ganz oder teilweise mit Su-2 ausgestattet; weitere zwei standen kurz vor der Belieferung. In Nähe der westlichen Staatsgrenze lagen 195 Su-2-Bomber, davon 132 einsatzbereit. Am Abend des 22. Juni 1941 bombardierten acht Su-2 eines Verbandes des Militärbezirk Odessa die Pruth-Übergänge. Im September 1941 standen sechs

Su-2-Fertigung 1940–1942

Werk	1940	1941	1942	Gesamt
Nr. 31 (Taganrog)	12	4	- -	16
Nr. 135 (Charkow)	110	635	40	785
Nr. 207 (Dolgoprudny)	3	89	- -	92
Gesamt	125	728	40	893

Technische Angaben Su-2

Bauausführung	Su-2
Spannweite, m	14,30
Länge, m	10,46
Höhe, m	3,94
Flügelfläche, m^2	29,00
Masse (kg)	
Rüstmasse	3220
Abflugmasse	4700
Motortyp	1 x Schwezow M-82
Leistung, PS	1330
Höchstgeschwindigkeit, km/h	
in Bodennähe	430
in der Höhe	486
Reisegeschwindigkeit, km/h	459
Praktische Reichweite, km	910
Maximale Steiggeschwindigkeit, m/min	588
Gipfelhöhe, m	8400
Besatzung	2
Bewaffnung	6 x 7,62 mm SchKAS-MG (650 Schuss pro Lauf) 10 x RS-82 oder RS-132 und/ oder 400 kg Bomben

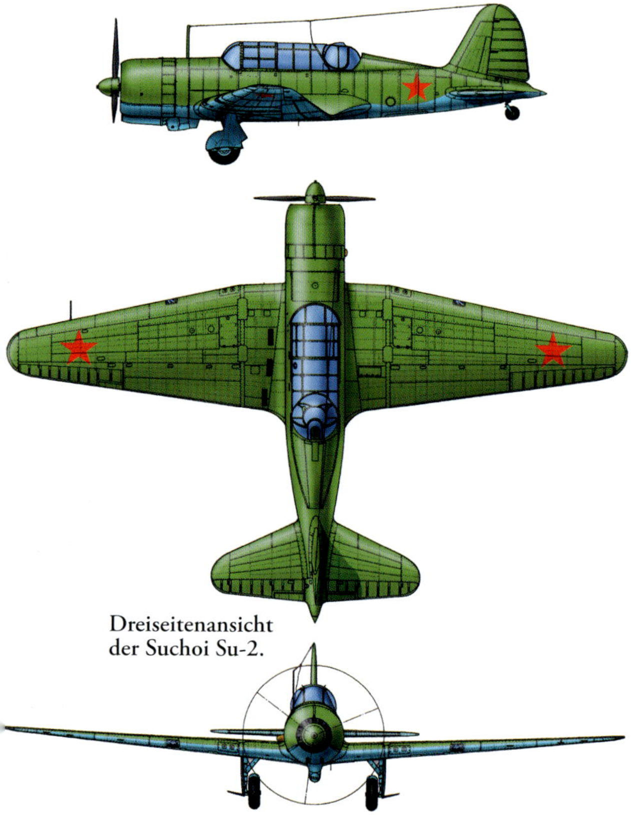

Dreiseitenansicht der Suchoi Su-2.

Der weißrussische Flugzeugkonstrukteur Pawel Osipowitsch Suchoi (1895–1975).

Prototyp BB-1.

Su-2-Regimenter im Einsatz an der Südwestfront. Am 4. Oktober zählten die dortigen Frontbomberverbände 474 Flugzeuge, davon 116 Su-2.

Im Herbst 1941 operierten Su-2 in kleinen Gruppen von sechs bis acht Flugzeugen unter dem Begleitschutz von zwei bis drei Jägern. Bei tiefer Wolkendecke warfen sie ihre Bomben häufig aus extrem niedriger Höhe. Am 25. November 1941 zählten die Luftstreitkräfte der Südwestfront noch 93 Su-2, aber die Anzahl der reparaturbedürftigen Maschinen war

Vorbereitungen einer Su-2 für den Einsatz. Man beachte die bereitliegende Abwurfmunition.

im Vergleich zu Anfang Oktober auf 37 zurückgegangen. Bei rund 5000 Einsätzen 1941 gingen 222 Su-2 verloren, d. h. auf 22,5 Einsätze kam ein Verlust. Im Vergleich dazu beliefen sich die durchschnittlichen sowjetischen Bomberverluste auf ein Flugzeug pro 14 Einsätze, d. h. die 1,61-fache Zahl.

Die Zeit der Frontverwendung der Su-2 im großen Stil blieb relativ kurz – aufgrund der Evakuierung des Werks Nr. 135 in Charkow, das fast als Alleinhersteller der Su-2 in Erscheinung trat, und der anschließenden Einstellung der Produktion wurden die Kurzstrecken-Bomberregimenter schrittweise mit anderen Flugzeugtypen ausgerüstet oder aufgelöst. Einige Su-2 flogen bis Anfang 1944 noch als Aufklärer.

Unter den Fittichen konnte die Su-2 bis zu zehn Luft-Boden-Raketen RS-132 mitführen; hier sind die Flächenroste aber noch leer.

Kurzstreckenbomber Jakowlew Jak-2/Jak-4 (BB-22)

1938 entwarf das Konstruktionbüro Jakowlew unter der Bezeichnung »Flugzeug 22« einen zweimotorigen Hochgeschwindigkeits-Hochdecker. Die Entwicklung geschah in Eigeninitiative, d. h. ohne offiziellen Auftrag des Oberkommandos der Luftstreitkräfte. Jakowlew und seine Ingenieure konzipierten ein Mehrzweckmodell, das sich als Aufklärer, Jäger oder leichter Bomber verwenden ließ. Am 22. Februar 1939 absolvierte der Prototyp seinen Erstflug noch ohne Waffen und Ausrüstung. Bereits bei den ersten Flügen erreichte er die erstaunliche Geschwindigkeit von über 500 km/h, die über der der meisten Jäger lag und fast 100 km/h über der Spitzengeschwindigkeit des Schnellbombers Tupolew SB.

Das »Flugzeug 22« wies eine gemischte Zellenkonstruktion auf: Der vordere Teil besaß einen Stahlrohrrahmen mit Sperrholzbeplankung; der aus einer Baugruppe bestehende Mittelteil war vollständig aus Holz. Das Heck mit Doppelleitwerk wurde als Stahlrohrrahmen mit Segeltuchbespannung ausgeführt. Die mit Sperrholz beplankten Flügel besaßen Landeklappen und nahmen die beiden Motorgondeln auf. Das Radfahrwerk ließ sich einziehen. Die zweiköpfige Besatzung kam in einer Bugkanzel (Flugzeugführer) und einer hinteren Rumpfkanzel (Navigator) unter. Der Prototyp flog mit flüssigkeitsgekühlten M-103-Motoren mit einer Leistung von je 960 PS, die sich aus sechs Kraftstofftanks speisten: zwei im Rumpf hinter dem Cockpit und vier in den Flächen. Da das »Flugzeug 22« Anfang 1939 ohne Bewaffnung und Ausrüstung getestet worden war, beschäftigte sich eine am 7. Juni gebildete Kommission mit der Umwandlung in ein vollwertiges Kampfflugzeug. Die Kommission schlug vor, den Sitz des Navigators von der Rumpfmitte nach vorn unmittelbar hinter den Piloten zu verlegen, d. h. die Besatzung in einer gemeinsamen Kanzel unterzubringen. Desgleichen sollte der Bombenschacht zurückverlegt werden, so dass sich im Rumpf vier 100-kg-Bomben unterbringen ließen. Zwei weitere Bomben sollten an Außenträgern mitgeführt werden. Selbstverständlich musste die Maschine auch Abwehrwaffen, Funk und andere Geräte sowie eine erweiterte Kraftstoffversorgung erhalten.

Noch vor der Erprobung des modifizierten Modells sah ein Dekret des Verteidigungsausschusses vom 20. Juni 1939 den Serienbau im Moskauer Flugzeugwerk Nr. 1 sowie im wenig später in Betrieb genommenen Flugzeugwerk Nr. 81 in Tuschino nördlich Moskau vor. Gleichzeitig erhielt das Flugzeug die Bezeichnung BB-22.

Bei der Erprobung im Frühjahr 1940 erreichte eine BB-22bis mit M-105-Motoren eine Fluggeschwindigkeit in Bodennähe von 460 km/h und in 4800 m Höhe von 574 km/h. Ende 1940 erfolgte auf Weisung des Volkskommissars der Luftfahrtindustrie die Umbenennung der BB-22 mit M-103-Motoren in Jak-2 und der BB-22bis mit M-105-Motoren in Jak-4.

Gemäß staatlichem Produktionsplan für 1941 sollten die Werke Nr. 1 und Nr. 81 1300 Jak-2- und Jak-4-Bomber bauen. Das Erscheinen des zwei-

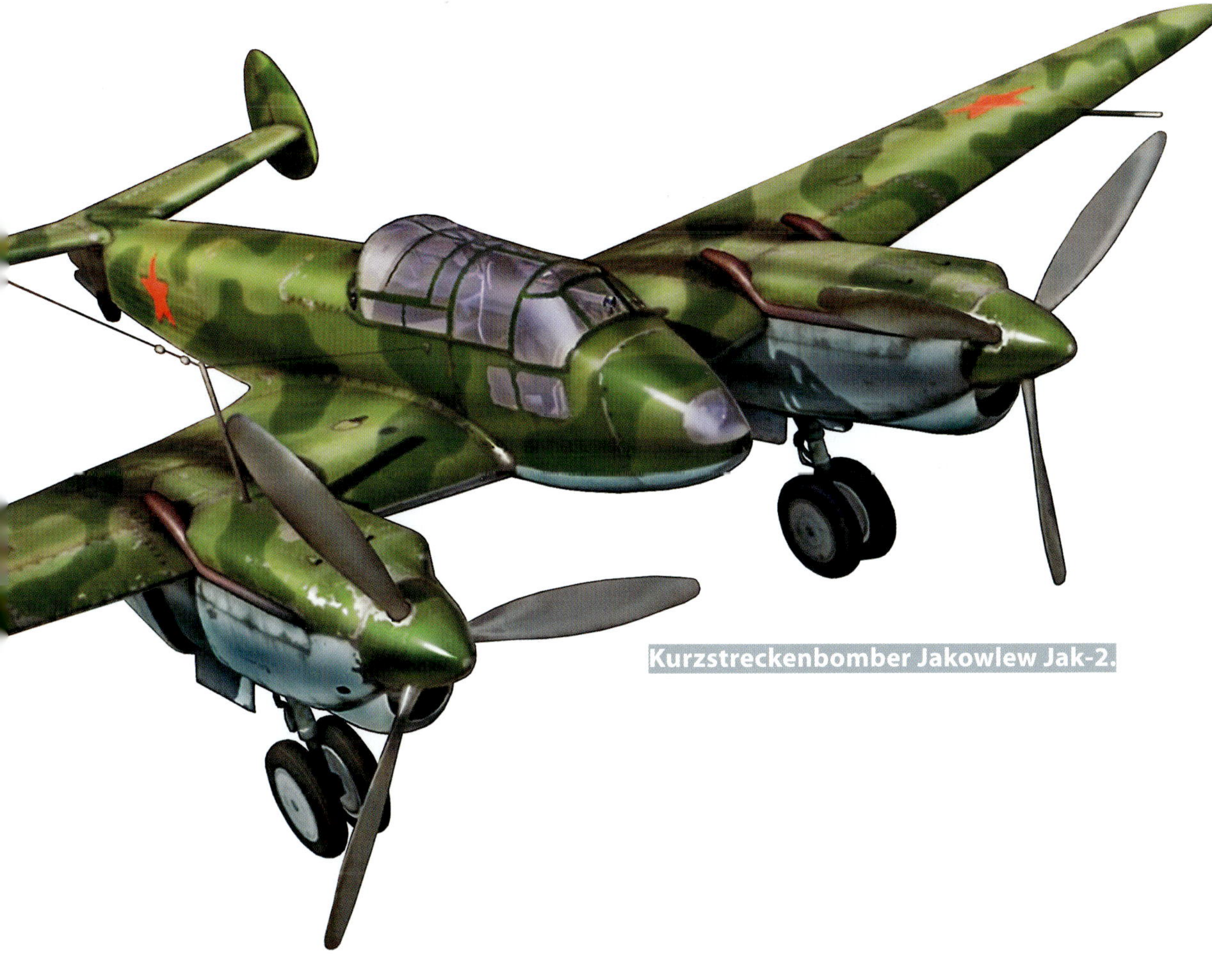

Kurzstreckenbomber Jakowlew Jak-2.

motorigen Sturzbombers PB-10 (Pe-2), der die Jakowlew-Flugzeuge in vielerlei Hinsicht übertraf, warf diesen Plan über den Haufen: auf Weisung des Rates der Volkskommissare vom 11. Februar 1941 wurde die Fertigung der Jak-2 und Jak-4 eingestellt. Die Gesamtproduktion der beiden Werke belief sich damit auf lediglich 111 Jak-2 (1940) und 90 Jak-4 (27 im Jahr 1940 und 63 im Jahr 1941). Da zwei Serienmaschinen und die experimentelle BB-22bis bei Werksflügen abstürzten, erhielten die Luftstreitkräfte insgesamt nur 198 Jak-2 und -4.

Interessanter Weise wurde gemäß Weisung Nr. 317 des Rates der Volkskommissare der UdSSR vom 27. Juni 1940 ein Sturzbomber BPB-22 (»Produkt 31«) auf Grundlage der BB-22bis entwickelt. Er unterschied sich vom Prototyp durch Sturzflugbremsen an den Flächen und einer Art Sturzflugautomatik zum Einleiten und Abfangen aus dem Sturzflug. Das Flugzeug konnte vier 100-kg- und zwei 250-kg-Bomben tragen. Ende Oktober 1940 ging die BPB-22 erstmals in die Luft. In 5100 m Höhe entwickelte sie eine Höchstgeschwindigkeit von stolzen 533 km/h. Trotzdem ging sie nicht in Serie – die Pe-2 genoss Vorrang.

Als erster Verband erhielt das 136. Kurzstrecken-Bomberregiment (ББАП; BBAP) die Jak-2. Zu Kriegsbeginn 1941 verfügte es über 49 Jak-2 und vier Jak-4 sowie über 36 darauf geschulte Besatzungen. Den Bomberregimentern 314 (31 Jak-2 und Jak-4 und 20 Besatzungen) und 316 (19 Jak-2, 34

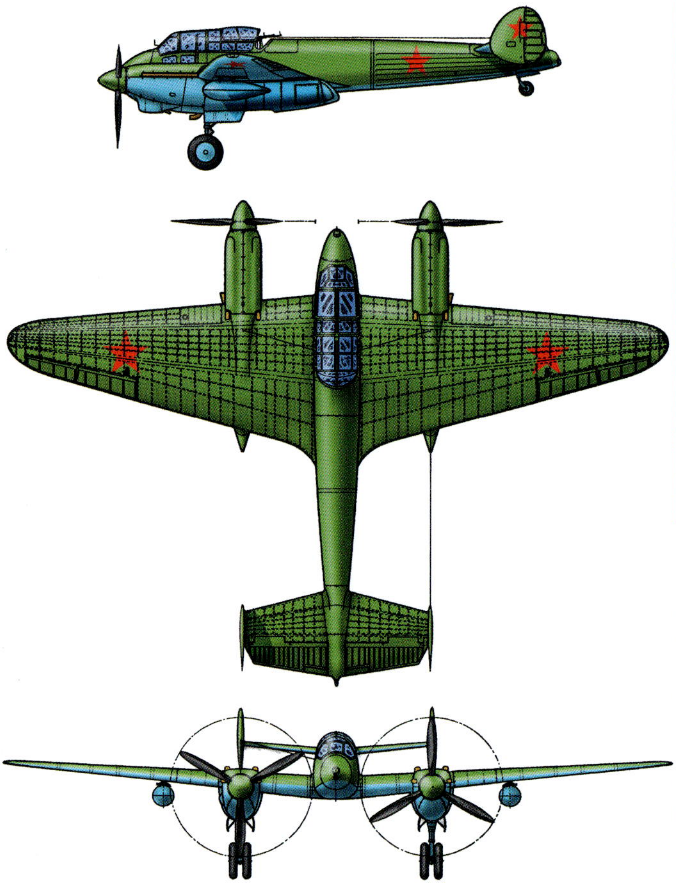

Dreiseitenansicht der Jakowlew Jak-2.

Technische Angaben Jak-4	
Bauausführung	Jak-4
Spannweite, m	14,00
Länge, m	10,18
Höhe, m	3,10
Flügelfläche, m²	29,40
Masse (kg)	
Rüstmasse	4000
Abflugmasse	5845
Motortyp	2 x M-105
Leistung, PS	2 x 1100
Höchstgeschwindigkeit, km/h	574
Reisegeschwindigkeit, km/h	545
Praktische Reichweite, km	700–740
mit voller Beladung, km	920
Gipfelhöhe, m	9500–10.000
Besatzung	2
Bewaffnung	2–3 x 7,62 mm SchKAS-MG Bombenlast 400–800 kg

Jak-4 und sechs Besatzungen) oblagen Aufklärungsaufgaben. Bis Juni 1941 hatten sie ihre Sollstärke und Einsatzbereitschaft nicht erreicht. Jak-2 und Jak-4 flogen auch beim 24. Bomber- und beim 118. selbstständigen Aufklärungsregiment der Marine.

Während der ersten Kriegsmonate wurden viele Jak-2 und Jak-4 in Luftkämpfen oder am Boden zerstört, aber Marinepiloten flogen diesen Flugzeugtyp bis 1945.

BB-22-Prototyp.

Jak-2 in der Ausführung als Nahaufklärer.

Nahaufklärer Jak-4 im Flug.

Sturzbomber Petljakow Pe-2

Der meistgebaute Sturzbomber der Roten Armee, die Petljakow Pe-2, entstand sozusagen im Gefängnis, denn sie wurde am ZKB-29 des NKWD von einer Brigade inhaftierter Ingenieure unter Leitung von W. M. Petljakow konstruiert. Vor seiner Verhaftung im November 1937 hatte Petljakow das ZAGI-Versuchswerk geleitet. Als einer der engsten Mitarbeiter A. N. Tupolews war an der Entwicklung der ANT-2, TB-1, TB-3 und ANT-20 beteiligt. Und er stand einer Gruppe von Ingenieuren vor, die den schweren Bomber TB-7 (Pe-8) entwarf (siehe oben). Eines Tages erhielt die einsitzende Brigade Petljakow den Auftrag, einen Langstrecken-Höhenjäger zu entwerfen, der feindliche Höhenbomber abfangen und schwere TB-7-Bomber bis tief hinter die feindlichen Linien begleiten sollte. Das Flugzeug wurde als »WI-100« oder einfach als »100« bezeichnet. Es startete am 22. Dezember 1939 zum Erstflug und wurde der Öffentlichkeit bei der großen Militärparade zum 1. Mai 1940 im Überflug über den Roten Platz vorgeführt. Zu diesem Zeitpunkt hatten sowjetische Spezialisten noch die Möglichkeit, sich mit den neuesten Flugzeugentwicklungen in Deutschland vertraut zu machen, das damals schon als potenzieller Feind galt. Die Sowjets staunten, dass die deutsche Luftwaffe keine Fernbomber besaß, aber das Konzept des Sturzkampfbombers sehr weit entwickelt hatte. Mit anderen Worten: im Unterschied zu anderen Luftwaffen, insbesondere der britischen und sowjetischen, sah die Strategie der deutschen keine strategischen Angriffe auf Fernziele und Städte im tiefen Hinterland möglicher Gegner vor, sondern baute auf die Zerschlagung des Gegners auf dem Gefechtsfeld. Und dazu eigneten sich Sturzkampfbomber ideal, insbesondere wenn sie gemeinsam mit schnellen motorisierten Bodenverbänden operierten. Die Wirksamkeit dieses Konzepts und der deutschen Sturzkampfbomber erwies sich während der Feldzüge in Polen, Frankreich und auf dem Balkan. Das bekamen auch die Sowjets mit und so beschloss das Volksverteidigungskommissariat Ende Mai 1940, den Höhenjäger WI-100 in einen Hochgeschwindigkeits-Sturzbomber PB-100 umzuwandeln.

Der NKWD gab Petljakow und seinen Ingenieuren genau 45 Tage, um alle erforderlichen Arbeiten durchzuführen, wollten sie nicht die kalten Mündungen von Nagant-Revolvern im Genick spüren.

Sturzbomber Petjkakow Pe-2.

Allerdings gewährte man Petljakow auch Unterstützung und kam seiner Bitte nach Versetzung von 300 Ingenieuren aus den Konstruktionsbüros Jakowlew, Iljuschin, Archangelski und anderer in seine Brigade nach. Dieser ansehnliche Stamm von Fachleuten erstellte in Windeseile Konstruktionszeichnungen, die unmittelbar ans ausgewählte Flugzeugwerk zur Umsetzung der Serienproduktion übertragen wurden. Da aufgrund der überzeugenden Konstruktion bewusst auf den Bau von Prototypen verzichtet worden war, stand einer sofortigen Serienfertigung der WI-100 zumindest verwaltungstechnisch nichts im Weg. Sie begann am 23. Juni 1940; bereits im Februar 1941 stellte das 95. Bomberregiment die ersten Maschinen in Dienst und nahm am 1. Mai 1941 in voller Stärke an der Luftparade über dem Roten Platz teil.

Wie bei der WI-100 handelte es sich beim Sturzbomber PB-100, der Ende 1940 in Pe-2 umbenannt wurde, (Petljakow, 2. Modell), um einen zweimotorigen freitragenden Tiefdecker mit Doppelleitwerk und einziehbarem Dreiradfahrwerk. Der Rumpf wurde aus drei Abschnitten zusammengesetzt – Nase, Mitte und Heck. Der Bugabschnitt enthielt das Cockpit mit den Sitzen für Flugzeugführer und Navigator/Bombenschütze. Um die Sicht nach vorn zu verbessern, erhielt die Bugnase eine vergleichsweise starke Neigung.

Der Heckabschnitt war der längste und begann unmittelbar hinter den Flügeln. Er enthielt ein separates Abteil für den Funker, der auch als zweiter Bordschütze fungierte. Die Pe-2-Flächen bestanden aus dem fest mit dem Rumpf verbundenen Mittelflügel und den angebauten, abnehmbaren Vorflügeln. Die Holme des Mittelflügels gingen durch den Rumpf, in dem sich unten der Bombenschacht und oben einer der Kraftstofftanks befanden.

Die Serien-Pe-2 erhielt M-105R-Sternmotoren mit einer Startleistung von je 1100 PS und Verstellpropellern WISch-61P. Die Wasserkühler der Motoren befanden sich in den Flächen links der Triebwerke; die Ölkühler unter den Aggregaten, die mit Druckluft starteten. Der Kraftstoffvorrat verteilte sich auf den Hauptrumpftank, zwei Behälter in den Mittelflügeln und zwei Flügeltanks hinter den Motoren. AlleTanks waren geschützt und verfügten über ein Inertgas-Einspritzsystem – gekühlte Motorabgase,

Pe-2-Fertigung 1940– 1945

Werk	1940	1941	1942	1943	1944	1945	Gesamt
Nr. 39 (Moskau, Irkutsk)	1	303	587	5	--	--	**896**
Nr. 22 (Moskau, Kasan)	--	1120	1937	2324	2944	1634	**10.058**
Nr. 124 (Kasan)	--	104	--	--	--	--	**104**
Nr. 125 (Irkutsk)	--	144	--	--	--	--	**144**
Gesamt	**1**	**1671**	**2524**	**2428**	**2944**	**1634**	**11.202**

Eine Gruppe Pe-2-Sturzbomber im Flug.

die die Brand- und Explosionsgefahr nach Tanktreffern verringerten.

Ein Bombenschacht im Rumpf und zwei kleine Bombenabteile in den Triebwerksgondeln waren für horizontale Bombenangriffe ausgelegt. Für Sturzangriffe wurden die Bomben an vier Halterungen unter die Flächen gehängt. Die übliche Bombenlast betrug 600 kg und maximal konnte die Pe-2 1000 kg aufnehmen.

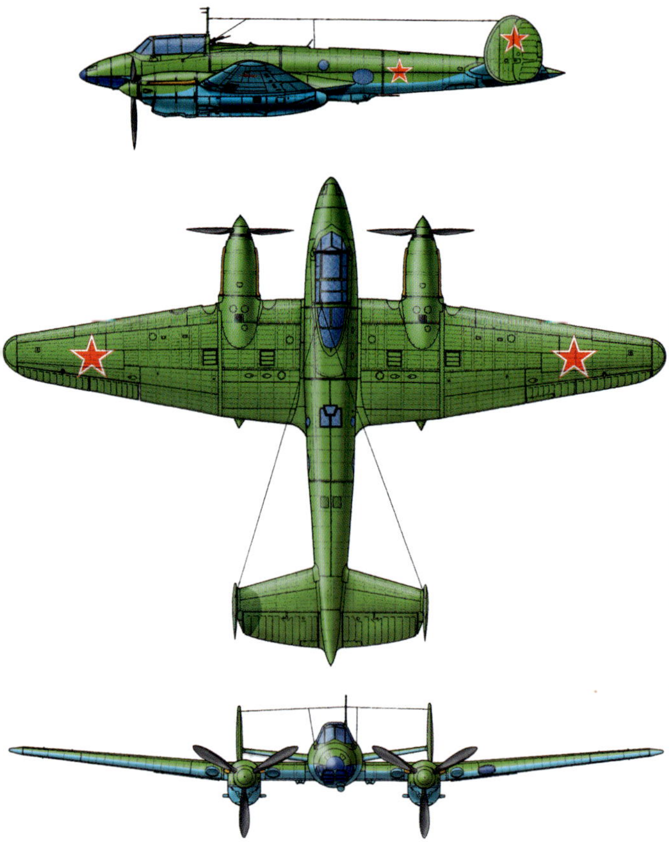

Dreiseitenansicht der Petjkakow Pe-2.

Das Zielen im Hochangriff war Aufgabe des Navigators, konnte unter Verwendung eines speziellen Visiers aber auch vom Piloten durchgeführt werden.

Als Abwehrbewaffnung erhielten die ersten Pe-2-Baulose vier 7,62-mm-SchKAS-Maschinengewehre, von denen zwei starr im Rumpf montiert waren. Ein weiteres MG befand sich in beweglicher Lafette in der TSS-1-Kuppel hinter dem Navigatorsitz und ein viertes, nach hinten unten gerichtetes im MW-2-Turm des Funkers. Dieses MG, das wie die anderen nur 7,62-mm-Gewehrmunition verschoss, wurde später durch eine stärkere Waffe im Kaliber 12,7 mm ersetzt. Ein ebensolches 12,7-mm-BT-MG ersetzte auch das rechte starre Bug-MG. Beginnend mit Baulos 110 ersetzte die WUB-1-Lafette mit 12,7-mm-UBT-MG die TSS-1-Kuppel.

Den Flugzeugführer schützte eine 9 mm dicke Rückenpanzerplatte. Der Navigatorsitz erhielt erst während des Krieges eine 6 mm dicke Seitenpanzerung.

1940/41 galt die Pe-2 als sehr leistungsfähiges Kampfflugzeug, zumal es ohne äußere Bombenlasten fast die Geschwindigkeit der deutschen Messerschmitt Bf 109 E von 1940 erreichen konnte. Das deutsche Kampfflugzeug Junkers Ju 88A-4, das

Technische Angaben Pe-2	
Bauausführung	Pe-2
Spannweite, m	17,60
Länge, m	12,60
Höhe, m	3,42
Flügelfläche, m^2	40,50
Masse (kg)	
Rüstmasse	6200
Abflugmasse	7775
max. Startmasse	8715
Motortyp	2 x M-105
Leistung, PS	2 x 1100
Höchstgeschwindigkeit, km/h	
in der Höhe	540
in Bodennähe	432
Reisegeschwindigkeit, km/h	412
Praktische Reichweite, km	1500
Maximale Steiggeschwindigkeit, m/min	k. A.
Gipfelhöhe, m	9000
Besatzung	3
Bewaffnung	2 x 12,7 mm UBS-MG, bis zu 4 x 7,62 mm SchKAS-MG Bombenlast 500 kg, max. 1000 kg

Schullugzeug Petjkakow Pe-2 UT.

Prototyp des Flugzeugs »100«.

sowohl als Hoch- als auch als Sturzbomber eingesetzt wurde, unterschied sich von der Pe-2 durch etwas größere Abmessungen sowie Gewichte und es konnte mit 3000 kg die dreifache Abwurflast aufnehmen. Es verfügte über stärkere Abwehrbewaffnung und eine größere Reichweite, war der Pe-2 jedoch in Geschwindigkeit (um etwa 80 km/h) und Gipfelhöhe (um ca. 600 m) unterlegen, was auch für die Wendigkeit galt.

Auf Basis der Pe-2 wurden rund 40 Modifikationen entwickelt, von denen folgende in Serie gingen:

- Pe-2-Aufklärer mit Fotoausrüstung und zusätzlichen Treibstofftanks. Die Sturzflugbremsen entfielen. Von August 1941 bis Juni 1945 baute das Werk Nr. 22 etwa 800 Flugzeuge.
- Pe-2-M-82 (Pe-4). In der zweiten Jahreshälfte 1943 entstanden 32 Flugzeuge mit luftgekühlten M-82-Triebwerken.
- Pe-3, Pe-3bis. Schwerer Jäger mit drei zusätzlichen Kraftstofftanks im Rumpf, aber ohne Sturzflugbremsen und untere Verglasung der Rumpfnase. Besatzung auf zwei Mann reduziert.
- UPE-2 (Pe-2 UT). Schulflugzeug mit zwei Kanzeln hintereinander und doppelter Steuerung. Einer der Rumpfkraftstofftanks und die obere Waffenhalterung entfielen. Das Werk Nr. 22 baute von Herbst 1942 bis Dezember 1945 insgesamt 671 Maschinen.

Vor Beginn des deutsch-sowjetischen Krieges entstanden 458 Pe-2-Sturzbomber. Im ersten Kriegsjahr erlitten auch die mit Pe-2 ausgerüsteten Regimenter schwere Verluste aufgrund von taktischen Fehlern, schwachem Jagdschutz und Unfällen (schlecht ausgebildete Besatzungen). Meist flogen die Pe-2 Hoch- und nur selten Sturzangriffe. Dies änderte sich in den Kämpfen um Stalingrad, doch die Sturzangriffe waren stets mit höheren Verlusten verbunden. Die Verlustrate sank nach dem Übergang zur Taktik gebündelter Angriffe, wie sie etwa während der Kursker Schlacht erfolgten. Wenig später verlegten sich die Pe-2 auf die Taktik des so genannten Teufelskreises, die mehr Schutz vor feindlichen Jägern bot, und bis Kriegsende erfolgreich angewandt wurde.

Einsatzbesprechung einer Pe-2-Besatzung.

Sturzbomber Tupolew Tu-2

Der wohl beste, aber nur in verhältnismäßig geringer Stückzahl gebaute sowjetische Sturzbomber war die Tupolew Tu-2. Wie etliche andere Konstruktionen entstand auch sie hinter Gefängnismauern, und zwar beim ZKB-29 unter Leitung von A. N. Tupolew. Kein Zufall: sämtliche an der Entwicklung beteiligten Ingenieure waren gemäß Paragraph 58 des sowjetischen Strafgesetzbuches wegen »konterrevolutionärer Aktivitäten« zu mehrjährigen Haftstrafen verurteilt worden.

Das Muster firmierte beim ZKB-29 unter »Flugzeug 103« und in einigen Tupolew-Unterlagen als ANT-58. Gemäß dem ursprünglichen Lastenheft von 1939 versteckte sich hinter dem „Flugzeug 103" ein viermotoriger Langstrecken-Sturzbomber zur Bekämpfung großer Kriegsschiffe und ähnlicher Ziele (damals hatte man wohl vor allem die britische Flotte im Auge). 1940 änderten sich die Prioritäten der sowjetischen Bomberentwicklung und A. N. Tupolew erhielt den Auftrag, das »Flugzeug 103« als zweimotorigen „Frontbomber" (FB, Frontowy Bombardirowschtschik) zu entwerfen; d. h. für den taktischen Einsatz auf dem Gefechtsfeld. Dabei sollte es eine größere Reichweite als Jagdflugzeuge und eine an diese heranreichende Geschwindigkeit erreichen sowie im Bombenschacht großkalibrige Bomben aufnehmen.

Der fertige Entwurf lag Ende März 1940 vor. Bereits am 1. Februar 1940 hatte A. N. Tupolew den Typ einer Kommission aus Vertretern der Luftstreitkräfte und des NKWD sinngemäß mit folgenden Worten präsentiert: »*Bei der FB handelt es sich um einen zweimotorigen Hochgeschwindigkeits-Sturzbomber zur Bekämpfung von Zielen auf dem Gefechtsfeld und in Frontnähe. Die FB ist zu Bombenwürfen aus großer Höhe im Sturzangriff im Winkelbereich 55 bis 75° bei Geschwindigkeiten von bis zu 900 km/h befähigt. Ihre Bauweise, Bewaffnung und Ausrüstung wurden unter Berücksichtigung der spezifischen Bedingungen des Sturzangriffs aus großer Höhe mit hohen Geschwindigkeiten ausgelegt. Die FB transportiert eine maximale Bombenlast von bis zu 2000 kg bis zu 1000 km und eine Bombenlast von 1000 kg bis zu 2000– 2500 km weit. Die FB kann Bomben verschiedener Typen und Kaliber tragen – von panzerbrechenden Bomben mit einem Gewicht von 1500 kg zum Versenken moderner Schlachtschiffe mit starker Panzerung bis hin zu kleinen Splitterbomben mit einem Gewicht von 0,7 kg (bis zu 2259 Stück) zur Bekämpfung von Massenzielen. Die FB erreicht im Horizontalflug Geschwindigkeiten von 700–740 km/h; ihre Gipfelhöhe liegt bei 13.000–14.000 m, und sie besitzt eine hohe Manövrierfähigkeit. Die Rohrbewaffnung besteht aus sechs Maschinengewehren hoher Feuergeschwindigkeit mit einem Munitionsvorrat von 6000 Schuss und die gesamte Besatzung ist durch Panzerung geschützt. All dies setzt sie in die*

Tu-2-Fertigung 1942–1945						
Ausführung	**Werk**	**1942**	**1943**	**1944**	**1945**	**Gesamt**
Tu-2	Nr. 23 (Moskau)	--	16	378	689	**1083**
	Nr. 166 (Omsk)	79	1	--	--	**80**
Tu-2R (Tu-6)	Nr. 23 (Moskau)	--	--	--	20	**20**
Tu-2U	Nr. 23 (Moskau)	--	--	--	33	**33**
Gesamt	--	**79**	**17**	**378**	**742**	**1216**

Sturzbomber Tupolew Tu-2.

Lage, auch gegen moderne Feindjäger zu bestehen. Die FB kann im Bedarfsfall Bordwaffenangriffe auf Erdziele durchführen, da ihre vier vorderen Schnellfeuer-Maschinengewehre entsprechende Richtwinkel nach unten aufweisen. Die FB ist außerdem für die moderne Massenfertigung ausgelegt.«

Zunächst sollte die FB zwei für Höhenflüge ausgelegte M-120TK-Motoren erhalten und am 1. Juni 1940 fiel die Entscheidung, drei Prototypen im Moskauer Flugzeugwerk Nr. 156 fertigen zu lassen. Da die M-120TK-Triebwerke aber nicht verfügbar waren, verlegte man sich wohl oder übel auf den Einbau flüssigkeitsgekühlter AM-37-Motoren. Diese waren zwar nicht höhentauglich, aber in den üblichen Flughöhen durchaus leistungsfähig. Diese Version erhielt die Bezeichnung »103« 2 AM-37. Die technische Dokumentation für diese Ausführung führte u. a. aus: *»Das Flugzeug ›103‹ ist ein zweimotoriger Sturzbomber. Seine Konstruktion ist auf den Sturzangriff und auf das Erreichen höchstmöglicher Geschwindigkeiten bei einer bestimmten Flugmasse ausgerichtet. Im Hinblick auf den Serienbau wurde besonderes Augenmerk auf die Einfachheit der Konstruktion gelegt. Das Flugzeug verfügt über eine leistungsstarke starre Maschinengewehr- und Kanonenbewaffnung und*

Technische Angaben Tu-2	
Bauausführung	Tu-2S
Spannweite, m	18,86
Länge, m	13,80
Höhe, m	4,13
Flügelfläche, m²	48,52
Masse (kg)	
Rüstmasse	7601
Abflugmasse	10.538
max. Startmasse	11.768
Kraftstoff, l	2200
Motortyp	2 x Schwezow Asch-82
Leistung, PS	2 x 1850
Höchstgeschwindigkeit, km/h	
in Bodennähe	444
in der Höhe	521
Praktische Reichweite, km	2020
Steiggeschwindigkeit, m/min	490
Gipfelhöhe, m	9000
Besatzung	4
Bewaffnung	2 x 20 mm SchWAK-MK 3 x 7,62 mm SchKAS-MG 1 x 12,7 mm UBT-MG 10 Startschienen für RS-132 Raketen Bombenlast 1000 kg, max. 2000 kg, Überlast 3000 kg

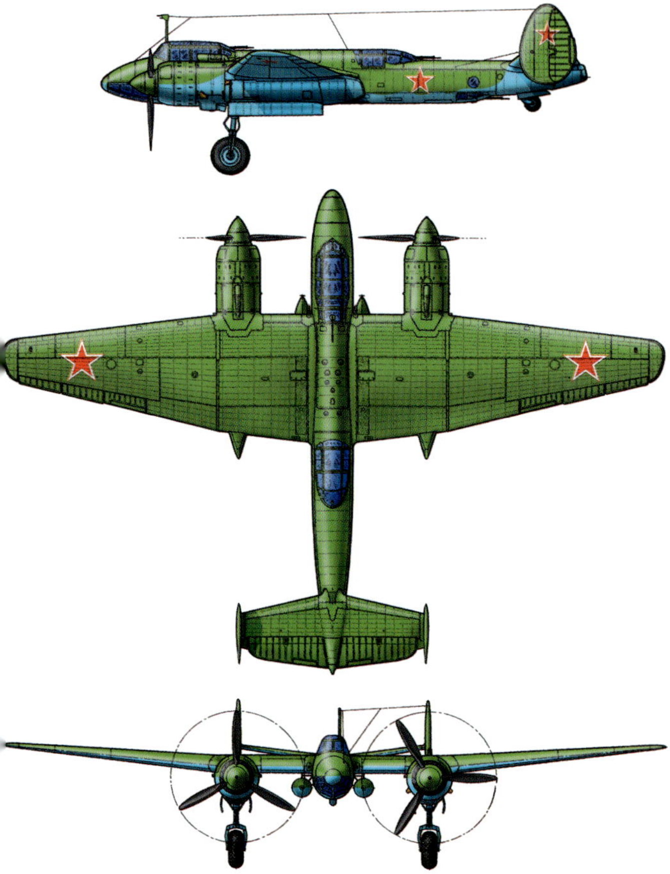

Dreiseitenansicht der Tupolew Tu-2.

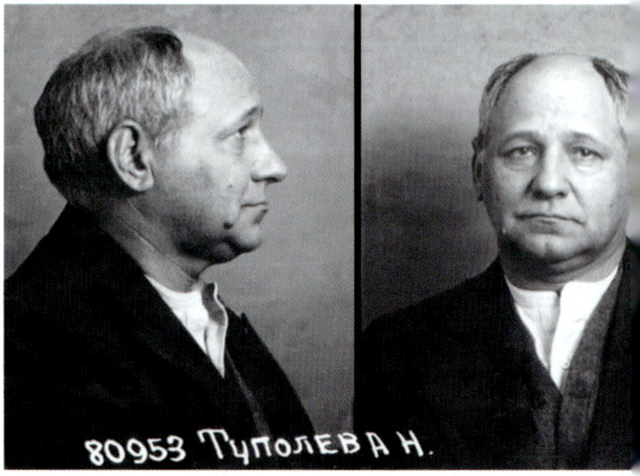

Erkennungsdienstliche NKWD-Aufnahme von Andrei Nikolajewitsch Tupolew (1888–1972). 1940 wurde er wegen angeblichem Hochverrat und dem Vorwurf, 1935 Flugzeugpläne an Frankreich verkauft zu haben, zu 15 Jahren Haft verurteilt.

darüber hinaus über zwei bewegliche Maschinengewehre zur Abwehr von Angriffen von hinten. Die Hauptbombenladung befindet sich im Bombenschacht. Seine Gestaltung ermöglicht es erstmals, Bomben im Sturzangriff ohne zusätzliche Vorrichtungen abzuwerfen. Für den bequemen Transport auf der Schiene lässt sich das Flugzeug in zwölf Lasten zerlegen, die an das Lichtprofil der Eisenbahnwaggons angepasst sind. Die dreiköpfige Besatzung setzt sich aus dem Flugzeugführer, dem Navigator – zugleich Bombenschütze – und einem Bordschützen zusammen. Hochangriffe werden vom Navigator, Sturzangriffe vom Piloten ausgeführt. Das Flugzeug ›103‹ ist ein schwerer Sturzbomber zur Zerstörung aller Arten von Zielen, die eine punktgenaue Bekämpfung durch schwere Bomben erfordern. Das Flugzeug ist in der Lage, Kriegsschiffe aller Klassen, einschließlich derzeit im Bau befindlicher moderner Schlachtschiffe, zu versenken. Es eignet sich zur Begleitung amphibischer Operationen."

Der Erstflug der »103« 2 AM-37 fand am 29. Januar 1941 statt. Von Juni bis Juli durchlief sie die staatliche Erprobung, die ihre herausragenden Eigenschaften an den Tag legte: in 8000 m Höhe erreichte das Muster eine Geschwindigkeit von 635–640 km/h, dazu eine Gipfelhöhe von 10.600 m und eine Reichweite von 2500 km. Zu dieser Zeit galt der Typ als bester „Frontbomber" der Welt. Da das Militär jedoch eine vierköpfige Besatzung forderte, entstand auf Grundlage der »103« 2 AM-37 die »103U« (ANT-59). Sie unterschied sich von der Vorgängerversion vor allem durch die gemeinsame Unterbringung von Pilot und Navigator in einer Kanzel (ähnlich der Junkers Ju 88) und der Einführung des vierten Besatzungsmitglieds - eines Maschinengewehrschützen, der den gefährlichen oberen Heckbereich nach hinten abdeckte. Der Erstflug der »103U« fand am 18. Mai 1941 statt. Die Flugerprobung wurde fast gleichzeitig mit der »103« 2 AM-37 durchgeführt.

Ein für M-120TK-Motoren vorgesehener dritter Prototyp »102« erhielt aufgrund der Nichtverfügbarkeit dieser Aggregate luftgekühlten M-82A-Motoren und hieß nun »103B« (ANT-60). Er sollte bis zum 25. Juli reif für Versuche sein.

Im Sommer 1941 wurden die Flugzeugwerke Nr. 156 und ZKB-29 nach Omsk evakuiert. Hier wurde auf Basis des aus Moskau verlagerten Flugzeugwerks Nr. 156 und des Flugzeugwerks Nr. 81 ein neues Flugzeugwerk Nr. 166 geschaffen, das die Serienproduktion der »103U« aufnehmen sollte. Im Zusammenhang mit der Einstellung der Produktion von AM-37-Motoren im Oktober 1941 wurde jedoch beschlossen, das Muster mit M-82-Triebwerken in Serie zu fertigen. Die ersten Serienmaschinen gingen Anfang März 1942 als »103BC« an die Luftstreitkräfte. Doch noch im März änderte sich die Bezeichnung in Tu-2 2M-82. Bis zur Einstellung der Fertigung im Oktober 1942 wurden insgesamt 79 Flugzeuge gebaut und bei zwei Bomberregimentern in Dienst gestellt, von denen eines die Fronterprobung an der Kalinin-Front vornahm. Der örtliche Kommandeur der Luftstreitkräfte war General M. M. Gromow. Er wusste, dass das Flugzeug von »Feinden des Volkes« entworfen worden war und hatte es daher nicht eilig, über dessen gute Kampf- und Flugeigenschaften zu berichten. Zu dieser Zeit herrschte ein akuter Mangel an Kampfflugzeugen, und da sich die Truppenerprobung der Tu-2 in die Länge zog, bestand Stalin darauf, den Serienbau der Tu-2 einzustellen und statt ihrer im Werk Nr. 166 Jak-Jäger zu fertigen.

Der Volkskommissar der Luftfahrtindustrie A. I. Schachurin berichtete in seinen Memoiren, dass er Stalin von diesem Schritt abriet; man solle doch zuerst den Bericht mit den Ergebnissen der Fronterprobung abwarten. Stalin hatte Schachurin in einem Schreiben aufgefordert, die Fertigung der Tu-2 einzustellen. Stattdessen sollten er und Werksdirektor Sokolow die Produktion von Jägern im Werk Nr. 166 organisieren. Sie taten, wie ihnen geheißen, und bereiteten die Umstellung der Fertigung beschleunigt vor. Etwa 20 Tage später ging der umfangreiche Bericht der Fronterprobung mit besten Bewertungen des Tupolew-Bombers ein. Schachurin: „Gegen fünf oder sechs Uhr abends wurde ich zu Stalin gerufen. Ich gehe in sein Büro. Stalin ist allein. Auf einem langen, mit einem blauen Tuch bedeckten Tisch liegt eine Kopie des Tu-2-Testberichts. Stalin: »Wie es scheint, wird das Flugzeug gelobt. Haben Sie den Bericht gelesen?« Ich: »Ja, habe ich. Wir haben das Flugzeug umsonst aus der Produktion genommen. Und Sie haben mir viele Vorwürfe gemacht.« Stalin: »Und doch haben Sie das Falsche getan.« »Weshalb?« Stalin: »Sie hätten sich beim Zentralkomitee über mich beschweren sollen ...« Im Zentralkomitee hat sich niemand über Stalin beschwert, wie Sie vielleicht vermuten.«

Andrei Nikolajewitsch Tupolew nach der Entlassung aus dem Gefängnis und rehabilitiert in Luftwaffenuniform 1943.

Mit Beschluss des Staatlichen Verteidigungsausschusses vom 17. Juli 1943 nahm das Moskauer Luftfahrtwerk Nr. 23 die Serienproduktion der Tu-2 neu auf. Die ersten in diesem Werk gebauten Tu-2-Bomber tauchten Ende 1943 an der Front auf. Das neue Modell Tu-2S unterschied sich in einigen Merkmalen erheblich von der Tu-2 von 1942. Denn Tupolew und seine Ingenieure waren nicht untätig geblieben, um Konstruktoren und Bau der Maschine zu vereinfachen. So konnten die Kosten für die Herstellung einer Maschine um etwa 20 % gesenkt werden, wobei die Masse der Tu-2 abnahm und sich ihre Zuverlässigkeit und Überlebensfähigkeit erhöhte. Des

Sturzbomber Tupolew Tu-2 im Flug.

Weiteren erhielt der Bomber neue ASch-82FN-Motoren, die eine Geschwindigkeitssteigerung um 20 bis 25 km/h ermöglichten. Die Abwehrbewaffnung wurde ebenfalls verstärkt. Darüber hinaus ließ sich die Tu-2S mit geringem Aufwand in einen Fernbomber, Torpedobomber oder Aufklärer verwandelen. Gegen Ende des Krieges kamen Tu-2R-Aufklärer und Tu-2U-Schulflugzeuge hinzu.

Anfang 1945 befanden sich 279 Sturzbomber Tu-2S im Einsatz. Sie machten nur etwa 9 % der Bomberflotte aus und flogen vor allem bei der 334. und 326. Bomberdivision des 6. Bomberkorps sowie bei der 113. selbstständigen Bomberdivision. In der letzten Kriegsphase bombardierten diese Verbände erfolgreich Flugplätze und Ziele bei Warschau, Allenstein/Ostpreußen, Danzig und Königsberg. Nach der Einnahme Königsbergs nahm die 334. Bomberdivision an den nicht minder verlustreichen Kämpfen um Berlin teil, indem sie im Zentrum der Stadt Widerstandsnester bombardierte und Luftnahunterstützung für die Angriffsverbände flog. Im August 1945 wurde das 6. Bomberkorps nach Fernost verlegt, wo es am Krieg gegen Japan teilnahm.

Als Frontbomber, der großkalibrige Bomben tragen konnte, besetzte die Tu-2 erfolgreich die Nische zwischen dem leichten Sturzbomber Pe-2 und dem aus amerikanischen Lieferungen stammenden mittleren Bomber B-25.

Nachtbomber Polikarpow R-5

Ende 1926 erhielt die Abteilung für Landflugzeugbau (OSS) unter Leitung von N. N. Polikarpow den Auftrag zur Entwicklung eines Aufklärungsflugzeuges, das sich auch als Bomber und Schlachtflugzeug verwenden ließ. Das Projekt erhielt die Bezeichnung R-5. Am 30. August 1927 genehmigten die Luftstreitkräfte den Entwurf und das Moskauer Flugzeugwerk Nr. 1 begann mit dem Bau eines ersten Prototypen, der nach Fertigstellung vom 19. September bis zum 5. November 1928 ausgiebigen Versuchen unterzogen wurde. 1930 wurde eine Serie von 30 Flugzeugen für die Truppenerprobung gebaut und am 22. Mai 1931 ein Plan zur Errichtung von zwölf Leichtbombersstaffeln mit R-5 erstellt. Jede Staffel sollte aus drei Abteilungen mit jeweils zehn Flugzeugen bestehen. Des Weiteren war die Aufstellung von neun Aufklärungsstaffeln und vier Korpsabteilungen vorgesehen.

Bei der R-5 handelte es sich um einen zweisitzigen Anderthalbdecker in Ganzholzbauweise. Der Fachwerkholzrahmen des Rumpfes mit nahezu rechteckigem Querschnitt und abgerundeter Oberseite wies eine Sperrholzbeplankung auf. Die geraden Ober- und Unterflügel glichen in der Draufsicht langgezogenen Rechtecken mit abgerundeten Spitzen. Die Räder des Festfahrwerks wurden im Winter durch Holzkufen ersetzt. Für den Antrieb sorgte ein 12-Zy-

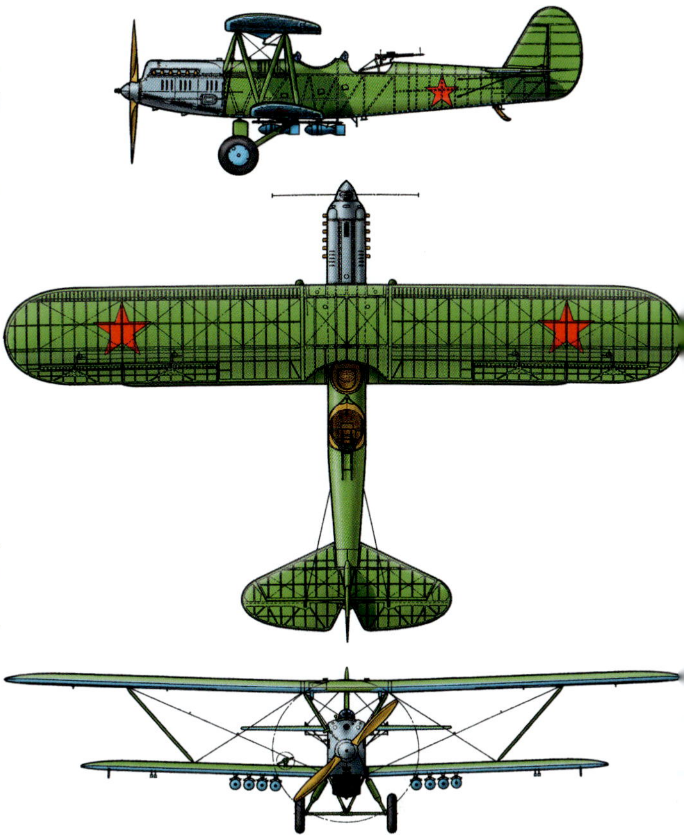

Dreiseitenansicht der Polikarpow R-5.

Technische Angaben R-5	
Bauausführung	R-5
Spannweite, m	15,30
Länge, m	10,56
Höhe, m	2,62
Flügelfläche, m^2	50,20
Masse (kg)	
Rüstmasse	1965
Abflugmasse	2805
Motortyp	1 x M-17F
Leistung, PS	680
Höchstgeschwindigkeit, km/h	244
Reisegeschwindigkeit, km/h	210
Praktische Reichweite, km	800
Steiggeschwindigkeit, m/min	295
Gipfelhöhe, m	6100
Besatzung	2
Bewaffnung	1 x synchronisiertes 7,62 mm MG PW-1 1 x 7,62 mm MG DA Bombenlast bis zu 400 kg

Die Polikarpow R-5 fand weite Verbreitung und auch als Schulflugzeug Verwendung.

linder-Motor M-17B oder M-17F. Der zweiblättrige Holzpropeller wies Messingkanten auf. Die Rohrbewaffnung bestand aus einem synchronisierten Maschinengewehr PW-1 unter der Motorhaube und einem Maschinengewehr DA-2 für den Beobachter/Bordschützen. Abwurflasten bis 256 kg (Überlast 400 kg) wurden an Aufhängungen an Unterflügel und Rumpf mitgeführt.

Zusammen mit der »Standard«-R-5 entstanden folgende Modifikationen:

- MR-5 – Seeaufklärer mit Holzschwimmern;
- R-5T – einsitziges Bombenflugzeug, das einen Torpedo oder eine große Bombe aufnahm;
- R-5Sch – Schlachtflugzeug mit acht 7,62-mm-MG PW-1 und bis zu 500 kg Bomben;
- P-Z – Leichtflugzeug mit Motor M-34N;
- R-5SSS – mit verbessertem, leistungsstärkeren M-17F-Motor und SchKAS-MG hoher Feuerfolge;
- R-5P – Zivilversion mit geschlossener Kanzel und Kabine für vier Personen.

Die Serienproduktion der R-5 übernahmen die Flugzeugwerke Nr. 1 (Moskau), Nr. 402 (Bykowo) und Nr. 241 (Tjumen).

In den 1930er-Jahren setzten die Luftstreitkräfte R-5 häufig als Aufklärer, Schlachtflugzeuge, leichte Bomber und Transporter ein. R-5-Staffeln nahmen an den Kämpfen in China, Spanien, am Chasan-See und in Finnland teil. Zu Beginn des „Großen Vaterländischen Krieges" war die Ablösung der mittlerweile veralteten R-5 aus den Einsatzverbänden nahezu abgeschlossen. Trotzdem befand sich eine beträchtliche Anzahl von R-5 noch bei hinteren Einheiten und Ersatzverbänden, in Flugschulen, Fliegerclubs und Lufttransporteinheiten verschiedener sowjetischer Institutionen. Aufgrund der schweren Verluste in den

Sommerschlachten 1941 wurden veraltete Flugzeugtypen wie die R-5 und die U-2 aber wieder an die Front geschickt: auf Befehl des Oberkommandos sollten bis November 1941 aus R-5 insgesamt 27 neue Bomberregimenter errichtet werden. Diese waren fast ausschließlich für Nachteinsätze vorgesehen – alles andere hätte wenig Sinn gemacht. So entstand im Wolga-Militärbezirk das 614., im sibirischen Militärbezirk das 667. und in anderen Bezirken das 624. und 622. Regiment. Die Verbände wurden innerhalb weniger Tage aus dem Boden gestampft; die Piloten erhielten ihre Flugzeuge, absolvierten einige nächtliche Übungsflüge und wurden dann

R-5-Bomber vor einem Einsatz.

Mehrzweckflugzeug und Nachtbomber Polikarpow R-5.

an die Front geschickt. Bis Ende November standen 13 neue Nachtbomberregimenter mit R-5- und R-Z-Flugzeugen im Einsatz. Bereits am 6. Oktober traf das 606. Leichtbomberregiment der 77. Fliegerdivision mit 20 R-5 an der sowjetischen Westfront ein. Es bestand aus Flugausbildern und Kadetten der Navigatorschule Jaroslawl. Im Oktober brachte es das Regiment nachts und bei schlechtem Wetter auf rund 800 Einsätze. R-5 bombardierten Übergänge und Brücken über die Flüsse Ugra, Oka und Protwa sowie Flugplätze, Straßen und feindliche Truppenansammlungen. Zu Beginn der Kämpfe vor Moskau traten das 615. und 687. Regiment auf den Plan. Während der sowjetischen Gegenoffensive führten Nachtbomber bis zu 10 % aller Lufteinsätze durch. Am 5. Dezember 1941 verfügten die Luftstreitkräfte der Westfront noch über 45 Nachtbomber R-5.

Der im Dezember 1941 geschaffenen Wolchow-Front (Heeresgruppe Wolchow) gingen bis Anfang Januar 1942 16 Nachtbomberregimenter mit R-5, R-Z und Po-2 zu. Bis Mitte Januar stellten 111 Flugzeuge dieser Art über die Hälfte der Kampfflugzeuge der Wolchow-Front (211 Flugzeuge).

Im Sommer 1942 befanden sich mit 183 Stück die größte Anzahl P-5 im Fronteinsatz: 25 bei der Südwestfront, 51 bei der Brjansk-Front und 57 bei der Südfront. Wie erwähnt, operierten die R-5 hauptsächlich nachts und führten neben Bomben- zahlreiche Versorgungs- und Unterstützungeinsätze durch. Erst Mitte 1943 endete für die R-5 der waffenmäßige Fronteinsatz und die Einheiten stellten ganz auf Transportaufgaben um.

R-5-Fertigung 1931–1937

Modell	Werk	1931	1932	1933	1934	1935	1936	1937	Gesamt
R-5	Nr. 1 (Moskau)	336	884	1372	960	450	--	--	**4002**
MR-5	Nr. 1 (Moskau)	--	--	24	47	--	--	--	**71**
R-5Sch	Nr. 1 (Moskau)	--	--	19	246	--	--	--	**265**
R-5T	Nr. 1 (Moskau)	--	--	--	1	50	--	--	**51**
R-5SSS	Nr. 1 (Moskau)	--	--	--	--	221	129	270	**620**
R-Z	Nr. 1 (Moskau)	--	--	--	--	11	885	138	**1034**
P-5	Nr. 402 (Bykowo)	--	--	--	--	--	200	--	**225**
	Nr. 241 (Tjumen)	--	--	--	--	--	--	25	
Gesamt	--	**336**	**884**	**1415**	**1254**	**732**	**1214**	**433**	**6268**

Nachtbomber Polikarpow U-2 WS/LNB (Po-2)

Im Oktober 1940 zählten die Luftstreitkräfte der Roten Armee genau 3424 Schulflugzeuge U-2 und die Marineflieger weitere 384. Bis Sommer 1941 aber hatte die UdSSR-Luftfahrtindustrie im Zeitraum von rund zwölf Jahren die erstaunliche Stückzahl von etwa 13.000 U-2 in unterschiedlichen Ausführungen hergestellt.

Die U-2 (Schulflugzeug, 2. Modell) entstand unter der Leitung N. N. Polikarpows auf Grundlage folgender Anforderungen für ein Übungsflugzeug, die das Wissenschaftlich-Technischen Komitee der Direktion der Luftstreitkräfte am 24. August 1924 genehmigt hatte:

»1. Das Flugzeug muss für einen Motor mit einer Leistung von ca. 100 PS ausgelegt sein. Propellerdrehzahl nicht mehr als 1800 U/min.
2. Das Flugzeug muss einen Piloten und einen Schüler mit einem Gesamtgewicht von 160 kg tragen können. Die Versorgung mit Benzin und Öl muss für 2½ Flugstunden bei voller Leistung in Bodennähe ausreichen, wobei verschiedene Lasten bis zu 10 kg mitgeführt werden.
3. Die höchste Horizontalgeschwindigkeit in Bodennähe bei voller Motordrehzahl sollte 120 km/h nicht überschreiten. Die durchschnittliche Reisegeschwindigkeit (mit einer Verringerung der Umdrehungszahl um 10 %) sollte 90–100 km/h betragen.
4. Die Landegeschwindigkeit beträgt nicht mehr als 60 km/h.
5. Aufstiegszeit bei Volllast für 1000 Meter mit einem Passagier nicht mehr als 8 Minuten, für 2000 Meter ohne Passagier nicht mehr als 15 Minuten.
6. Das Flugzeug sollte zweisitzig sein, wobei sich Pilot und Passagier hintereinander befinden. Die Sitze sollten eng zusammenliegen, damit der Pilot leichter kommunizieren und die Aktionen des Schülers kontrollieren kann.
7. Das Flugzeug ist als Doppeldecker auszuführen ... Die Konstruktion muss für den Bau in russischen Fabriken und mit in der UdSSR verfügbaren Materialien ausgelegt sein. «

Polikarpow reichte den vorläufigen Entwurf am 6. Dezember 1926 ein; er wurde am 18. Januar 1927 genehmigt. Der erste Prototyp des Flugzeugs startete am 24. Juni 1927 zum Jungfernflug. Wie im Lastenheft vorgeschrieben, wurde das Muster als einmotoriger zweisitziger Doppeldecker mit Festfahrwerk hergestellt. Der rechteckige Rumpf baute auf einen mit Sperrholz und Leinwand bespannten Holzrahmen auf. Den dreiteiligen Ober- und den zweiteiligen Unterflügel verbanden N-Stiele untereinander und mit dem Rumpf. Der Oberflügel war gegenüber dem Unterflügel um etwa 80 cm nach vorn versetzt. Der luftgekühlte M-11D-Motor leistete in Bodennähe 125 PS und in der Höhe 90 PS.

Bei der staatlichen Erprobung im März 1928 entwickelte die U-2 bei einer Flugmasse von 870 kg eine maximale Fluggeschwindigkeit von 140 km/h, die Landegeschwindigkeit betrug 60 km/h. Das Flugzeug führte alle Manöver zufriedenstellend aus und entsprach den taktischen und technischen Anforderungen, die Bewertung der Versuchspiloten fiel einstimmig positiv aus. Einer Serienfertigung stand nichts mehr im Weg.Das Leningrader Flugzeugwerk Nr. 23 lieferte die ersten beiden Serienmaschinen im Mai 1929 aus und baute bis September weitere 17 U-2. Dann ging es Schlag auf Schlag: allein im Jahr 1933 stellte das Werk 1508 Maschinen her.

Die U-2 fand sowohl in den Streitkräften als auch bei zivilen Institutionen weite Verbreitung. Es entstanden Ausführungen für Passagier- und Krankentransport sowie ein landwirtschaftliches Sprühflugzeug für Insektengifte. Auch Flugschulen der Luftstreitkräfte erhielten die U-2. ausgerüstet. Zur Ausbildung von Bomber- und Aufklärerbesatzungen entstand 1933 die U-2 WS (»WS« = »Militärserie« oder »bewaffnetes Flugzeug«), ausgestattet mit Maschi-

Polikarpow U-2 (Po-2).

nengewehren und Bombenhalterungen. Diese Ausführung wurde mehrfach modifiziert und verbessert. Bei der U-2 WS Modell 1937 wurde auf der linken Rumpfseite ein synchronisiertes PW-1-MG und im hinteren Sitz ein schwenkbares DA-MG installiert sowie unter dem Rumpf Aufhängungen für kleine Fliegerbomben. Ein AP-2- und ein NW-5-Visier rechts des Pilotensitzes dienten zum Zielen. Im rechten Unterflügel befand sich des Weiteren ein 70 x 300 mm großer Schlitz zur Erfassung von Bodenzielen. Bis 1938 lieferte das Leningrader Werk etwa 600 Militärmaschinen aus, denen 1941 weitere 1009 folgten.

Zum Ausgleich der hohen Flugzeugverluste wurde die U-2 ab Sommer 1941 auch für Kampfeinsätze verwendet. Maschinen der staatlichen Fliegerclubs und von Flugschulen gingen an Luftwaffeneinheiten, die sie zunächst als Tagbomber und Schlachtflugzeuge einsetzten. Keine besonders kluge Maßnahme, denn es kam wie es kommen musste: Die langsamen und ungeschützten U-2 wurden reihenweise abgeschossen, oft genügte MG- oder bloßes Gewehrfeuer. Deshalb stellte man rasch auf nächtliche Störeinsätze um. Mit Beginn der Dämmerung verlegten die U-2 von ihren Stützpunkten auf kleine Absprungplätze dicht hinter der Front, wo sie mit Bomben beladen wurden. Die Frontnähe erlaubte mehrere Flüge pro Nacht. In einigen Fällen starteten einzelne U-2 bis zu zehn Mal. Multipliziert man diese Zahl mit der maximalen Bombenlast von 300 kg, wird schnell deutlich, dass ein kleiner langsamer Doppeldecker in einer Nacht mehr Bomben los werden konnte als ein schwerer Bomber. Am häufigsten operierten U-2 paarweise in Rotten. Das erste Flugzeug flog mit niederer Geschwindigkeit an, um das Nähmaschinen-artige Motorgeräusch zu dämpfen, damit den Überraschungseffekt zu wahren und kein Flugabwehrfeuer zu provozieren. Dann warf es Leuchtbomben und die zweite Maschine trat aus der Flanke senkrecht zur Anflugrichtung der ersten in Aktion und warf seine Bomben auf das beleuchtete Ziel. Diese nächtlichen Störangriffe raubten so manchem deutschen Landser den Schlaf. Halb anerken-

Polikarpow Po-2BC im Flug – die klassische »Rollbahnkrähe«.

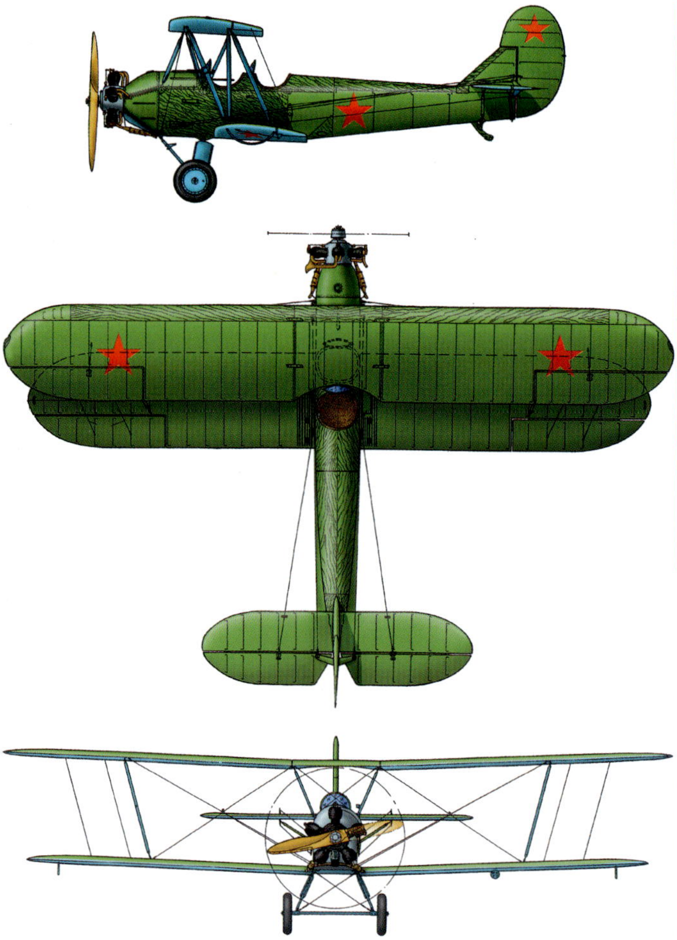

Dreiseitenansicht der Polikarpow U-2 (Po-2).

Technische Angaben U-2	
Bauausführung	U-2 WS
Spannweite, m	11,40
Länge, m	8,17
Höhe, m	3,10
Flügelfläche, m²	33,15
Masse (kg)	
Rüstmasse	773
Abflugmasse	1400
Motortyp	1 x M-11D
Leistung, PS	115
Höchstgeschwindigkeit, km/h	134
Reisegeschwindigkeit, km/h	100
Praktische Reichweite, km	450
Maximale Steiggeschwindigkeit, m/min	40
Gipfelhöhe, m	1500
Besatzung	2
Bewaffnung	1 x 7,62 mm MG SchKAS oder DA Bombenlast 350 kg, max. 500 kg

nend, halb verächtlich taufte der Soldatenhumor die Nachtruhestörer »Nebelkrähen«, »Rollbahnkrähen« oder aufgrund ihres charakteristischen tackernden Motorgeräusches »Nähmaschinen« oder »Kaffeemühlen«. 1944/45 griff auch die deutsche Luftwaffe bei den Kämpfen ums Reich auf die Störkampftaktik mit veralteten Maschinen zurück, als sie bei den Nachtschlachtgruppen 2 und 5 Schulflugzeuge Gotha Go 145 C als Behelfskampfflugzeuge einsetzte.

Auf sowjetischer Seite standen 1943 etwa 70 Nachtbomber-Regimenter im Einsatz, viele davon mit U-2 LNB (LNB = Leichter Nachtbomber) ausge-

Nachtbomber Po-2BC auf Kufenfahrwerk.

rüstet. Diese Ausführung war im Frühjahr 1942 im Flugzeugwerk Nr. 387 in Kasan entwickelt worden. Statt vier wies sie sechs Bombenabwurfgestelle am Unterflügel auf und erhöhte so die Abwurflast im Vergleich zur U-2 WS um 100 kg. Der hintere Mann (bzw. Frau, denn eines der Nachtbomberregimenter bestand z. B. nur aus Frauen) in der Kanzel bekam ein schwenkbares SchKAS-Maschinengewehr und der Flugzeugführer (bzw. die Flugzeugführerin) einen künstlichen Horizont für Blindflüge. Zu den weiteren Merkmalen der U-2 LNB zählten der vergrößerte Kraftstofftank, Seitenscheinwerfer, ein Landelicht, ein Motor-Schalldämpfer sowie ein Auspuff-Flammenvernichter. Einige Maschinen erhielten eine MG-Ringhalterung, die für den Schützen bequemer als die Schwenklafette zu bedienen war.

Als Abwurfmunition verwandten die U-2 LNB hauptsächlich 50-kg- und 100-kg-Sprengbomben FAB-50 und -100. Zusätzlich wurden Sperrholzkassetten mit Brandampullen abgeworfen. Sie öffneten nach dem Abwurf mit Verzögerung und gaben die Ampullen in einer bestimmten Höhe frei, so dass sie möglichst breit streuten. Zusätzlich wurden Brandbomben ZABTOOTSch (mit Thermitkugeln) und ZAB-50 (mit festem Brennstoff) eingesetzt. Als Splittermunition kamen Bomben des Typs AO-2.5, AO-10 und (ab 1943) AO-25-35 zum Einsatz.

1942 stellten die Werke 2130, 1943 = 2812, 1944 = 4382 und während des Krieges insgesamt über 10.000 U-2 LNB her. Die offizielle Bezeichnung änderte sich 1944 in Polikarpow Po-2.

»Nachthexen« des 588. Nachtbomberregiments, das ausschließlich aus Frauen bestand. Gerüchten zufolge sollen einige sogar auf Besen geritten sein…

FLUGZEUGBEWAFFNUNG

Die sowjetische Flugzeugbewaffnung des 2. Weltkriegs setzte sich, ganz wie bei den Fllugzeugen anderer Luftwaffen, aus Rohrwaffen (Maschinengewehre und Maschinenkanonen), Abwurfmunition (Bomben und Lufttorpedos) und Raketen zusammen.

Rohrwaffen

Zu Beginn des 1. Weltkriegs bekämpften sich die »tollkühnen Männer in ihren fliegenden Kisten« noch mit Handfeuerwaffen wie Revolvern und Karabinern, aber bald erschien mit dem Maschinengewehr eine wirksamere Waffe. Die ersten Flugzeug-Maschinengewehre entstanden auf Grundlage von Infanteriewaffen. Deren hohes Gewicht und die vergleichsweise niedrige Feuerrate erforderte für die Verwendung in Flugzeugen eine Anpassung bzw. die Schaffung spezieller Flugzeug-Maschinengewehre. Davon entwickelten sich nach und nach folgende Arten:

- Im Rumpfbug eingebaute synchronisierte MG, die dank einer mechanischen Abstimmung mit der Luftschraube durch den Propellerkreis schossen, ohne die Blätter zu beschädigen.
- In die Flügel eingebaute starre Flächen-Maschinengewehre.
- Beweglich lafettierte Heck-Maschinengewehre zur Abwehr feindlicher Flugzeuge.
- In Waffentürmen und –kuppeln eingebaute bewegliche Maschinengewehre zur Abwehr feindlicher Flugzeuge.

Mit dem Aufkommen von Panzerungen in den 1930er-Jahren, die die Besatzung und wichtige Flugzeugteile schützten, wurden Maschinengewehre in Gewehrkalibern unwirksam und wichen nach und nach Maschinengewehren in größeren Kalibern bzw. Maschinenkanonen. Letztere wurden insbesondere als Angriffswaffen in Jagd- und Schlachtflugzeugen eingebaut.

Bezüglich ergänzender Angaben zu den nachfolgend aufgeführten Rohrwaffen sei auf Band I der Reihe »Die Waffen der Roten Armee – Infanterie/Artillerie 1939–1945« verwiesen.

In einer Waffenfabrik für Flugzeug-Maschinengewehre PW-1.

7,62 mm Maschinengewehr PW-1

Das 7,62-mm-Maschinengewehr PW-1 (PW = Flugzeug-Maschinengewehr) System Maxim wurde zum ersten sowjetischen Flugzeug-MG. Der Konstrukteur A. B. Nadaschkewitsch adaptierte das beim Heer eingeführte und für die Infanteriepatrone 7,62 mm x 54 R eingerichtete Maxim-MG PM 1910 zur Verwendung in Flugzeugen. Es arbeitete als Rückstoßlader mit kurzem Rohrrücklauf und Kniegelenkverschluss. Zur Gewichtseinsparung verringerte Nadaschkewitsch die Stärke der Laufwandung und ersetzte die voluminöse Wasser- durch Luftkühlung. Die üblichen Stoffmunitionsgurte ersetzten Metallgurte und das Abzugssystem wurde dem synchronisierten Schießen durch die Propellerschraube angepasst. Zur Erhöhung der Feuergeschwindigkeit wurde der Durchmesser der Rückstoßdüse (Rückstoßverstärker) an der Laufmündung verringert und eine stärkere Schließfeder eingebaut, die dem Verschluss bei der Vorwärtsbewegung zusätzliche Geschwindigkeit verlieh. So stieg die theoretische Feuergeschwindigkeit (Kadenz) von 600 auf 750 S/min. Feldversuche mit dem MG fanden im Mai 1926 statt und 1928 wurde es nach erfolgreicher Truppenerprobung als PW-1 von den Luftstreitkräften der Roten Armee angenommen. Die Produktion des PW-1 übernahm von 1926 bis 1940 die Waffenfabrik Tula. Bis zum 1. Oktober 1929 erhielten die Luftstreitkräfte 2480 PW-1-Maschinengewehre und insgesamt wurden rund 18.000 Stück hergestellt. Während der Serienproduktion wurden folgende Unterausführungen entwickelt:

- PW-1 (T) – Turmmaschinengewehr;
- PW-1 (KR) – Flächenmaschinengewehr;
- PW-1 (C) – synchronisiertes Maschinengewehr;
- PW-1 (T) Sparka – Zwillingsmaschinengewehr;
- PW-1 (C) Modell 1929 – Maschinengewehr mit linker Gurtzuführung.

Während des 2. Weltkriegs wurde des Weiteren ein PW-1-Maschinengewehr-Drilling zur Flugabwehr geschaffen, der vor allem auf Panzerzügen zum Einsatz kam. Ebenso setzte 1942 eine Slatouster Waffenfabrik das PW-1 auf Radlafette und stellte über 3000 Stück dieser Infanterie-Ausführung her.

Technische Angaben MG PW-1	
Kaliber, mm	7,62
Gewicht, kg	14,5
Gesamtlänge, mm	1067
Lauflänge, mm	721
Kadenz, S/min	750
Mündungsgeschwindigkeit, m/s	800

In der Anfangsphase des Krieges wurden PW-1-Maschinengewehre hauptsächlich zur Flugabwehr eingesetzt.

7,62-mm-Maschinengewehr DA

Zu Beginn des Krieges 1941 fand sich das ältere Maschinengewehr DA noch als Abwehrwaffe in einigen Flugzeugtypen. Wie die Bezeichnung DA – Degtjarjow-Flugzeugmaschinengewehr – verrät, handelte es sich um die Flugzeugversion des von W. A. Degtjarjow entwickelten 7,62-mm-Infanterie-Maschinengewehrs Modell 1927 DP, das als Gasdrucklader mit starr verriegelndem Stützklappenverschuss arbeitete. Bei der Wandlung zum DA machte das DP folgende Änderungen durch:

Zwillings-Maschinengewehre DA-2 in Turmlafette TUR-5, bedient von einem älteren Semester.

- Abbau des Rohrschutzbleches, das im Erdeinsatz den Schützen vor Verbrennungen am heißen Lauf schützte.
- Ein Pistolengriff und eine nach oben gekrümmte Schulterstütze ersetzte den Holzkolben.
- Ersatz des sperrigen Tellermagazins mit einreihiger Anordnung der Patronen durch ein kompakteres Magazin mit dreireihiger Patronen-Anordnung.
- Anbau eines Hülsenfangsackes.
- Neues Visier.

Prototypen des DA-Maschinengewehrs wurden bereits zwischen 1925 und 1926 getestet. Sie eigneten sich am besten zur Verwendung als Abwehrwaffen in Aufklärungsflugzeugen und Bombern. Nachdem festgestellte Mängel beseitigt waren, stellten die Luftstreitkräfte das DA 1928 in Dienst. Im März 1930 verfügten sie bereits über 1200 DA-Maschinengewehre, weitere 1000 standen zur Abnahme in der Instrumentenfabrik Kowrow bereit. Die theoretische Feuergeschwindigkeit von lediglich 600 S/min galt zur Zeit der Einführung des DA als zufrieden stellend, war jedoch Mitte der 1930er-Jahre nicht mehr ausreichend. Daher machte man das DA einfach zum Zwillings-MG DA-2 mit doppelter Feuerrate.

Bis zur Einstellung der Fertigung 1932 wurden insgesamt 12.914 DA gefertigt. Vom Zwillingsmaschinengewehr DA-2, dessen Fertigung 1935 endete entstanden 16.040 Stück.

Volksverteidigungskommissar Woroschilow inspiziert ein Zwillings-Maschinengewehr DA-2 in einer der Waffenstationen eines TB-3-Bombers.

Technische Angaben MG DA	
Kaliber, mm	7,62
Gewicht, kg	7,1
Gesamtlänge, mm	960
Lauflänge, mm	605
Theoret. Feuergeschwindigkeit, S/min	600
Mündungsgeschwindigkeit, m/s	840

7,62-mm-Maschinengewehr SchKAS

1928 entwickelte B. G. Schpitalny das welterste Maschinengewehr, das ausschließlich für die Verwendung in Flugzeugen vorgesehen war. Den Entwurf legte er der Waffenprüfungskommission der Luftstreitkräfte zur Begutachtung vor, die angesichts einiger komplizierter technischer Winkelzüge eine Vereinfachung der Konstruktion für die industrielle Massenproduktion forderte. Zu diesem Behufe stellte sie Schpitalny den erfahrenen Büchsenmacher und Waffentechniker I. A. Komaritsky zur Seite. Die Waffenfabrik Tula stellte 1930 einen Prototypen der überarbeiteten Schpitalny-Komaritsky-Waffe her, der aber weiterer Anpassungen bedurfte. Anfang 1932 war die Kommission endlich zufrieden und erteilte der Waffenfabrik Tula den Auftrag zur Herstellung von sieben Maschinengewehren für Versuche. Am 7. Oktober 1932 gab der Revolutionäre Militärrat (das höchste Leitungsgremium der Streitkräfte; sprich das Oberkommando) sein Amen zum

Technische Angaben MG SchKAS (Turmversion)	
Kaliber, mm	7,62
Gewicht, kg	10,5
Gesamtlänge, mm	955
Lauflänge, mm	605
Theoret. Feuergeschwindigkeit, S/min	1800
Mündungsgeschwindigkeit, m/s	775–825

Maschinengewehre SchKAS in einem Bomber Tupolew SB.

SchKAS-Fertigung 1941–1945						
Werk	1941	1942	1943	1944	1945	Gesamt
Nr. 536 (Tula) Nr. 525 (Kuibyschew)	3500	k. A.	29.450	36.255	12.455	**81.660 (+)**

Waffenkonstrukteur Boris Gawrilowitsch Schpitalny (1902–1972).

Prüfungsbericht und beschloss am 11. Oktober die Übernahme der Waffe als »7,62 mm Schpitalny-Komaritsky Flugzeugmaschinengewehr Modell 1932«, kurz SchKAS, in die Luftstreitkräfte.

Das SchKAS arbeitete als zuschießender Gasdrucklader mit Kippblockverschluss und erreichte dank zusätzlicher Pufferfedern, des kurzen Wegs der beweglichen Teile und einer großzügig dimensionierten Gaszapfstelle am Lauf die außergewöhnlich hohe Feuerrate von bis zu 1800 S/min. Das Munitionszufuhrsystem zählte zu den charakteristischen Merkmalen und war aufgrund der hohen Feuerfolge besonders ausgefeilt: Die Patronenzufuhr erfolgte über eine Trommel, die ein Hebel über eine ins so genannte Steuerstück eingefräste Kulisse antrieb. Damit es keine Schwierigkeiten mit dem abstehenden Rand der Infanteriepatrone 7,62 mm x 54 R gab, führte eine in die Außenwandung der Trommel gefräste Steuerkurve die Patronenränder. Für das SchKAS-Maschinengewehr wurden panzerbrechende 7,62-mm-Geschosse mit Leuchtspur und Brandsatz entwickelt. Diese Kombinationsgeschosse waren vor allem zum Beschuss gepanzerter Kraftstofftanks gedacht.

Vom SchKAS fertigten sowjetische Waffenfabriken schon vor 1941 schätzungsweise 80.000 bis 90.000 Stück, was es zum meistgebauten sowjetischen Flugzeug-MG machte. Während des Krieges entstanden an die 82.000 weitere Exemplare.

Das SchKAS wurde in Flächen-, Turm- und synchronisierten Ausführungen hergestellt. In kleinen Chargen wurde auch die Variante Ultra-SchKAS mit erhöhter Kadenz von 2800 Schuss pro Minute gebaut.

12,7-mm-Maschinengewehr SchWAK

In den frühen 1930er-Jahren entwickelten B. G. Schpitalny und S. W. Wladimirow auf Grundlage des SchKAS ein leistungsstärkeres 12,7-mm-Flugzeugmaschinengewehr; eingerichtet für die Patrone 12,7 mm x 108 R. Bei der Erprobung in den Jahren 1932 und 1933 erreichte es eine theoretische Feuergeschwindigkeit von 700–800 S/min. Nach Beseitigung festgestellter Mängel wurde die Waffe 1934 unter der Bezeichnung »12,7 mm Schpitalny-Wladimirow Flugzeugwaffe großen Kalibers«, kurz SchWAK, bei den Luftstreitkräften eingeführt. Die beiden Konstrukteure übernahmen die Funktionsweise weitgehend vom 7,62-mm-SchKAS-Maschinengewehr, vergrößerten aber die Bauteile und verbesserten einige mechanische Komponenten. Die Lauflänge des 40–45 kg schweren Gasdruckladers betrug 1246 mm. Das SchWAK-MG erfuhr entsprechende Modifikationen zum Einbau in Flächen, Waffentürmen sowie als synchronisierte Waffe (die durch den Luftschraubenkreis feuerte) und als »Motorkanone«, die durch die hohle Schraubenwelle schoss. Des Weiteren entstanden mehrere »Land«-Versionen für den Einsatz bei Bodentruppen und Fliegerabwehreinheiten.

Für die Patrone 12,7 mm x108 R wurden – wie schon für das SchKAS-MG – panzerbrechende Sondergeschosse mit Leuchtspur und Brandwirkung entwickelt, die im Luftkampf von Vorteil waren. Das panzerbrechende Geschoss B-32 durchschlug auf 350 m zwar 20 mm dicke Panzerungen, doch seine Sprengwirkung blieb aufgrund des relativ kleinen Kalibers unzureichend. Eine höhere Sprengwirkung ließ sich nur mit Geschossen größeren Kalibers bewerkstelligen, weshalb 1935/36 eine Kanonen-Ausführung des SchWAK für die Patrone 20 mm x 99 R entstand. Diese ließ sich ohne Veränderung wesentlicher Funktionsteile – Rohr, Magazin, Zuführer, Auszieher und drgl. natürlich ausgenommen – umsetzen. Zu Gunsten der 20-mm-Ausführung wurde die Serienproduktion des 12,7-mm-SchWAK-MG, mit der die Instrumentenfabrik Nr. 2 in Kowrow erst 1935 begonnen hatte, nach geringer Stückzahl wieder eingestellt. Insgesamt sollen nur 86 Flugzeugmaschinengewehre Kaliber 12,7 mm und sechs der Landversion hergestellt worden sein.

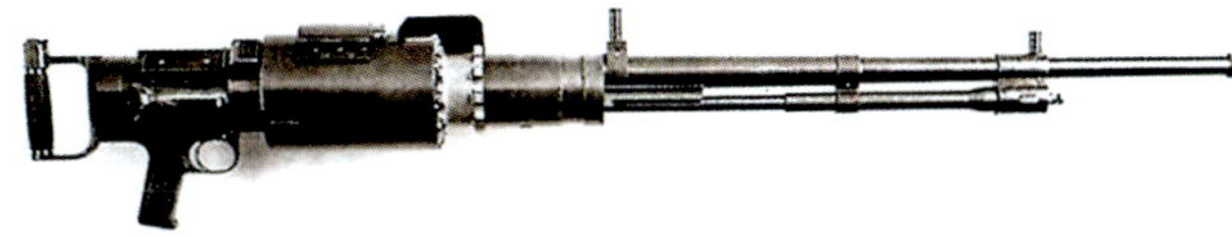

12,7-mm-SchWAK-Maschinengewehr UBT für den Einbau in Waffentürme.

Technische Angaben MG SchWAK (Flächenversion)	
Kaliber, mm 12,7	7,62
Gewicht, kg 40	10,5
Gesamtlänge, mm	1726
Lauflänge, mm	1246
Theoret. Feuergeschwindigkeit, S/min	700–800
Mündungsgeschwindigkeit, m/s	810–830

12,7-mm-SchWAK-Maschinengewehr in der offenen Waffenstation im Dach eines TB-3-Bombers.

Bordschütze eines Schlachtflugzeugs Il-2 mit 12,7-mm-Maschinengewehr UB.

12,7-mm-Maschinengewehr UB

1937 begann Ingenieur M. E. Beresin beim ZKB-14 (Zentrales Konstruktionsbüro 14) der Waffenfabrik Tula mit der Entwicklung eines leistungsstarken 12,7-mm-Synchronflugzeug-MG, das die Patrone 12,7 mm x 108 des überschweren DSchK-Infanterie-Maschinengewehrs verfeuerte. Im Oktober 1938 bestand ein als »BS« (Beresin-Synchronwaffe) bezeichneter Prototyp die Werksversuche und in der Felderprobung im Dezember die Zuverlässigkeitsprüfungen. Die theoretische Feuergeschwindigkeit lag bei immerhin 1000 S/min. Am 8. April 1939 schlug der Volkskommissar für Rüstung B. L. Wannikow dem Zentralkomitee der KPdSU und dem Rat der Volkskommissare die unverzügliche Übernahme des BS-Maschinengewehrs in die Serienproduktion vor, ohne das Ergebnis einer Truppenerprobung noch abzuwarten. Und so begann per Dekret vom 13. April 1939 die Serienfertigung des »12,7-mm-Flugzeug-Synchronmaschinengewehrs System Beresin«, kurz BS.

In der Truppenerprobung lobten Piloten die Waffe, bemängelten aber das komplizierte Nachladen über Kabelzüge und die Anfälligkeit bestimmter Teile für Funktionsstörungen. M. E. Beresin arbeitete an der Beseitigung dieser Mängel und entwickelte eine verbesserte Ausführung, die sich nicht nur als Synchron-, sondern auch als Flächen- und Turm-MG verwenden ließ. Vor allem aber änderte er die Durchlade-/Nachladetechnik auf Druckluft ab, und so wurde das BS zum ersten pneumatischen sowjetischen Maschinengewehr. Am 22. April 1941 nahmen die Luftstreitkräfte die Waffe unter der Bezeichnung »12,7 mm Universal-Flugzeugmaschinengewehr System Beresin« (UB) an. Das MG wurde in drei Ausführungen in den Werken Tula und Ischewsk gefertigt:

- UBS – Synchronmaschinengewehr,
- UBK – Flächenmaschinengewehr;
- UBT – Turmmaschinengewehr.

Den Gasdrucklader speisten Metallgurten mit 150 bis 250 Schuss (Turmversion) und 400 Schuss (Synchron- und Flächenversion). Das Durchladen bei Letzteren erfolgte pneumatisch.

Für BS- und UB-Maschinengewehre standen folgende Patronen 12,7 mm x 108 zur Verfügung:

- Patrone mit panzerbrechendem Geschoss B-30;
- Patrone mit panzerbrechendem Geschoss B-32;
- Patrone mit panzerbrechendem Brandgeschoss BS-41;
- Patrone mit Leuchtsatz T-38 Modell 1938;
- Patrone mit Phosphor-Brandgeschoss B3F-46;
- Patrone mit panzerbrechendem Brandgeschoss B3T, B3T-44, B3T-44M;
- Patrone mit Leuchtsatz P3 und Brandsatz;
- Patrone mit Brandgeschoss MDZ.

Während der Kriegsjahre zählte das UB-Maschinengewehr zu den meistgebauten Flugzeugwaffen der Roten Armee.

Technische Angaben MG UBS	
Kaliber, mm	12,7
Gewicht, kg	21,14
Gesamtlänge, mm	1347
Lauflänge, mm	890
Theoret. Feuergeschwindigkeit, S/min	800–1050
Mündungsgeschwindigkeit, m/s	840–860

UB-Fertigung 1941–1945

Werk	1941	1942	1943	1944	1945	Gesamt
Waffenfabrik Tula, Maschinenfabrik Ischewsk	6300	25.000	43.690	38.340	42.952	**156.282**

20-mm-Maschinenkanone SchWAK

Der Gedanke, ein 12,7-mm-Maschinengewehr und eine 20-mm-Kanone mit einheitlichen Baugruppen herzustellen, entstand wahrscheinlich während der Feldversuche mit dem SchWAK-Maschinengewehr. Man erkannte, dass die großzügig dimensionierten beweglichen Teile durchaus eine Kalibervergrößerung auf 20 mm verdauten. Und so machte sich eine Gruppe von Konstrukteuren der Kowrower Instrumentenfabrik Nr. 2 unter S. W. Wladimirow an die Entwicklung einer Flugzeugkanone für die Patrone 20 mm x 99 R auf Basis des SchWAK-MG. Wie dieses war es ein Gasdrucklader und verwandte die von Schpitalny für das SchKAS-MG entwickelte Nachladetechnik aus einer Verschlusstrommel, die jeweils zehn Patronen aus einem Zerfallgurt aufnahm und die ein Hebel über eine ins Steuerstück eingefräste Zahnrad-Kulisse antrieb (siehe oben). Eine Schwierigkeit bei der Konstruktion ergab sich im Ausgleich der unterschiedlichen Hülsenlängen. Beide Patronen waren zwar mit 147 mm gleich lang – was eine Übernahme der so wichtigen Zuführ-Trommel erlaubte –, doch die Hülsenlänge bei der 12,7-er betrug 108 mm und bei der 20-er lediglich 99 mm. Zudem konnte das 20-mm-Geschoss zwar mehr Sprengstoff aufnehmen als das der 12,7-mm-Patrone, die kurze Hülse aber vergleichsweise wenig Treibladungspulver. Und so zählte die SchWAK in 12,7 mm zu den stärksten, die SchWAK in 20 mm jedoch zu den schwächsten Waffen ihrer Kaliberklassen. Dafür punktete die 20-mm-Maschinenkanone in Bezug auf Masse und Abmessungen im Vergleich zum 12,7-mm-Maschinengewehr, das für sein Kaliber zu groß und schwer ausgefallen war. Die 40–45 kg konnten, wie es heißt, auch die hohe Feuerrate in keiner Weise kompensieren. Dies war der Grund, warum das 12,7-mm-MG SchWAK nur in kleinen Mengen hergestellt wurde. Die Produktionsrate der SchWAK-Maschinenkanone nahm hingegen stetig zu und erreichte bis 1945 über 100.000 Exemplare. 1946 endete die Fertigung nach einem letzten Los von 754 Kanonen. Die SchWAK-MK wurde ab 1942 in den Waffenschmieden Tula, Kowrow und Ischewsk hergestellt. Folgende Varianten der SchWAK-Kanone wurden hergestellt:

- KP-20 – Flächenversion,
- TP-20 – Turmversion,
- SP-20 – Synchronwaffe,
- MP-20 – Motorkanone;
- TNSch-20 (TNSch-1) – zum Einbau in den leichten Panzerkampfwagen T-60.

Technische Angaben MK SchWAK (Flächenversion)	
Kaliber, mm	20
Gewicht, kg	38–45
Gesamtlänge, mm	1679
Rohrlänge, mm	1255
Theoret. Feuergeschwindigkeit, S/min	700–850
Mündungsgeschwindigkeit, m/s	750–815

20-mm-SchWAK-Kanone als erdgebundene Fliegerabwehrwaffe mit Zweimannbedienung.

SchWAK-Fertigung (20 mm) 1942–1945					
Werk	1942	1943	1944	1945	Gesamt
Waffenfabrik Tula, Instrumentenfabrik Kowrow, Maschinenfabrik Ischewsk	34.601	26.499	25.633	13.433	**100.166**

Wartung einer 23-mm-Maschinenkanone WJa-23.

23-mm-Maschinenkanone WJa-23

Die leistungsstarke 23-mm-Flugzeugkanone WJa entstand Anfang 1940 beim ZKB-14 der Waffenfabrik Tula. Für die Konstruktion zeichneten die Ingenieure A. A. Wolkow und S. A. Jarzew verantwortlich. Sie diente zur Bekämpfung geschützter Bodenziele und war für das in dieser Zeit entworfene Schlachtflugzeug ZKB-57 (Il-2) vorgesehen. In der Entwurfs- und Testphase hieß die Waffe noch TKB-201 und trug nach ihrer Übernahme am 16. Mai 1941 in offiziellen Dokumenten die Bezeichnung WJa oder WJa-23 (von Wolkow-Jarzew). Das Volksverteidigungskommissariat initiierte die Entwicklung auf Anfrage des Militärs, das mit der Wirkung der für die Patrone 20 mm x 99 R eingerichteten SchWAK-Kanone nicht zufrieden war. In die Entwicklung flossen auch Erfahrungen anderer Länder mit Flugzeug-Rohrwaffen ein. Darüber hinaus wollte man die Wirkung fremdländischer Waffen übertreffen; etwa solcher, die die dänische Madsen 23 mm x 106 oder die französische Hispano-Suiza 23 mm x 122 verschossen. Den Patronenentwicklern in Tula gelang Anfang 1938 mit der Patrone 23 mm x 152 B ein großer Wurf, denn deren Mündungsenergie lag gut eineinhalb Mal über der vergleichbarer ausländischer Munition. Für die 23 mm x 152 B schufen die Sowjets eine Bandbreite an Geschossen mit Spreng-/Splitter-, Brand- und panzerbrechender Wirkung, wobei das Gewicht der Projektile mit rund 200 g gleich blieb. Dies entsprach ungefähr der zweifachen Masse der Geschosse für die Patrone 20 mm x 99 R der SchWAK-Kanone (96 g). Das Splittergeschoss enthielt 10 g Sprengstoff und besaß die doppelte Sprengkraft des 20-mm-Splittergeschosses der SchWAK-Kanone.

In der ersten Jahreshälfte 1941 war die Entwicklung eines panzerbrechenden 23-mm-Geschosses mit Brandsatz abgeschlossen. Es verfügte über einen panzerbrechenden Hartkern, eine ballistische Duraluminiumspitze, einen 6-g-Brandsatz und durchschlug auf 400 m noch 25 mm Panzerung. Die Kriegserfahrungen von 1941 machten aber schnell deutlich, dass das aus Il-2-Schlachtflugzeugen abgefeuerte B3-23-Geschoss selbst die 25 bis 50 mm dicke Frontpanzerung leichter deutscher Kampfwagen nicht durchdringen konnte. Nur bei Angriffen von der Seite und von hinten mit Auftreffwinkeln von mindestens 30° hatte die Il-2 mit WJa-23 eine Chance, und das nur auf vergleichsweise kurze Distanzen.

Die Kanone WJa-23 an sich war eine relativ schwere (66 kg) und sperrige Waffe. Sie arbeitete nach dem Gasdruckprinzip und erreichte die verhältnismäßig hohe theoretische Feuergeschwindigkeit von 550–650 S/min. Dabei verließen innerhalb einer Sekunde Geschosse mit einer Gesamtmasse von 2 kg das Rohr. Wie bei den meisten russischen Maschinenwaffen legte man auch bei der WJa-23 besonders großen Wert auf Zuverlässigkeit. Damit kam sie etwas ins Schleudern, denn nach Erfahrungen des 1. Gardefliegerkorps mit dieser Waffe kam auf 276 Schüsse ein Versager – immerhin besser als bei der SchWAK-Kanone mit einem Versager auf 150 Schuss.

Ein wesentlicher Nachteil der WJa-23-Kanone war ihr übermäßig hoher Rückstoß (ca. 3500 kg), wodurch sie nur die Il-2 mit ihrem starken Panzerrahmen und dem verstärkten Mittelteil aufnehmen konnte. Die Il-2 trug je eine WJa-23 in den Flächen mit einem Munitionsvorrat von je 150 Schuss.

Der hohe Ausstoß von Il-2-Schlachtflugzeugen erforderte natürlich auch einen hohen Ausstoß der MK WJa-23, was Aufgabe der Instrumentenfabrik Nr. 2 in Kowrow und des Metallurgiewerkes Nr. 66 in Slatoust war.

Technische Angaben MK WJa-23	
Kaliber, mm	23
Gewicht, kg	66
Gesamtlänge, mm	2150
Rohrlänge, mm	1660
Theoret. Feuergeschwindigkeit, S/min	550–650
Mündungsgeschwindigkeit, m/s	905–920

SchWAK-Fertigung (20 mm) 1942–1945

Werk	1942	1943	1944	1945	Gesamt
Instrumentenfabrik Nr. 2 (Kowrow), Metallurgiewerk Nr. 66 (Slatoust)	13.420	16.430	22.820	873	**53.543**

20-mm-Maschinenkanone B-20

M. E. Beresin begann im März 1941 beim ZKB-14 in Tula mit der Entwicklung einer automatischen 20-mm-Flugzeugkanone auf Grundlage seines 12,7-mm-Maschinengewehrs UB, das die Luftstreitkräfte 1939 eingeführt hatten. Die MK richtete Beresin für die 1937 entwickelte Patrone 20 mm x 110 ein, deren 128-g-Geschoss fast die anderthalbfache Mündungsenergie der 20 mm x 99 R für die SchWAK-Kanone entwickelte. Die Herstellung der in Unterlagen als »UB-20-Maschinengewehr« bezeichneten Waffe erfolgte beschleunigt, und bereits im August 1941 begannen Versuche mit der in ein Jagdflugzeug LaGG-3 eingebauten synchronisierten Variante.

Die Evakuierung des ZKB-14 aus der Frontstadt Tula nach Slatoust verzögerte die Arbeiten an der Waffe. Einen herben Rückschlag brachte die Weisung des Volkskommissariats für Rüstung, die Waffe für die gängige Patrone 20 mm x 99 R einzurichten. Die zeitraubende Umkonstruktion – so musste der Verschluss komplett umgebaut werden – verzögerte die Fertigstellung nochmals bis Ende 1943. Und so fand die Erprobung der als »B-20« bezeichneten Waffe in der synchronisierten Ausführung, eingebaut in eine La-7, erst im Juni und Juli 1944 statt. Wenig überraschend stellte man die gleichen ballistischen Eigenschaften und die gleiche Feuerrate wie bei der für dieselbe Patrone eingerichteten SchWAK-MK fest. Jedoch brachte die B-20 nur halb soviel Gewicht auf die Waage und ließ sich viel einfacher herstellen.

Gemäß GKO-Dekret Nr. 6681 vom 11. Oktober 1944 »Über die Annahme einer von Genosse Beresin entworfenen leichten automatischen Flugzeugkanone B-20 im Kaliber 20 mm« führten die Luftstreitkräfte die B-20-Kanone schließlich offiziell ein. Den Auftrag zur Serienfertigung erhielt die Instrumentenfabrik Nr. 2 in Kowrow. Bis Ende 1944 lieferte das Werk 2275 Kanonen aus und im Laufe des Jahres 1945 weitere 7240.

B-20-Kanonen wurden in die Jagdflugzeuge La-7, Jak-3, Jak-9U sowie in das Schlachtlfugzeug Il-10 eingebaut.

Technische Angaben MK B-20 (synchronisiert)	
Kaliber, mm 20	23
Gewicht, kg 25	66
Gesamtlänge, mm	2035
Rohrlänge, mm	1588
Theoret. Feuergeschwindigkeit, S/min	600
Mündungsgeschwindigkeit, m/s	790–815

20-mm-Maschinenkanone B-20 in Hecklafette WU-9 im Schlachtflugzeug Il-10.

37-mm-Maschinenkanone Sch-37

In den späten 1930er-Jahren begann im OKB-15 unter Federführung von B. G. Schpitalny die Entwicklung der 37-mm-Maschinenkanone Sch-37, eines Magazin-gespeisten Gasdruckladers. Die Waffe sollte gleichermaßen zur Bewaffnung von Panzern und Flugzeugen wie als Flugabwehrkanone dienen. Versuche im leichten Panzerkampfwagen T-26 erwiesen sich als Schlag ins Wasser, denn zum einen ließ sich das 17,3 kg schwere 5-Schuss-Magazin sich nur äußerst umständlich laden und wechseln, und zum anderen trieb die Menge der beim Schießen freigesetzten Pulvergase die nach Luft ringende Besatzung förmlich aus dem Turm.

Bei der Erprobung als Flak gab es den nächsten Dämpfer: Die als »100-K« bezeichnete Waffe zog im Rennen gegen die vom Werk Nr. 8 (Kalinin) auf Grundlage einer 40-mm-Bofors-Kanone entwickelten 61-K (vgl. Band I S. 182) den Kürzeren.

Besser lief es bei der Flugzeugversion SchFK-37 (Schpitalny, Rumpf-Flügel, Kaliber 37 mm). Anfang 1941 baute man die Waffe in ein Schlachtflugzeug Il-2 ein, d. h. ihre Größe ließ nur eine Unterbringung unter den Flächen zu. Als problematisch erwies sich die Munitionszufuhr – mit den üblichen fünf Schuss war es ja nicht getan; – und um ein größeres Kastenmagazin aufzunehmen, musste die Waffe relativ zum Flügel gedreht werden. Dies erschwerte ihre Aufhängung (die Waffe war auf einem Stoßdämpfer montiert und bewegte sich beim Schießen mit dem Magazin) und erforderte eine noch sperrigere Verkleidung.

Vom 23. September bis 12. Oktober 1941 fand die Flugerprobung der Il-2 mit SchFK-37 statt, wobei sich herausstellte, dass die Flugleistungen im Vergleich zur herkömmlichen seriellen einsitzigen Il-2 mit SchWAK- oder WJa-Kanone deutlich abnahmen. Das Flugzeug war träger und schwieriger zu fliegen, insbesondere in Kurven. Die Manövrierfähigkeit verschlechterte sich bei zunehmender Geschwindigkeit. Die Piloten beklagten sich über die erhebliche Belastung der Ruder bei Manövern. Trotzdem befand man die Ergebnisse der Flugversuche allgemein als zufriedenstellend.

Schüsse mit der SchFK-37 aus der Luft auf erbeutete deutsche Panzerfahrzeuge zeigten, dass das BZT-37-Geschoss leichte Panzerkampfwagen der Typen PzKpfw 38 (t) Ausf. C und PzKpfw. II Ausf. F auf bis zu 500 m Entfernung aus jeder Richtung und in jedem Winkel durchschlug. Darüber hinaus verursachten Treffer Brüche in der Panzerung auf beiden Rumpfseiten. Bei mittleren Fahrzeugen wie dem StuG III Ausf. E und dem Pz.Kpfw. III Ausf. G mit Zusatzpanzerungen an der Stirn und 30-mm-Seitenpanzerungen wurde die Sache schon schwieriger. Das Geschoss BZT-37 erzielte nur noch Wirkung unter 500 m und bei Auftreffwinkeln nicht unter 30° an den Seiten.

Ende Juli 1941 beauftragte Stalin seinen Volkskommissar für Rüstung D. F. Ustinow, innerhalb von 45 Tagen 40 Schpitalny-Motorkanonen Sch-37 für Versuche mit dem LaGG-3-Jäger herzustellen. Trotz der unglaublich kurz bemessenen Zeitspanne wurde der Auftrag erfüllt, und Anfang 1942 erhielt das 42. Jagdfliegerregiment die ersten LaGG-3 mit 37-mm-Sch-37-Bewaffnung. Ihre ersten Gefechte erlebte die Sch-37-Kanone über dem Flugplatz von

Technische Angaben MK Sch-37	
Kaliber, mm	37
Gewicht, kg	302,5
Gesamtlänge, mm	3096
Rohrlänge, mm	2060
Theoret. Feuergeschwindigkeit, S/min	170–185
Mündungsgeschwindigkeit, m/s	870–900

37-mm-Maschinenkanone Sch-37.

37-mm-Kanonen SchFK-37 als Flächenbewaffnung eines Schlachtflugzeugs Il-2.

Brjansk, als mehrere deutsche Bomber auftauchten. Es gelang den LaGG-3 in einem kurzen Luftkampf drei Flugzeuge abzuschießen. Generaloberst F. I. Schinkarenko schrieb später: »Die Piloten, die an dieser Schlacht teilnahmen, lobten begeistert die Kanone, deren Geschosse meterlange Löcher in die Flächen und Rümpfe deutscher Bomber riss.« Während der Fronterprobung sollen über 50 feindliche Flugzeuge durch Sch-37-Kanonenfeuer abgeschossen worden sein. Die Waffe wurde zur Massenproduktion empfohlen unter der Maßgabe, den Munitionsvorrat zu erhöhen. Als dann B. G. Schpitalny der Regierung noch melden konnte, dass fünf feindliche Panzer mit seiner Sch-37 zerstört werden konnten, stand dem Serienbau nichts mehr im Weg und das Volkskommissariat für Rüstung ordnete die Produktion der Sch-37 im Ischewsker Werk Nr. 74 an. Zu den bereits fertig gestellten 40 Sch-37 von 1941 kamen 1942 weitere 196. Als die Luftstreitkräfte dann aber das Konkurrenzmodell NS-37 einführten, wurde die Fertigung der Sch-37 schon wieder eingestellt.

37-mm-Maschinenkanone NS-37

Im Konstruktionsbüro des OKB-16 machten sich die Ingenieure A. E. Nudelman und A. S. Suranow an die Entwicklung einer automatischen 37-mm-Flugzeugkanone. Das Projekt 11-P-37 wurde am 15. Juni 1941 genehmigt, der erste Prototyp am 27. Juli fertig gestellt und im August fanden die Werksversuche statt. Die Waffe arbeitete als Rückstoßlader mit kurzem Rohrrücklauf; die Patronenzufuhr erfolgte aus einem Kasten unter Verwendung eines metallenen Zuführbandes. Die staatliche Erprobung der Waffe in einer LaGG-3 dauerte von Februar bis März 1942 und erwies ihre zuverlässige Funktion. Der Stolperstein war die neue, noch nicht eingeführte Patrone 37 mm x 198 B. In unwägbaren Kriegszeiten wollte man die angespannte Rüstungsindustrie nicht mit einer zusätzlichen Munitionssorte belasten, weshalb auf Vorschlag des Militärs die Wahl auf die Patrone 37 mm x 198 (ohne »B«) der Kanone Sch-37 fiel. Obwohl die Maße beider Patronen sich weitgehend entsprachen, gab es doch feine Unterschiede, die eine Anpassung der Konstruktion erforderten. Für die NS-37 (Nudelman-Suranow 37 mm) wurden Patronen 37 mm x 198 mit BST- und OST-Geschossen verwendet. (BST = panzerbrechend mit Leuchtspur; OST = Sprenggeschoss mit Leuchtspur). Das OST-Projektil wog 732 g und enthielt 34 g Sprengstoff; die Mündungsgeschwindigkeit betrug 865 m/s. Beim Auftreffen auf 1–1,5 mm dicke Duraluminium-Bleche sprengte das OST ein 46 cm großes Einschlagsloch und ein Austrittsloch von 78 cm. Das 770 g schwere BST-Geschoss erreichte eine Anfangsgeschwindigkeit von 810 m/s und durchschlug auf 200 m Entfernung bei einem Auftreffwinkel von 90° ein 50-mm-Panzerblech und bei einem Auftreffwinkel von 45° noch ein

Waffenwarte bei der Wartung der 37-mm-Maschinenkanone NS-37 einer Il-2. Der Pilot kümmert sich um den Mündungsschützer.

37-mm-Maschinenkanone NS-37.

Blech von 30 mm Stärke. Auf 100 m durchlöcherte das BZT eine 45-mm-Panzerung bei 90° und eine 40-mm-Panzerung bei 30°.

Die neue Waffe wurde vom 21. Juli bis 17. August 1942 erneut staatlichen Tests unterzogen und kam dann als Motorkanone in LaGG-3 vom 21. April bis 7. Juni 1943 zur Fronterprobung zur Heeresgruppe Kalininer Front und vom 22. Juli bis 21. August 1943 zur Heeresgruppe Zentralfront (Mittelabschnitt), wo sie in Jak-9T flog. Es stellte sich heraus, dass zum Abschuss eines Feindjägers in der Regel ein 37-mm-Treffer genügte, bei zweimotorigen Kampfflugzeugen aber mindesten zwei bis drei Wirkungstreffer vonnöten waren. Gleichzeitig bestätigte sich die Binsenweisheit, dass die Erhöhung des Kalibers die Feuerrate und den Munitionsvorrat zwangsläufig verringerte.

Mit der Präzision war es so eine Sache. Bei Feuerstößen streute die NS-37 aufgrund des harten Rückstoßes, der die Jak-9T erzittern ließ, wie eine Gießkanne. Sinnvoll im Luft- wie Erdkampf war allein die Abgabe gezielter Einzelschüsse. Das genügte den Luftstreitkräften und so führten sie die Waffe unter der Bezeichnung NS-37 (Nudelman-Suranow, Kaliber 37 mm) ein. Der Panzerjäger Jak-9T wurde von März 1943 bis Juni 1945 in einer Stückzahl von 2748 Flugzeugen gebaut.

Die Flächenversion der Waffe wurde in 96 Schlachtflugzeugen Il-2 vom 20. Juli bis zum 16. Dezember 1943 erprobt. Jede Maschine trug zwei NS-37-Kanonen in den Flächen. Auch hier bestätigten die Piloten, wenig überraschend, dass die Il-2 mit NS-37 und einer 200-kg-Bombenlast langsamer und träger war als eine Il-2 mit SchWAK- oder WJa-Kanonen. Überdies waren nur kurze Feuerstöße von zwei bis drei Schuss sinnvoll. Nur bei 43 % aller Einsätze gegen Panzer wurden tatsächlich Treffer erzielt und nur 2,98 % der abgefeuerten Geschosse landeten tatsächlich im anvisierten Zielbereich.

Nach allgemeiner Ansicht der Piloten brachte die Il-2 mit NS-37-Bewaffnung beim Angriff auf kleine Ziele keine Vorteile gegenüber der Il-2 mit SchWAK- oder WJa-Kanone (Bombenlast jeweils 400 kg). Den Einsatz der Il-2 mit NS-37 gegen großflächige Ziele, wie Fahrzeugkolonnen oder Truppenansammlungen, hielten sie für aussichtsreicher. Kurzum: letztlich fand die Il-2 mit NS-37-Bewaffnung aufgrund der schlechteren Flugeigenschaften und der geringeren Aufnahme von Abwurfmunition im Vergleich zu den anderen Il-2-Versionen keine größere Verbreitung. Als Erzeuger der Maschinenkanone NS-37 trat das Werk Nr. 74 in Ischewsk in Erscheinung.

NS-37-Fertigung 1943–1945

Werk	1943	1944	1945	Gesamt
Nr. 74 (Ischewsk)	4729	1087	977	**6793**

Technische Angaben MK NS-37

Kaliber, mm	37
Gesamtgewicht, kg	
(Motorkanone)	171
(Flächenkanone)	160
Gesamtlänge, mm	3410
Rohrlänge, mm	2300
Theoret. Feuergeschwindigkeit, S/min	240–260
Mündungsgeschwindigkeit, m/s	880–900

ABWURFWAFFEN

Fliegerbomben

Die Abwurfbewaffnung sowjetischer Kampfflugzeuge bestand aus Fliegerbomben, die entweder aus Bombenschächten oder mittels Bombenschlössern an Flächen und Rumpf abgeworfen wurden. Als Zielmittel dienten Bombenvisiere.

Die sowjetischen Freifallbomben lassen sich grob in Sprengbomben, Brandbomben und Streubomben unterteilen. Sprengbomben fanden die breiteste Verwendung und dienten zur Bekämpfung von Boden- und Seezielen mithilfe der zerstörerischen Druck-, Splitter- und Brandwirkung. Hier eine Übersicht über die gebräuchlichsten Bombentypen:

- FAB = Sprengbomben. Mehrzweckbomben, der gebräuchlichste Bombentyp für den Einsatz gegen geschützte und ungeschützte Ziele.
- AO = Splitterbomben zur Bekämpfung ungepanzerter und leicht gepanzerter Ziele.
- OFAB = Splittersprengbomben.
- PTAB = Panzersprengbomben zur Bekämpfung panzergeschützter Ziele wie Panzerkampfwagen, Kriegsschiffe oder anderer Fahrzeuge und Einrichtungen mit Panzerschutz.
- BRAB = Panzerdurchschlagsbomben zur Zerstörung stark geschützter Ziele wie Gebäude mit Stahlbeton-Bewehrung (Bunker) oder starker Panzerung (Panzerkuppeln).
- ZAB = Brandbomben mit zerstörerischer Brandwirkung zum hauptsächlichen Einsatz gegen Gebäude, ungeschützte oder nur schwach geschützte Ziele.
- FSAB = Sprengbrandbomben zum Einsatz gegen geschützte Ziele.
- PLAB = Wasserbomben zur Bekämpfung von Unterseebooten.

Des Weiteren unterschieden die Sowjets zwischen Hauptbomben (siehe oben) und Hilfsbomben. Zu Letzteren zählten Leucht-, Rauch-, und Propagandabomben:

Bombenwarte beim Entladen von FAB-Sprengbomben für einen Sturzbomber Pe-2.

- SAB = Leuchtbombe zur Aufklärung und Zielbeleuchtung bei Nachtangriffen.
- FOTAB = Blitzlichtbomben für nächtliche Bildaufklärung.
- DBS = Rauchbomben zur Markierung oder Vernebelung.
- AGITAB = Propaganda-Luftbomben zum Abwurf von Flugblättern.

Die sowjetischen Fliegerbomben besaßen Markierungen mit Angabe des Verwendungszwecks (z. B. FAB, ZAB), des Kalibers in Kilogramm, des Modells mit Jahresangabe oder des Gehäuse- oder Wandungstyps (z. B. ZAB-100-SK = 100-kg-Brandbombe mit Gehäuse aus Schmiedestahl; FAB-100 SL = 100-kg-Sprengbombe mit Gehäuse aus Stahlguss).

Nicht aufgeführt hier sind Bomben mit chemischen oder biologischen Kampfstoffen, über die auch die sowjetischen Luftstreitkräfte verfügten. Dieser Bombentyp wurde im 2. Weltkrieg weder von sowjetischer noch von deutscher Seite eingesetzt.

Die FAB-5000 stellte mit einem Gesamtgewicht von 4900 kg und einer Sprengladung von 2207 kg die schwerste sowjetische Fliegerbombe dar.

Untenstehend die technischen Angaben einer Auswahl sowjetischer Fliegerbomben des 2. Weltkriegs.

Fliegerbomben – Technische Angaben

Bezeichnung	Durchmesser (mm)	Länge (mm)	Gesamtgewicht (kg)	Gewicht der Sprengladung (kg)
FAB-50 SK	219	936	60	25
FAB-100	267	964	100	70
FAB-250	285	1589	250	99
FAB-500	392	2142	500	213
FAB-1500	580	3000	1400	1200
FAB-5000	642	3107	4900	2207
OFAB-100-120	273	1300	133	42
PTAB-2.5-1.5	45	370	2,5	1,5
BRAB-250	220	1828–1841	255	31,3
BRAB-500	277	2297–2313	510	105
BRAB-1000	356	2789–2815	1012	131
BETAB-500	350	2200	477	76
ZAB-100-105	273	1065	106,9	28,6 (Brandsatz)
ZAB-250-200	325	1500	202	60 (Brandsatz)

Lufttorpedos

Zu Beginn des 2. Weltkriegs verfügten sowjetische Torpedoflieger über die Lufttorpedos 45-36-AN und 45-36-AWA zur Bekämpfung von Kriegs- und Transportschiffen. Der Torpedo 45-36-AN wurde zum Torpedowurf aus geringer Höhe und der Torpedo 45-36-AWA aus größerer Höhe verwendet. Es handelte sich um Entwicklungen des Forschungsinstituts für Minen- und Torpedowaffen (NIMTI) auf Grundlage des 45-cm-Seetorpedos 45-36N, mit dem hauptsächlich Zerstörer der Nowik-Klasse bewaffnet wurden. Der 45-36N stammte wiederum vom italienischen 452-F-Torpedo ab, dessen Lizenzbaurechte die UdSSR 1932 von Italien erworben hatte.

Beide Lufttorpedos wurden 1939 bei den Marinefliegern der sowjetischen Seestreitkräfte eingeführt. Hergestellt wurden sie im Werk Nr. 175 der Stadt Tokmak in der Region Dnjepropetrowsk.

Die Torpedos 45-36-AN und 45-36-AWA zeigten einen für Torpedos mit Dampfgasantrieb typischen Aufbau. Alle Teile waren in einem zylindrischen Körper mit halbkugelförmigem Kopf und einem sich verjüngenden Heckabschnitt untergebracht, der in einem X-förmigen Leitwerk mit Rudern und Propeller endete. Am Bug befand sich das Abteil mit der Sprengladung. Dahinter befand sich ein großer Druckluftbehälter, neben dem sich Tanks für Wasser, Kerosin und Öl befanden. Der hintere Teil des Rumpfes nahm Antriebseinrichtung und Steuergeräte auf.

Die Torpedos maßen 45 cm im Durchmesser bei 5,7 m Gesamtlänge. Das Gesamtgewicht eines einsatzbereiten Torpedos betrug 935 kg. Die relativ geringen Abmessungen und das vergleichsweise geringe Gewicht (aufgrund des Kalibers 450 mm; die üblichen Torpedos wiesen 533 mm auf) ermöglich-

Bereitmachen von Lufttorpedos 45-36 AN für den Einsatz.

Anlieferung von Lufttorpedos auf Radgestellen im Schleppzug für Torpedobomber Iljuschin Il-4T. Der hinterste Torpedo wurde eben für die abgebildete Maschine abgehängt.

ten die Verwendung eines Dampfantriebs mit relativ geringer Leistung bei ausreichend langer Laufzeit. Die Anlage leistete immerhin 176 PS. Die Ladung bestand aus 200 kg Sprengstoff und wurde über zwei Zünder aktiviert.

Das für Torpedos dieser Zeit traditionelle Steuerungssystem mit Kreisel (Aubrey-Prinzip) und Tiefenmesser hielt den Torpedo auf Kurs. Abhängig von der Tiefeneinstellung vor dem Abwurf hielt die Automatik den Torpedo in einer Wassertiefe von 0,5 bis 14 m.

Der zum Abwurf aus größeren Höhen vorgesehene Lufttorpedo 45-36-AWA unterschied sich vom 45-36-AN durch die Unterbringung von Bug- und Heckteil in Gehäusen, die einen Bremsfallschirm und einen Stoßdämpfer enthielten. Im Krieg wurde fast ausschließlich der Torpedo 45-36-AN eingesetzt, denn der Torpedo-Abwurf aus größerer Höhe erwies sich als unwirksam und fand gefechtsmäßig praktisch nie statt. Der Angriff aus niederen Höhen mit dem 45-36-AN verlangte dem Piloten viel Mut ab. Beim Anflug musste er einen konstanten Kurs und eine konstante Geschwindigkeit einhalten. Dies gab der gegnerischen Schiffsflak aller Kaliber die Möglichkeit, ihr Feuer auf das Flugzeug zu konzentrieren. Die Torpedobomber erlitten schwere Verluste.

Die sowjetische Marine setzte die Iljuschin Il-4T (DB-3T) als Torpedobomber ein. Von 1941–1942 gab es allerdings wenig zu tun, weshalb die Marine ihre Torpedoflugzeuge vor allem als reguläre Bomber gegen Landziele einsetzte. 1941 wurden bei allen sowjetischen Flotten beispielsweise nur 24 Lufttorpedos hauptsächlich gegen Küstenziele verschossen.

Dies wandelte sich erst ab Ende 1942 und erreich-

Technische Angaben Torpedo 45-36-AN	
Durchmesser, mm	450
Länge, mm	5700
Gesamtgewicht, kg	935
Sprengstoffgewicht, kg	200
Motorleistung, PS	176
Lauftiefe, m	0,5–14
Max. Reichweite, m	3000

Torpedobomber Il-4T mit angehängtem Lufttorpedo 45-36-AWA.

te 1943 mit 576 abgeworfenen Lufttorpedos den Höhepunkt. Am häufigsten wurden Torpedobomber in der östlichen Ostsee eingesetzt. Nachdem die deutsche Kriegsmarine im Finnischen Meerbusen zwei wirksame U-Boot-Abwehrlinien geschaffen hatten – Goglandsky und Nargen-Porkallaudsky –, konnten keine sowjetischen U-Boote, geschweige denn Überwassereinheiten, mehr in die Ostsee vordringen. Nur für Marineflieger bestand noch die Möglichkeit. Die Torpedobomber operierten nach der Taktik der »freien Jagd«. Beim ersten Flug in »freier Jagd« entdeckte Kapitänleutnant W. A. Balebin am 28. Mai 1943 ein kleineres Transportschiff und versenkte es. Insgesamt flogen sowjetische Torpedobomber 1943 in der Ostsee 230 Einsätze. Es kam zu 93 Torpedo-Angriffen, von denen fast 60 % erfolgreich endeten, wobei nach sowjetischen Angaben 49 Transportschiffe, drei Tanker und 3 Patrouillenschiffe versenkt wurden.

Die Marineflieger der Nordflotte operierten in größeren Verbänden. So griffen z. B. am 20. Juli 1943 sechs Torpedobomber und 17 Bomber unter dem Begleitschutz von 17 Jägern einen Konvoi an.

Im Frühjahr 1944 verfiel man auf eine neue Angriffstaktik, und zwar den rottenweisen Einsatz eines Bombers und eines Torpedobombers. Der Angriff erfolgte grundsätzlich gegen die Breitseite des Schiffs. Der Bomber flog zuerst an und warf seine Bomben im Tiefflug bei hoher Geschwindigkeit etwa 200–300 m vor dem Ziel ab. Diese schlugen flach aufs Wasser, prallten ab und trafen das Schiff in der Seite. Gleichzeitig löste der Torpedobomber seinen »Aal« etwa 600–700 m vor dem Ziel aus und landete einen zweiten Seitentreffer. So wenigstens die Theorie.

Insgesamt warfen sowjetische Torpedobomber während des Krieges 1294 Torpedos gefechtsmäßig ab und versenkten nach eigenen Angaben 399 Schiffe.

Gegen Ende des Krieges erhielten einige Torpedoregimenter amerikanische Bomber des Typs North American B-25S »Mitchell«, die für Torpedowürfe eingerichtet waren.

RAKETEN

Sowjetische Flieger setzten am 20. August 1939 während des sowjetisch-japanischen Grenzkonfliktes am Fluss Chalchin-Gol erstmals ungelenkte Raketenwaffen gefechtsmäßig ein. Ein Rudel aus fünf Jagdflugzeugen I-16 griff mit RS-82-Raketen eine Gruppe japanischer Flugzeuge an. Auf Befehl von Einheitsführer Hauptmann N. I. Zwonarjow feuerten die I-16 aus etwa 1000 m Entfernung eine gemeinsame Salve und schossen dabei zwei japanische Flugzeuge ab. Während des Konflikts nahm die Staffel Zwonarew an 14 Luftkämpfen teil und konnte dabei ohne Eigenverluste 13 japanische Flugzeuge zerstören.

Für die Entwicklung der sowjetischen Raketentechnik zeichnete das 1933 gegründete Raketenforschungsinstitut (RNII), 1937 in Forschungsinstitut 3 (NII-3) umbenannt, verantwortlich.

Deutschland war während des Krieges die »Raketennation Nr. 1« und allen anderen Staaten um Jahre, wenn nicht um Jahrzehnte voraus. Deutsche Entwicklungen wie die V2 bildeten nach 1945 die Grundlage der Weltraumfahrt. Andere Raketen wie die »Wasserfall« dienten den Siegermächten als Basis zur Entwicklung moderner Flugabwehrraketen. Überdies hatten schon 1916 während des 1. Weltkriegs deutsche und französische Flugzeuge erstmals Raketen eingesetzt. Keine Frage aber spielte die Sowjetunion eine Pionierrolle bei der Weiterentwicklung und im breiten Einsatz ungelenkter Luft-Luft- bzw. Luft-Boden-Raketen in Gestalt der beiden Modelle RS-82 und RS-132 (RS = Reaktiwny Snarjad, Reaktivgeschoss/Rakete). Insgesamt stellten sowjetische Rüstungswerke während des Krieges schätzungsweise 14,5 Millionen Raketen beider Typen her. Darüber hinaus entwickelte das Institut NII-3 noch andere Flugzeugraketen.

Jagdflugzeug Polikarpow I-16 mit Raketen RS-82 als Flächenbewaffnung.

Raketengeschoss RS-82

Die im Dezember 1937 in Dienst gestellte Rakete RS-82 war vor allem zur Bekämpfung feindlicher Flugzeuge gedacht. Sie bestand aus dem Gefechtskopf mit Zünder, der reaktiven Einheit, sprich dem Feststoff-Raketentriebwerk, und dem Leitwerk. Während des Krieges setzte man sich auch als Luft-Boden-Rakete ein.

Das Strahltriebwerk hatte eine Brennkammer, die mittels der Treibladung in Form zylindrischer Ziegel aus rauchlosem Pulver den Antrieb erzeugte. Zur Zündung des Festbrennstoffs diente ein Schwarzpulver-Zünder. Die bei der Verbrennung entstehenden Gase strömten durch die Düsen der Brennkammer und erzeugten den Strahlschub. Für die Stabilisierung im Flug sorgte das Vierflossen-Leitwerk aus gestanztem Stahlblech. Freilich ließ sich mit der damaligen Pfeilstabilisierung nicht die Präzision drallstabiliserter Geschosse erreichen (wie sie etwa die deutschen Bordraketen RZ 73, RSprGr. 4609 »Föhn« oder R4/M »Orkan 2« aufwiesen), jedoch erforderte die Herstellung der Leitwerke keine Präzisionsmaschinen und die RS-82 ließ sich mit einfachen technischen Mitteln fertigen. So konnten sowjetische Betriebe bereits 1940 125.100 RS-82 zur Bewaffnung von Jagdflugzeugen I-15 und I-153 liefern. Das 1942 modernisierte RS-82-Raketengeschoss erhielt die Bezeichnung M-8.

Während des Krieges wurden folgende Ausführungen entwickelt und hergestellt:

- RBS-82 mit panzerbrechender Wirkung, 1942 in Dienst gestellt. Panzerdurchschlag bis zu 50 mm. Verwendung mit der Il-2.
- ROS-82 mit erhöhter Splitterwirkung.
- ROFS-82 mit erhöhter Splitter- und Sprengwirkung; Panzerdurchschlag.
- ZS-82 Brandgeschoss.
- TRS-82 mit Turbinen-Luftstrahltriebwerk, entwickelt 1943.

Technische Angaben RS-82	
Kaliber, mm 82	450
Geschosslänge mm 600	5700
Gesamtgewicht, kg	6,8
Sprengstoffgewicht, kg	0,36
Max. Geschwindigkeit, m/s	340
Max. Reichweite, km	5,2
Wirksamer Splitterradius, m	6–7

Hauptmann Nikolai Iwanowitsch Zwonarjow kommandierte 1939 am Chalchin-Gol die erste mit Raketen bewaffnete Einheit der sowjetischen Luftstreitkräfte.

Raketengeschoss RS-132

Die vom RNII entwickelte Festbrennstoff-Rakete RS-132 führten die sowjetischen Luftstreitkräfte im Juli 1938 ein. Es handelte sich im Grunde um eine vergrößerte RS-82 mit erhöhter Sprengladung, die ungefähr der Sprenggranate der 122-mm-Haubitze M1930 entsprach (vgl. Band I Seite 138).

Die RS-132 war hauptsächlich zur Zerstörung von Bodenzielen gedacht und daher für Schlachtflugzeuge und leichte Bomber vorgesehen. Die Il-2 erhielt beispielsweise vier bis sechs Roste zum Abschuss von RS-82 oder RS-132.

Die RS-132 zeigte gute Wirkung auf Flächenziele, streute aber zu stark, um mit Erfolg gegen kleinere Punktziele wie Panzer eingesetzt werden zu können. Folgende RS-132-Ausführungen wurden entwickelt und hergestellt:

- RBS-132 mit panzerbrechender Wirkung. Panzerdurchschlag bis 75 mm. 1942 eingeführt und hauptsächlich mit Il-2 verwendet.
- ROS-132 mit erhöhter Splitterwirkung.
- ROFS-132 mit erhöhter Spreng- und Splitterwirkung; Panzerdurchschlag.
- ZS-132 Brandgeschoss.
- TRS-132 mit Turbinen-Luftstrahltriebwerk, entwickelt 1943.

Die erste Charge RBS-132 wurde im August 1941 hergestellt; die Massenproduktion setzte jedoch erst im Frühjahr 1943 ein. Diese Rakete zur Panzerbekämpfung unterschied sich von der Standard-RS-132 durch den panzerbrechenden Gefechtskopf und die stärkere Treibladung. Das Projektil war darauf

Raketen RS-132 als Flächenbewaffnung eines Schlachtflugzeugs Il-2.

ausgelegt, die Panzerung zu durchschlagen und erst dahinter zu detonieren, was zu starken Zerstörungen im Inneren führte. Der Panzerdurchschlag hing stark vom Auftreffwinkel ab.

Zeitgleich mit dem Beginn der Massenproduktion der RBS-132 setzte die Fertigung der ROFS-132 ein, die im Vergleich zur RBS-132 oder RS-132 eine höhere Treffgenauigkeit aufwies. Zudem durchschlug der ROFS-132-Gefechtskopf bis zu 40 mm Panzerstahl unabhängig vom Auftreffwinkel. Nach Berichten der ROFS-132-Feldversuche durchbohrten selbst Splitter auf 1 m Entfernung noch 15 bis 30 mm dicke Panzerungen.

Die sowjetischen Raketen machten aber nie als besonders wirksame Waffen zur Panzerbekämpfung von sich reden, zumal der Panzerschutz der deutschen Panzer in der zweiten Kriegshälfte immer besser wurde. Ohnedies machten es deutsche Panzereinheiten den russischen Fliegern nicht leicht, indem sie sich so gut wie nie als Massenziele präsentierten, sondern in aufgelockerter Gefechtsordnung vorgingen bzw. unterzogen. Die besten Ergebnisse mit ROFS-132 wurden deshalb bei Angriffen auf Kolonnen, Eisenbahnzüge, Artilleriestellungen und drgl. erzielt. Ein unrühmliches Kapitel bildeten die Angriffe auf Flüchtlingstrecks 1945.

Technische Angaben RS-132	
Kaliber, mm	132
Geschosslänge, mm	845
Gesamtgewicht, kg	23
Sprengstoffgewicht, kg	0,9
Max. Geschwindigkeit, m/s	350
Max. Reichweite, km	7,1
Wirksamer Splitterradius, m	9–10

Die verheerende Wirkung eines Masseneinsatzes von Flugzeugraketen auf eine deutsche Nachschubkolonne im Juni 1944 bei Bobruisk.

МОЛОДЕЖЬ—НА САМОЛЕТЫ

WEITERE INTERESSANTE BÜCHER ZUM THEMA

Der Historiker Alexander Lüdeke legt hier einen ansprechend bebilderten und hervorragend recherchierten Band zu sämtlichen deutschen Kampfflugzeugen von 1935 bis 1945 samt Dreiseitenrissen vor.

224 Seiten, 250 Abbildungen, 230 x 265 mm
ISBN 978-3-613-04095-3
€ 29,90 / € (A) 30,80

Dieser Band präsentiert in der besten Tradition von »Flugzeuge der Welt« die Flugzeuge des Zweiten Weltkriegs – zunächst beginnend mit den Maschinen europäischer Hersteller.

320 Seiten, 310 Abbildungen, 100 x 165 mm
ISBN 978-3-613-04357-2
€ 12,95 / € (A) 13,40

Die Junkers Ju-87 - besser bekannt als »Stuka« - gehört zu den bekanntesten Maschinen des Zweiten Weltkrieges und ist bis heute das erfolgreichste Muster dieser Gattung! Zahllose Details und zeitgenössische Fotos veredeln diesen Band zum aktuell besten Stuka-Buch.

192 Seiten, 200 Abbildungen, 230 x 265 mm
ISBN 978-3-613-04352-7
€ 29,90 / € (A) 30,80

Ein sensationell geschriebener und bebilderter Band über das geheimnisumwitterte Mistel-Konzept. Der Fokus liegt auf den deutschen Entwicklungen des Zweiten Weltkrieges. Mit detailgetreuen Informationen bietet dieser Band unglaublich gutes Bild- und Grafikmaterial für seine Leser.

256 Seiten, 320 Abbildungen, 230 x 265 mm
ISBN 978-3-613-04395-4
€ 39,90 / € (A) 41,10

Leseproben zu allen Titeln auf unserer Internetseite

Motor buch Verlag

Stand Februar 2022
Änderungen in Preis und Lieferfähigkeit vorbehalten.

Überall, wo es Bücher gibt, oder unter
WWW.MOTORBUCH-VERSAND.DE
Service-Hotline: 0711 / 78 99 21 51

www.facebook.com/MotorbuchVerlag